U0295146

【明】熊人霖 著

洪健榮 校釋

函宇通校釋

# 地緯

上海交通大学 出版社

SHANGHAI JIAO TONG UNIVERSITY PRESS

## 内容提要

　　《函宇通》是清初熊志學將熊明遇的《格致草》與其子熊人霖的《地緯》二書合編、刊刻的一部書。晚明以來，西方傳教士進入中國傳播宗教，同時也帶來了西方的科學文化知識，對中國文化產生了較大的影響。《函宇通》一書，就是熊明遇、熊人霖父子在接受西方天文、地理知識後，融合中國傳統的相關知識，闡發對天文、曆法、地理學的見解。

　　熊人霖《地緯》是最早由晚明士紳撰寫的五大洲域世界地理專著，有助於我們瞭解十七世紀初期，中國知識分子吸收西方地理知識的原始風貌，具有相當的代表性。書中呈現的內容體例和思維方式，亦可反映西方地理知識與中國傳統學識之間的互動面向或調適，包括中西方對於世界地理範圍的認識，以及相關的宇宙論、自然觀、天下意識與價值理念等。

## 圖書在版編目(CIP)數據

函宇通校釋．地緯/(明)熊人霖著;洪健榮校釋．—上海:上海
交通大學出版社,2017
ISBN 978-7-313-13605-3

Ⅰ.①函…　Ⅱ.①熊…②洪…　Ⅲ.①自然科學史-中國-古代
Ⅳ.①N092

中國版本圖書館 CIP 數據核字(2015)第 187196 號

## 函宇通校釋:地緯

著　　者:(明)熊人霖　　　　　　　　　校　　釋:洪健榮
出版發行:上海交通大學出版社　　　　　地　　址:上海市番禺路 951 號
郵政編碼:200030　　　　　　　　　　　電　　話:021-64071208
出 版 人:談　毅
印　　製:上海萬卷印刷有限公司　　　　經　　銷:全國新華書店
開　　本:880mm×1230mm　1/32　　　　印　　張:9
字　　數:260 千字
版　　次:2017 年 12 月第 1 版　　　　　印　　次:2017 年 12 月第 1 次印刷
書　　號:ISBN 978-7-313-13605-3/N
定　　價:80.00 元

# 前言

　　自十六、十七世紀以來，入華耶穌會士利瑪竇(Matteo Ricci, 1552—1610)、艾儒略(Giulio Aleni, 1582—1649)等人為了因應宣教事業的需要，向中國知識界傳播近代西方相對新穎的世界地理知識。隨着其宣教事業的進行，使得地圓、五大洲、四海及氣候五帶等觀念，逐漸流傳於當時的中國知識界，為士紳階層帶來相對新穎的文化視野，彼此在思想觀念上的相互共鳴，開拓出中西方地理知識的對話空間，逐漸導引傳統地理學邁向別開生面的格局，也為這時期的學術發展綻放異彩。[①]

　　明朝天啟四年(1624)成稿、崇禎十一年(1638)初版的熊人霖(1604—1667)《地緯》一書，[②]正是這段歷史脈絡下的產物。據目前所知，該書似乎是最早由晚明士紳執筆撰寫的五大洲域世界地

---

[①] 洪煨蓮：《考利瑪竇的世界地圖》，頁1-50；陳觀勝：《利瑪竇對中國地理學之貢獻及其影響》，頁58-61；(日)船越昭生：《〈坤輿萬國全圖〉と鎖國日本——世界の視圈の成立》，頁637-666；曹婉如、薄樹人等：《中國現存利瑪竇世界地圖的研究》，頁65-70。

[②] 本書引用版本為美國國會圖書館藏清順治五年(1648)熊志學輯刊《函宇通》本(與熊明遇《格致草》合刻，北京中國國家圖書館亦有館藏)，筆者感謝新竹清華大學歷史研究所黃一農教授提供此項資料。至於熊人霖在天啟四年成書的根據，見熊人霖《地緯·凡例》。又《地緯》初刻於明崇禎十一年(1638)，在《函宇通》之前，尚有其他刻本，但或已遺佚。馬瓊：《熊人霖〈地緯〉研究》，頁65-66。

理專著。由於其成書時空背景的特殊性，有助於我們掌握十七世紀初期，中國知識分子吸收西方地理知識的原始風貌，具有相當程度的代表性。此外，《地緯》中具體呈現的內容體例和思維方式，亦得以反映西方地理知識與中國傳統學識之間的互動面向或調適方式，包括中西方對於世界地理範圍的認識，及其牽連的宇宙論、自然觀、天下意識與價值理念等。在有關西學東漸與明清地理知識演進的研究課題上，亦是深具意義。

一

《地緯》作者熊人霖，字伯甘，號南榮子，別字鶴臺，籍隸江西省南昌府進賢縣。父親熊明遇（1579—1649），字良孺，別號壇石山主人，私謚文直先生。萬曆二十九年（1601）三月進士，次年任浙江省長興知縣知縣，[①]此後歷任兵科給事中、福建僉事、寧夏參議、南京操江右僉都御史、南京刑部尚書、兵部尚書等職。[②] 史載其"諳天文兵法，尤精形勢之論，時以廉峻著名"。[③] 天啓五年（1625）十二月，魏忠賢矯頒東林黨人榜，熊明遇名列其中，[④]後為崇禎復社諸子所崇宇內名宿宗主之一。[⑤] 平生著有《格致草》《綠雪樓集》《青玉堂集》《華日樓集》《中樞集》《南樞集》《英石館集》等。關於熊明遇的西學背景與學術思想，近幾年來經學者馮錦

---

① 邢澍、錢大昕等：《長興縣志》卷十九《名宦》，頁 1186。
② 《明史》卷二百五十七《熊明遇傳》，頁 6629 - 6631。
③ 查繼佐：《罪惟錄》列傳卷十三下《熊明遇》，頁 2087。
④ 王紹徽：《東林點將錄》，頁 926；陳鼎：《東林列傳》，頁 19。
⑤ 陸世儀：《復社紀略》卷二，頁 75。

榮、張永堂、徐光台的研究,逐漸使其名、其學得以彰顯於世。①

　　熊人霖的生年,據其自撰《先府君宮保公神道碑銘》及《誥封喻恭人墓誌銘》記載,乃於萬曆三十二年(甲辰,1604)秋生於浙西,②時值熊明遇於浙江省長興知縣任上。從熊人霖的著作中,我們可以得知他"七歲讀毛詩,九歲粗識聲韻",③"少頗喜史事,習知府史、胥徒奸邪"。④ 十五歲時(萬曆四十六年,戊午,1618)童子試,⑤為"深通性學"的黃汝亨所首拔。⑥ 崇禎六年(1633)秋,鄉試中舉。⑦ 崇禎十年(1637),會試取中。翌年(1638)四月,受命浙江省金華府義烏縣令。八月,入境就任,隨即就督撫地方的情事,增城練兵以固守。⑧ 同年,刊刻《地緯》(據《地緯自序》),此書後因原版多佚,至順治五年(1648),經福建省建陽縣崇化里人士熊志學

---

① 馮錦榮:《明末熊明遇父子與西學》,頁117-135;《明末熊明遇〈格致草〉內容探析》,頁304-328。張永堂:《熊明遇的格致之學》,收於氏著《明末理學與科學關係再論》第一章,頁5-48。徐光台:《明末清初西方"格致學"的衝擊與反應:以熊明遇〈格致草〉為例》,頁235-258;《明末清初中國士人對四行説的反應——以熊明遇〈格致草〉為例》,頁1-30;《西學傳入與明末自然知識考據學:以熊明遇論冰雹生成為例》,頁117-157;《西方基督神學對東林人士熊明遇的衝激及其反應》,頁191-224。

② 熊人霖:《鶴臺先生熊山文選》卷十二、卷十三。熊人霖為熊明遇獨子。

③ 熊人霖:《南榮詩選叙》,《南榮集》,頁1a。

④ 熊人霖:《棠聽草序》,《星言草》,頁2b。

⑤ 熊人霖:宜城尹孝廉賢城公墓志銘》記:"戊午,余以童子入闈。"又《誥封喻恭人墓誌銘》記:"戊午……余試童子,為貞父黃師首拔"。《鶴臺先生熊山文選》卷十三。

⑥ 黃汝亨,字貞父,號寓庸,浙江仁和人,萬曆二十六年(1598)進士。曾任進賢知縣、南京兵部主事等,為政嚴明,文章雋雅,著有《寓庸集》。聶當世、謝興成等:《進賢縣志》卷十三《良吏志上·邑令》,頁1103-1105;熊人霖:《進賢縣重建黃貞父先生去思祠碑》,《南榮集》文卷三,頁15a-18a。

⑦ 熊人霖:《南太宰徯如涂公神道碑》,《鶴臺先生熊山文選》卷十二。

⑧ 諸自穀、程瑜等:《義烏縣志》卷九《宦蹟》,頁225;熊人霖:《義烏縣重修城隍廟碑記》,《南榮集》文卷一,頁4b-6a。

的搜集整理，①將其與熊明遇《格致草》合輯重刻為《函宇通》。據熊志學《函宇通叙》所言：

> 《地緯》刻於浙中……今頗刪削，取慎餘闕文之意，且原版多佚……是以合而重刻之，僭為之大，共名曰《函宇通》。②

崇禎十五年（1642）春，熊人霖陞遷工部都水司主事，因年中蔓延於江西、福建、浙江三省的盜寇嘯聚剽掠，為害益劇，③於是督率義烏團練軍士，偕浙江紹興推官陳子龍（1608—1647）暨李夢麒、黄國琦等奉令征討，剿撫并施，功為特著。④崇禎十七年（1644）三月十九日，李自成軍陷北京，崇禎皇帝自縊於煤山，史稱“甲申之變”，結束大明國祚。⑤熊人霖“聞北變，號哭欲絕”，幾社友人陳子龍即刻慫恿他同事討寇。⑥翌年五月，清兵陷南京，虜南明福王，熊人霖急奉父母攜妻兒返歸進賢北山。未幾，舉家避地入閩，輾轉流離，至順治三年（1646）初秋，卜居建陽縣崇泰里熊屯，隨後“授經建陽”。⑦講學其間，明哲保身，“終隱不仕”，⑧自居明遺民身份。⑨清康熙五年（1666）十二月，熊人霖感疾而卒，享年

---

① 熊志學，字魯子，以明經任福建省光澤縣學訓導，著有《易經衷指》《册府元龜序論》諸書。趙模、王寶仁等：《建陽縣志》卷十《文苑》，頁 1182。
② 熊志學：《函宇通叙》，頁 5b - 6a。
③ 熊人霖：《防菁議下》，《南榮集》文卷十二，頁 39a - 40b。
④ 熊人霖：《南榮集》文卷十一，頁 14a - 33b；陳子龍：《補叙浙功疏》，收於上海文獻叢書編委會編：《陳子龍文集·兵垣奏議》，頁 129 - 134。
⑤ 谷應泰：《明史紀事本末》卷七十九《甲申之變》，頁 945 - 957。
⑥ 熊人霖：《誥封喻恭人墓誌銘》，《鶴臺先生熊山文選》卷十三。
⑦ 熊人霖：《宋吏部侍郎伯通熊公墓表》，《鶴臺先生熊山文選》卷十二。
⑧ 趙模、王寶仁等：《建陽縣志》卷十二《流寓》，頁 1360。
⑨ 談遷：《壽太常熊伯甘五十序》，《北遊録·紀文》，頁 242 - 243。

六十三歲。翌年(1667)八月,葬於洪源烏嵐之麓。①

　　熊人霖品格的形塑及其才學的凝鑄,主要來自熊明遇的言教啓迪,率先模範,②加上自身的博觀約取,刻勵向學,"伏首攻制舉義,暇則間理韻語及酬應之文;其於經世大略,每思論撰。"③而其生性樂於遠遊,嗜好操奇覽勝,"幼從大人杖屨之遊,夙慕夫子仁知之樂",④"足跡亦北及燕、趙、齊、魯、宋、衛之郊矣。"⑤誠如崇禎九年(1636)筠州胡維霖《笙南草小引》贊譽:

　　　　識力宏遠……洵有大臣風度。……學識挺出一代,固淵源於尊公大司馬,而深自斂抑;於書無所不讀,奇無所不搜,而洗心退藏……⑥

　　另據清康熙十二年(1673)刊江西省南昌府《進賢縣志》卷十五《人物志·良臣》中"熊人霖傳"的記載,熊人霖自幼以"聰敏絶異"著稱,早年即習究唐詩、四書五經及明朝胡廣等編《性理大全》、宋代邵雍《皇極經世書》等書。平素留心吏治戎政與古今沿革典制,且深受其父親熊明遇的影響,一則時時"兢兢宮保手訓",一則詩文"一本宮保家法",博學深思,勤於理學著述,詩文溫厚爾雅,著有《四書繹》《詩約箋》《名臣録繹》《相臣繹》《忠孝經繹》《地緯》《南榮集》《鶴臺先生熊山文選》《尋雲草》諸集行世,並編修《義

① 聶當世、謝興成等:《進賢縣志》卷十五《人物志·良臣》,頁 1271;黎元寬:《進賢堂稿》卷二十二《太常寺少卿熊公鶴臺墓誌銘》,頁 488。
② 熊人霖:《星言草自序》,《星言草》,頁 2b–4a。
③ 熊人霖:《時務弋小引》,《星言草》,頁 1a–b。
④ 熊人霖:《繡津紀勝題詞》,《南榮集》文卷十九,頁 14b。
⑤ 熊人霖:《劉汝錫制義引》,《南榮集》文卷十八,頁 18a。
⑥ 熊人霖:《南榮集》,《詩稿原序》,頁 4b–5b。

烏縣志》《進賢縣志稿》等志書。① 其中,《四書繹》現藏江西省圖書館,《南榮集》(明崇禎十六年進賢熊氏兩錢山房序刊本)現藏北京首都圖書館、日本東京內閣文庫,《鶴臺先生熊山文選》(清順治十六年刊本)現藏臺北"國家圖書館",《尋雲草》(清光緒年間陶福履輯《豫章叢書》本)現藏北京中國國家圖書館,增修明萬曆間周士英纂修《義烏縣志》(明崇禎十三年刻本)現藏北京中國國家圖書館、南京圖書館、日本東京內閣文庫。此外,熊人霖的著述《操縵草》(明崇禎年間刻本)現藏北京中國國家圖書館,《星言草》(明崇禎十二年豫章熊氏義烏刊本)現藏中國國家圖書館、上海復旦大學圖書館、南京圖書館、臺北"國家圖書館"、臺北"故宮博物院",編刊熊明遇《文直行書》(清順治十七年刊本)現藏臺北"國家圖書館",校刊(宋)宗澤撰《宗忠簡集》(明崇禎年間刻本)現藏北京中國國家圖書館、浙江大學圖書館、臺北"故宮博物院",編輯(明)徐世溥撰《榆墩集》(清抄本)現藏北京中國國家圖書館。②

縱觀熊人霖一生,"幼習聖賢之訓,長受父師之教",③成長於明清之際政治社會動蕩而學術文化輝煌的時代,歷經明代萬曆、泰昌、天啓、崇禎,至清代順治、康熙時期的滄桑浮沉。前引有關熊人霖的文集、序跋與方志資料等記載,顯示他的傳統儒學背景和詩文造詣,擁有科舉功名及仕宦事迹,深具中國傳統儒士的素

---

① 聶當世、謝興成等:《進賢縣志》卷十五《人物志·良臣》,頁 1268 - 1271。并參閱朱湄、賀熙齡等:《進賢縣志》卷十八《人物志·良臣》,頁 1125 - 1126;江璧、胡景辰等:《進賢縣志》卷十八《人物志·良臣》,頁 1241 - 1242。
② 馮錦榮:《明末熊明遇父子與西學》,頁 119 - 120;馬瓊:《熊人霖〈地緯〉研究》,頁 46 - 48;熊人霖著,王賢森點校:《尋雲草》,頁 523。
③ 熊人霖:《上任告本縣城隍神祝文》,《星言草》,頁 1a。

養與作為。

如就熊人霖的學術思想與西學淵源而言,熊人霖的西學素養及其世界地理知識的書寫,集中呈現於《地緯》一書。該書整體內容主要介紹世界地理概況,尤其接受艾儒略《職方外紀》中的西方地圓説、氣候五帶、南北極赤道與經緯度劃分、五大洲、世界海域等觀念,並兼采明代傳統四裔著述等資料作為補充。全書計序四頁,內文共一九六頁,凡八十四篇。形方總論一篇,闡述地圓論、五帶説及赤道經緯度劃分;志八十一篇,分叙五大洲國土民情與風俗物産,以及海名、海族、海産、海狀、海舶等有關海洋的知識;地圖一篇,摹繪西方五大洲世界圖"輿地全圖",并附圖解説明;緯繫一篇,闡釋全書鋪陳世界地理知識的系統觀念,并自申其著述宗旨。

## 二

過去學界有關熊人霖《地緯》的研究,先是 1938 年美國學者 A. W. Hummel(1884—1975)首度在 *Astronomy and Geography in the Seventeenth Century* 一文中簡介熊明遇的《格致草》與熊人霖的《地緯》。[①] 翌年,中國學者王重民(1903—1975)為美國國會圖書館藏中國善本書撰寫提要時,曾説明《地緯》的資料來源主要鈔撮艾儒略《職方外紀》,兼采王宗載《四夷館考》、張燮(1574—1640)《東西洋考》等書;文中涉及内容與版本目録問題,雖指陳其内容輕忽失實的部分,然猶肯定此書在明季同類著述中"所托者

---

① A. W. Hummel:"Astronomy and Geography in the Seventeenth Century", *Annual Reports of the Librarian of Congress* (*Division of Orientalia*), 1938, pp. 226 - 228. 轉引自馮錦榮:《明末熊明遇父子與西學》,頁 128,注 5。

厚"的優點。①

　　二十世紀八十年代後,日本學者海野一隆於《明·清における マテオ·リッチ系世界圖》中,着重在考究《函宇通》中所載世界圖,即《格致草》的《坤輿萬國全圖》及《地緯》的《輿地全圖》。海野一隆認為,此二圖疑似摹自耶穌會士攜帶來華的《世界的舞臺》(Theatrum Orbis Terrarum,洪煨蓮譯作《輿圖匯編》,方豪譯作《地球大觀》)中的世界地圖,此書係由十六世紀後期比利時地圖學者奧代理(Abraham Ortelius,1527—1598)所著。②

　　馮錦榮於《明末熊明遇父子與西學》一文中,根據《義烏縣志》及《鶴臺先生熊山文選》等資料,考證熊人霖的生平及其著作,除了叙述《地緯》和艾儒略於天啓三年(1623)初刊《職方外紀》的淵源外,更舉證此書與同年艾儒略所繪《萬國全圖》材料的傳承,以及書中有關耶穌會士傳入的世界地理知識內容,③得以彌補先前對於熊人霖生平及學術成就的認知模糊,這是馮文的一大貢獻。

---

① 王重民:《中國善本書提要》,頁 213。《四夷館考》《東西洋考》為明代後期域外、海外四裔地理名著。《四夷館考》二卷,成書於萬曆八年(1580),記載明帝國邊疆諸域歷史沿革、地理物產暨風俗民情。關於該書的作者,參見向達:《瀛涯瑣志——記巴黎本王宗載〈四夷館考〉》,頁 181 - 186。另題為《記巴黎本王宗載〈四夷館考〉——瀛涯瑣志之二》,收於氏著《唐代長安與西域文明》,頁 653 - 660。關於該書的史源,參見張文德:《王宗載及其〈四夷館考〉》,頁 89 - 100。《東西洋考》十二卷,成書於萬曆四十五年(1617),記載當時東南亞、南洋諸國、雞籠淡水(今臺灣)、琉球、日本以及"紅毛番"等海外風土民情。關於該書的作者生平及內容解析,參見邱炫煜:《明代張燮及其〈東西洋考〉》,頁 67 - 112。

② 收於山田慶兒主編:《新發現中國科學史資料の研究·論考篇》,頁 539 - 540、567 - 572。

③ 收於羅炳綿、劉健明主編:《明末清初華南地區歷史人物功業研討會論文集》,頁 119 - 127。

　　馬瓊於 2008 年 9 月浙江大學歷史學博士論文《熊人霖〈地緯〉研究》中,考察熊人霖的交遊情況以及《地緯》的成書背景、刊刻與流傳情形,并考證《地緯》中所載地圖、地名與各類事物的資料來源,尤其針對該書與《職方外紀》的内容進行比較分析。①

　　相對於馬瓊在該文中偏重於歷史考證的研究取徑,筆者於《西學與儒學的交融:晚明士紳熊人霖〈地緯〉中的世界地理書寫》一書中,②主要從地理觀念史及學術思想史的角度,透過對《地緯》的撰述背景、資料傳承、内容體例、思維架構與著述旨趣的逐步分析,來探究熊人霖如何選擇性地采納西方地理知識的内涵,并將之融入傳統儒學系統的一環,加以"中國化"的詮釋,以呈現其世界地理知識書寫的歷史意識、學術價值與時代意義,并嘗試提供一種知識建構及觀念互動的視野來認識這段學術史的發展軌迹。

　　從相關的研究回顧中可以看出,自 A. W. Hummel、王重民之後,大多提到了《地緯》承繼艾儒略《職方外紀》世界地志的著作形式及内容。由於艾儒略是繼利瑪竇之後,耶穌會士在晚明社會透過圖志介紹世界地理知識的重要人物,其著作《職方外紀》也被視為中國知識界最早的中文版五大洲地理專著;③《地緯》的主要内容既直接傳承自《職方外紀》的相關論述,因此,這似乎是目前所見在西方地理知識傳入中國之後,極早的一部由中國士人執筆撰寫的世界地理專著。

---

① 馬瓊:《熊人霖〈地緯〉研究》。另參見龔纓晏、馬瓊:《〈函宇通〉及其中的两幅世界地圖》,馬瓊:《〈地緯〉的成書、刊刻和流傳》。
② 臺北花木蘭文化出版社 2010 年。
③ 霍有光:《〈職方外紀〉的地理學地位與中西對比》,頁 58-61。

# 三

明清之際地理知識的發展,除了延續前代地圖學及方志、沿革地理傳統的成就外,并能推陳出新。相應於明代國情、社會文化的變遷,呈現出兩個極為顯著的特色:一是隨着大明帝國勢力的向外擴張,出現明初鄭和七下西洋(1405—1433)的時代偉業,明代中葉後東南海外交通貿易的持續進行,以及北疆韃靼、瓦剌與海疆倭寇、盜賊和西、葡等國商舶的不時侵擾,各類相關域外、海外輿情的四裔地理著作應運而生,且大量刊行。[①] 二是由於晚明之際耶穌會士傳入地圓、五大洲世界地理知識,不啻使中國士人大開眼界。在明清之際時代背景及學術環境的交織影響下,得以醞釀《地緯》這類著作的産生。

熊人霖撰述《地緯》參考的資料,主要有:①中國傳統文獻紀録,以明代傳統四裔地理著作為主,特別是其父熊明遇宦閩期間所著《島人傳》,或旁稽《尚書·禹貢》《山海經》《周禮》等經典,以及歷代史册、四夷館籍、《會典》與《實録》等;②明季入華耶穌會士西學譯著,主要是艾儒略《職方外紀》和利瑪竇的西方世界輿圖,亦包括熊明遇推闡西方格致學的《格致草》;③中西方人士的各種口述傳聞。崇禎十一年,熊人霖初刻《地緯》時,在《自序》中,他追憶著書淵源及經過,其中透露出類似的訊息:

---

① 朱士嘉於《明代四裔書目》中彙整此類書籍,凡116種,以嘉靖至萬曆年間刊行者居多。明代中後期四裔著述之盛,於此可見一斑。朱士嘉:《明代四裔書目》,頁137-158。到了十六、十七世紀,這些著述往往成為當時中國知識分子衡量或取捨西方地理知識的參照經典。

幼從大人宦學，賜金半購甲經，持節曾鄰西穴。周遊赤
縣，請教黃髮。趨庭而問格致，諏野以在土風。時天子方懷
方柔遠，欽若治時。象胥之館，九譯還重；疇人之官，四夷其
守。畸人來於西極，《外紀》輯於耆英，異哉所聞，考之不謬。
甲子之歲，歸自南都，玄冬多暇，閉關竹里。手展方言而三
摘，心悟圓則之九重，地正象天，王者無外，遠彼梯樴，盡入聖
代版圖，紀厥風謠。……稽之典冊，參以傳聞。

而這也正是他在《地緯繫》中所謂"溯之古始，稽之實録""徵之十
三館之籍，以紀其方貢；考之象胥之傳，詢之重譯之語"的真實
意涵。

明代後期，傳統四裔志書著述風氣特盛，復有西方地理知識
傳入，兩相交會，令當時中國士人廣開眼界。在這樣的學術環境
下，平素雅好地理沿革知識甚至留心風水堪輿之學的熊人霖，①自
幼從父熊明遇濡染西學於前，并對耶穌會士以畸人、耆英之名大
加贊譽，秉持"以其人信之，其人達心篤行，其言源源而本本"的態
度面對其人其説(見《地緯繫》)，這或許是熊人霖能迅速接受《職
方外紀》西方地理知識的關鍵。再加上當時講求經世致用實學思
潮的推波助瀾，更經友人陳子龍、錢棟等鼓勵(見《地緯自序》)，從
而促成了《地緯》的問世。而熊人霖的學識背景、時代際遇、思維
理路及著書旨趣，特別是他所秉持的"從中國建構世界"的基本立

① 熊人霖於《地理字字金引》中提到"余家收地書頗多"，對於傳統風水相地之説，亦
頗有心得："夫地理謂之形家，察其形，固以察其性也。術士舍形而牽合於星卦，豈
非以畫魅易而畫人難乎？地在天中，太氣舉之，清昇濁降，脈絡行於山川之間，自
有井然之條理，燦然之文理。知者察之，斯可以避水泉砂石之觕穢，而寶用乎柔剛
之中矣。"見熊人霖著，王賢森點校：《尋雲草》，頁554。

場,以及"從儒學認知西學"的思維理路,也落實在《地緯》所呈現的世界地理知識中。

在明清之際西學東漸史上,艾儒略《職方外紀》通常被視為繼利瑪竇《坤輿萬國全圖》之後,更翔實且系統介紹地圓及五大洲域風土民情的代表作品,堪稱中國知識界最早的中文版五大洲世界地理專著。其繪圖立説,載録了不少當時中國士人前所未聞且別有天地的奇聞異事。[①] 當時對域外事物有興趣的中國知識分子,也屢屢引用《職方外紀》的叙述。兹以安徽桐城人方以智(字密之,1611—1671)為例,其所著《物理小識》大致從博物學傳統的知識脈絡出發,摘録《職方外紀》等西學著述中關於世界各國製器利用、地理物産和奇聞異事,并將這些記載與中國古學舊説相提并論或交互印證。[②] 值得一提的是,方以智及其父方孔炤(1591—1655)於萬曆至崇禎年間,曾與熊明遇、熊人霖父子有過往來。萬曆四十七、八年(1619—1620)間,方孔炤知福寧州事,[③]與熊明遇同時期仕宦於福建。[④] 此期間,方以智隨父就教於精通西學的熊明遇,其《物理小識》卷一《天類》中記載:"萬曆己未(1619),余在長溪,親炙壇石先生,喜其精論。"[⑤]其時年值十六歲的熊人霖與九歲的方以智初識於閩地,[⑥]两人詩文交歡,惺惺相

---

① Bernard Hun-Kay Luk: *A Study of Giulio Aleni's Chih-Fang Wai-Chi*, pp. 58 - 84;謝方:《艾儒略及其〈職方外紀〉》,頁 132 - 139。

② Willard J. Peterson: *Fang I-Chih's Response to Western Knowledge*, pp. 158 - 162.

③ 李桂、李拔等:《福寧府志》卷十七《明州循吏·方孔炤》,頁 319。

④ 熊明遇:《福寧重修州城碑》《福寧州新建龍光寶塔碑》《福寧州議革坊里營衛供應碑》,《文直行書》文卷一,頁 31b、33a、36b。

⑤ 方以智:《物理小識》卷一,頁 3。

⑥ 熊人霖崇禎六年(1633)撰《夜飲贈密兄》云:"束髮遊七閩,聞君齒更稚;……闊焉十五年,古詩各盈笥。……今夕逢密兄,執燭笑相視。"《南榮集》詩卷六,頁 33a。

惜,①方以智於《物理小識》卷一《曆類》中,曾引用熊人霖《懸象説》,作為"光肥影瘦之論可以破日大於地百十六餘倍"的佐證之一。②

以上引論,皆顯示熊明遇、熊人霖父子與方以智父子互通的西學淵源與興趣取向。③ 就采用《職方外紀》的資料而言,張永堂認為,晚明學者像方以智在《物理小識》中徵引該書達六十次以上之多者,似乎并不多見。④ 然而,相較於熊人霖《地緯》,在大量采用《職方外紀》這一點上,《物理小識》不免"相形見絀"。實際上,《地緯》與《職方外紀》二書篇名及内容方面,特別是大瞻納(亞細亞)部分篇章,以及歐邏巴、利未亞、亞墨利加、墨瓦蠟尼加諸域及四海諸説,雷同之處不在少數(詳見本書各篇注釋),誠如王重民所説:"十之八鈔撮《外紀》。"⑤

---

① 方以智《浮山文集》卷五《曼寓草》卷中《熊伯甘南榮集序》記崇禎六年熊人霖過安徽桐城,兩人會於稽古堂:"癸酉,熊伯甘公車過稽古堂,慰我《博依》。"《浮山文集》,頁 21。熊人霖《明文大家説》亦記:"癸酉,北上,過天柱,邂逅密之,得其《博依集》,讀一再過,心折其排決詩篇,獨溯雄渾。"《鶴臺先生熊山文選》卷十一。

② "熊伯甘曰:燈體如指,半寸内熱不可堪;炬體如拳,三寸内熱不可堪;野燒如車輪,三尺内不能堪矣。西法測日輪,乃倍於離地之空處,則地上焦灼,何堪哉。"《物理小識》卷一,頁 24。熊人霖的這段論述,亦可見於方以智三子方中履《古今釋疑》卷十一《日體大小》中,與前揭熊人霖《懸象説》(收於《鶴臺先生熊山文選》卷十一)中的部分文字近似。《古今釋疑》,頁 1125-1126。

③ 馮錦榮:《明末清初方氏學派之成立及其主張》,頁 141-154;馮錦榮:《明末熊明遇父子與西學》,頁 117。

④ 張永堂:《方以智與西學》,收於氏著《明末方氏學派研究初編——明末理學與科學關係試論》,頁 118。

⑤ 王重民:《中國善本書提要》,頁 213。

# 四

由於《地緯》深受《職方外紀》影響，使得該書内涵與明代傳統四裔著述的風格大異其趣：

（一）對大地形狀的認識：表現在天圓地方與大地圓體的認知差異，并牽涉到南北極赤道、氣候五帶及經緯度劃分等概念之有無。

（二）對世界人文區域範圍的叙述：表現在傳統以亞洲爲主體（包括南海、印度洋）的域外、海外傳述，到五大洲洋世界地理書寫的分别。

（三）世界輿圖：表現在傳統以中國爲中心的亞洲地域圖，相對於五大洲域圖的差别。

《地緯》的相對特殊性，還在於熊人霖兼采中國古代典籍與明代四裔傳述，并延續傳統重視中外政經關係的論述取向。熊志學於《函宇通叙》中指出：“《地緯》之言地也，賅《職方外紀》而博之，更有精於《外紀》所未核者。”[①]其博於《職方外紀》之處，主要在於亞洲地理部分，此係拜李賢等《大明一統志》以及鄭曉《皇明四夷考》、嚴從簡《殊域周咨録》、王宗載《四夷館考》、熊明遇《島人傳》、王世貞《北虜始末志》《三衛志》《哈密志》《安南志》等明代四裔著述所賜。《地緯》中世界地理知識的呈現，如與《職方外紀》相互對照，其間的差異之處，首先是表現在對於歐洲文明的叙述方面。

《地緯》除了亞洲地理之外，其餘四洲與海洋的知識内容多出自《職方外紀》，或在内容上稍加取捨，文字上略爲潤飾。《職方外

---

① 熊志學：《函宇通叙》，頁 4b - 5a。

紀》各洲與四海的篇幅比例相差不大(墨瓦蠟尼加因"國土未詳"而着墨不多),然而,歐邏巴諸篇在該書中實占有首要的地位。如卷二《歐邏巴總説》中鋪陳歐洲文明的盛況,强調歐洲人士道德情操高尚,個人道德凝聚成集體行為,進而成就了歐洲社會長期以來的善風美俗與富裕安康:

> 歐邏巴國人奉天主正教,在遵持兩端:其一,愛敬天主萬物之上;其一,愛人如己。愛敬天主者,心堅信望仁三德,而身則勤行瞻禮工夫。……其愛人如己,一是愛其靈魂,使之為善去惡,盡享天生之福;二是愛其形軀,如我不慈人,天主亦不慈我。故歐邏巴人俱喜施捨,千餘年來,未有因貧鬻子女者,未有飢餓轉溝壑者。[1]

舉凡歐洲社會安定富庶的美景、敬天愛人的學養與教育文化的博雅,在《歐邏巴總説》中多有着墨。乍看之下,宛如一片人間天堂的景象,藉以博得晚明士紳的認同感,這自然是其傳教策略的應用。而在歐洲諸國分説中,特詳於當時堅持天主舊教信仰且為眾多入華耶穌會士的故鄉,包括"意大里亞"(意大利)、"以西把尼亞"(西班牙)等列强,或是舊教大國"拂郎察"(法蘭西)。

相形之下,《地緯》以絕大多數的篇幅載録亞洲地區的中華朝貢國,在歐邏巴諸志中,熊人霖有選擇性地摘録或修改《職方外紀》的內容,如其於第四十五篇《歐邏巴總志》中大舉濃縮《職方外紀》中關於歐洲文明盛況的叙述,特別是將某些中國士人心目中帶有"溢美"成分或"宣教"意味的文字予以删去或簡化,此種價值

---

[1] 艾儒略原著,謝方校釋:《職方外紀校釋》,頁70。

取向貫穿於該書關於歐洲各國域的叙述。茲以法蘭西為例，《職方外紀》卷二《拂郎察》中首述該國域地理位置與教育設施：

> 以西把尼亞東北為拂郎察，南起四十一度，北至五十度，西起十五度，東至三十一度，周一萬一千二百里，地分十六道，屬國五十餘。其都城名把理斯，設一共學，生徒嘗四萬餘人，併他方學共有七所。又設社院以教貧士，一切供億，皆王主之，每士計費百金，院居數十人，共五十五處。中古有一聖王名類思者，惡回回占據如德亞地，初興兵伐之，始制大銃，因其國在歐邏巴內，回回遂概稱西土人為拂郎機，而銃亦沿襲此名。

緊接此段文字之後，為天地之間唯一主宰者天主以及該國國王各項神迹的叙述：

> 是國之王，天主特賜寵異。自古迄今之主，皆賜一神，能以手撫人癭瘤，應乎而愈，至今其王每歲一日療人。先期齋戒三日，凡患此疾者，遠在萬里之外，預畢集天主殿中，國王舉手撫之，祝曰："王者撫汝，天主救汝。"撫百人百人愈，撫千人千人愈，其神異如此。國王元子別有土地，供其祿食，不異一小王，他國不爾也。

同卷最後，則為該國域政經情況及風俗民情的描述：

> 國土極膏腴，物力豐富，居民安逸。有山出石，藍色質脆，可鋸為板，當瓦覆屋。國人性情溫爽，禮貌周全，尚文好

學。都中梓行書籍繁盛,甚有聲聞。又奉教甚篤,所建瞻禮天主與講道殿堂,大小不下十萬。初傳教於此國者,原係如德亞國聖人辣雜琭,乃當時已死四日。蒙耶穌恩造,命之復活,即此人也。①

反觀《地緯》第四十七篇《拂郎察》中隨機篩選《職方外紀》的描述,大舉刪去其中關於教育設施、宗教信仰及善風美俗的描述,并略加修飾,僅餘如下説明:

以西把尼亞東北爲拂郎察,南自四十一度,而北至五十度,西至十五度,而東至三十一度,周一萬一千二百里,地分十六道,屬國五十餘。有名王類斯者,以火攻伐回回,世所傳弗郎機,名從主人云。

再以《以西把尼亞》爲例,《職方外紀》稱該國域在當時歐洲的重要地位及其人文俗尚的特點:"世稱天下萬國相連一處者,中國爲冠;若分散於他域者,以西把尼亞爲冠。……此國人自古虔奉天主聖教,最忍耐,又剛果,且善遠遊海上,曾有遶大地一周者。"②以上叙述,皆於《地緯》第四十六篇《以西把尼亞》中刪去。又《職方外紀》强調該國天主教堂建築的雄偉華麗:

國中奉天主之堂雖多,而最著者有三,一以奉雅歌默聖人,爲十二宗徒之一,首傳聖教於此國,國人尊爲大師大保

---

① 艾儒略原著,謝方校釋:《職方外紀校釋》,頁82-83。
② 艾儒略原著,謝方校釋:《職方外紀校釋》,頁76。

主,四方萬國之人多至此瞻禮。一在多勒多城,創建極美,中有金寶祭器不下數千。有一精巧銀殿,高丈餘,闊丈許,內有一小金殿,高數尺,其工費又皆多於本殿金銀之數。其黃金乃國人初通海外亞墨利加所攜來者,貢之於王,王用以供天主耶穌者。①

　　針對這段叙述,熊人霖於《地緯》第四十六篇《以西把尼亞》中將之簡化成"有金銀之殿,各一,以祀上帝"。大致説來,凡《地緯》中摘録《職方外紀》涉及歐洲國域的叙述,概可看出類似的選擇性取向。出身傳統儒學背景的熊人霖與來自歐洲天主教耶穌會的艾儒略,在他們各自的中文版世界地理專著中出現此種認知歧異,其實也不難理解。

　　熊人霖、艾儒略二人學識背景的差異反映在《地緯》《職方外紀》二書内容取向的出入,亦可從其對於天主信仰的態度上窺知端倪。自歐洲中世紀至十六世紀初,聚集在天主教會院的多數學者們,并非從觀察者或實驗者的角度來研究地球,而是致力將各種文獻中的地理思想與《聖經》(特別是《創世記》)中的説法加以調和。② 身為天主教耶穌會士的艾儒略,他的傳教初衷與神學素養也直接反映在《職方外紀》的世界地理論述中。以該書卷一《如德亞》為例,"如德亞"即西亞近地中海之巴勒斯坦一帶,係天主教創立者耶穌誕生的地方,素被奉為天主教聖地,職是之故,艾儒略以相當大的篇幅詳加陳述。通篇之始,艾儒略從歷史發展之悠久性與地理環境之優越性角度,強化如德亞在天主教史上的神聖

① 艾儒略原著,謝方校釋:《職方外紀校釋》,頁 77-78。
② 李旭旦譯:《地理學思想史》,頁 56。

性,以及無可取代的獨特地位:

> 此天主開闢以後,肇生人類之邦。天下諸國載籍上古事
> 蹟,近者千年,遠者三四千年而上,多茫昧不明,或異同無據,
> 惟如德亞史書自初生人類至今將六千年,世代相傳,及分散
> 時候,萬事萬物,造作原始,悉記無訛,諸邦推為宗國。地甚
> 豐厚,人烟稠密,是天主生人最初賜此沃壤。[1]

在天主的認證及恩賜之下,此處不僅富庶繁榮、地靈人傑,其
國王亦受命於天主且德盛智高,受到世人的景仰:

> 其國初有大聖人曰亞把剌杭,約當中國虞舜時,有孫十
> 二人,支族繁衍,天主分為十二區。厥後生育聖賢,世代不
> 絕,故其人民百千年間皆純一敬事天主,不為異端所惑。其
> 國王多有聖德,乃天主之所簡命也。至春秋時,有二聖王,父
> 曰大味得,子曰撒剌滿。嘗造一天主大殿,皆金玉砌成,飾以
> 珍寶,窮極美麗,其費以三十萬萬。其王德絕盛,智絕高,聲
> 聞最遠,中國所傳謂西方聖人,疑即指此也。[2]

在前舉敘述中,艾儒略為使不熟悉這段天主教史的中國讀者
能易於了解,乃援用中國儒家傳統所推崇的古聖先賢名號及歷史
年代,來增強其論述的清晰度及說服力。緊接這段論述之後,艾
儒略除了宣稱該地域上至國王、下至人民對於天主信仰的虔誠,

---

① 艾儒略原著,謝方校釋:《職方外紀校釋》,頁 52。
② 艾儒略原著,謝方校釋:《職方外紀校釋》,頁 53。

并逐步將耶穌降生的預言及其神迹,展現在中國讀者眼前:

> 此地從來聖賢多有受命天主,能前知未來事者。國王有
> 疑事,必從決之。其聖賢竭誠祈禱,以得天主默啓,其所前
> 知,悉載經典,後來無不符合。經典中第一大事是天主降生,
> 救拔人罪,開萬世升天之路,預説甚詳。後果降生於如德亞
> 白德稜之地,名曰耶穌,譯言救世主也。在世三十三年,教化
> 世人,所顯神靈聖蹟甚大且多。如命瞽者明、聾者聽、喑者
> 言、跛者行、病者起,以至死者生之類,不可殫述。[1]

艾儒略採取説故事般方式,循序漸進地牽引着中國讀者進入
《聖經》的世界中,從人文事迹的具體描述提昇到宗教信仰的精神
層面,使其體認天主教義的真諦。通觀卷一《如德亞》中介紹耶穌
降生的預言與垂教世人的行迹,其儼然為西亞、歐洲與非洲諸多
地區盡皆崇奉的神聖對象,同卷并叙説天主教的信仰内涵,闡明
至尊至大、全知全能的天主一神教義,"天地間惟一天主為真主,
故其聖教獨為聖教",以及《聖經》中有關天堂地獄、靈魂不滅、為
善去惡、天主審判與赦宥解罪等信條,艾儒略宣揚天主信仰之情,
可説是躍然紙上。

在《職方外紀》問世之前,明代史籍概未專載"如德亞"。《地
緯》第二十三篇《如德亞》主要徵引自《職方外紀》,但卻大舉删去
《職方外紀》所載天主教史及聖經教義的重點,將之濃縮成如下的
叙述:

---

[1] 艾儒略原著,謝方校釋:《職方外紀校釋》,頁53。

　　亞細亞之西,近地中海,有國焉,曰如德亞之國。其史能
記載六千年之事之言。地土豐厚,烟火稠密,有享上帝之殿,
黃金塗,白玉砌,雜廁百寶為飾,環奇異等,費凡三千萬萬。
其人多賢知。

　　再以歐邏巴為例。當耶穌死後,眾門徒散處亞歐非各地,繼
續實現耶穌在世時的未竟之業。這些事迹,亦散見於《職方外紀》
中涉及各門徒傳教範圍的描述。而當天主教傳入歐洲之後,逐步
發展的結果,使其從原先遭受壓迫的對象轉變成正統的信仰,天
主教徒更獲得諸多君王的禮遇。該書卷二《歐邏巴總説》中宣稱:
"凡歐邏巴州内大小諸國,自國王以及庶民皆奉天主耶穌正教,纖
毫異學不容竄入",又記載"其諸國所讀書籍,皆聖賢撰著,從古相
傳,而一以天主經典為宗。即後賢有作,亦必合於大道,有益人
心,乃許流傳國内"。[①] 透過這類説法,以彰顯天主教舉世至高無
上的神聖性,並傳達天主教在歐洲學術文化中的核心地位。而這
些洋洋灑灑的宗教論述,在《地緯》第四十五篇《歐邏巴總志》中則
簡化成:"凡歐邏巴州内大小諸國,自王以下,皆勤事天之教。
……其它政令,大抵多如中國,而皆原本於耶穌之學。"

　　除此之外,熊人霖於《地緯》歐邏巴諸國分説中,略去或修改
不少《職方外紀》中關於各國天主教發展史及現況的描述,而將焦
點集中在民情俗尚及風土物產等方面。如《職方外紀》卷二《意大
里亞》中陳述南歐意大利半島上"其最大者曰羅瑪,古為總王之
都,歐邏巴諸國皆臣服焉",并回溯第四世紀第一位信仰天主教的
羅馬帝國皇帝君士坦丁(Constantinus I Magnus, 272—337)的奉

---

① 艾儒略原著,謝方校釋:《職方外紀校釋》,頁 67、70。

教作為,以及強調羅馬教皇代表天主在現實世界主持教務,擁有獨一無二的崇高地位:

> 耶穌昇天之後,聖徒分走四方布教,中有二位,一伯多祿,一寶祿,皆至羅瑪都城講論天主事理,人多信從。此二聖之後,又累有盛德之士,相繼闡明。至於總王公斯璜丁者,欽奉特虔,盡改前奉邪神之宇為瞻禮諸聖人之殿,而更立他殿以奉天主,至今存焉。教皇即居於此,以代天主在世主教……歐邏巴列國之王雖非其臣,然咸致敬盡禮,稱為聖父神師,認為代天主教之君也,凡有大事莫絕,必請命焉。①

反觀《地緯》第四十八篇《意大里亞》中,將歐洲天主教世界中羅馬教皇的權威,簡述為"羅瑪城,周一百五十里,有王者居之,掌其國之教化禁令。凡歐邏巴諸侯王,皆宗而臣服焉"。

在利未亞、亞墨利加甚至亞細亞諸國分説部分,我們仍然可以看出類似的迹象。《職方外紀》中針對這些異國殊域,偶以當地人士崇奉天主教與否作為依據,來論定其風俗文化的優劣美惡。如其卷三《阨入多》中記載,北非埃及往昔"未奉真教時,好為淫祀,即禽獸草木之利賴於人者,因牛司耕,馬司負,雞司晨,以至蔬品中為葱為韮之類,皆欽若鬼神祀之,或不敢食,其誕妄若此","至天主耶穌降生,少時嘗至其地,方入境,諸魔像皆傾頹。有二三聖徒到彼化誨,遂出有名聖賢甚多。"②此段文字,《地緯》第六十篇《阨入多》中悉予刪除。《職方外紀》卷三《福島》中陳述今非洲

---

① 艾儒略原著,謝方校釋:《職方外紀校釋》,頁84。
② 艾儒略原著,謝方校釋:《職方外紀校釋》,頁110。

西北岸加那利群島上的"聖迹水"云:"言天主不絶人用,特造此奇異之迹以養人。"①熊人霖於《地緯》第六十五篇《福島》中將此段天主神迹之説,更改為"天之所以養育人也",可見他嘗試回歸到自然而然的觀點,刻意淡化西方宗教信仰的色彩。另外,《職方外紀》卷四《西北諸蠻方》中記載印第安人出没的北美洲西北部,原屬野蠻落後、未經開化的部落區域,由於"近歐邏巴行教士人至彼,勸令敬事天主,戒勿相殺,勿食人,遂翕然一變"。②此段文字,熊人霖於《地緯》第七十五篇《西北諸蠻方》中悉予删除。

《職方外紀》中標榜天主教文明的支配地位,描述非天主教地域或國度如何趨向天主信仰的歷程。另一方面,當造物主化生萬物後,人心的發展偶會偏離天主正道,為現實世界帶來諸多災禍。針對這些不尊天主或有違教義者,擔負末世審判權責的天主亦會降災加以懲罰,作為來者的警惕。如卷一《百爾西亞》中記載西亞波斯一帶:"太古生民之始,人類聚居,言語惟一。自洪水之後,機智漸生,人心好異,即其地創一高臺,欲上窮天際。天主憎其長傲,遂亂諸人之語音為七十二種,各因其語散厥五方。"③又如卷一《度爾格》中記載西亞死海南岸的"瑣奪馬"一帶"古極富厚,名於西土,因恣男色之罪,天主降之重罰,命天神下界,止導一聖德士名落得者及其家人出疆,遂降火盡焚其國"。④這兩段天主降罰世人的宣教論述,《地緯》第二十一篇《百爾西亞》、第二十二篇《度爾格》中亦全數删去。

艾儒略將《聖經》故事、聖徒事迹、聖教奇迹以及聖教"神權"

---

① 艾儒略原著,謝方校釋:《職方外紀校釋》,頁117。
② 艾儒略原著,謝方校釋:《職方外紀校釋》,頁138。
③ 艾儒略原著,謝方校釋:《職方外紀校釋》,頁45。
④ 艾儒略原著,謝方校釋:《職方外紀校釋》,頁49。

與現世"政權"的關係放入《職方外紀》的世界地理內容中，以天主教的價值觀貫穿五大洲域風土民情的描述。熊人霖則於《地緯》中略去原本在《職方外紀》中為數不少的信仰字句。根據其在《地緯繫》中的現身說法："西土曰：耶穌，上天之宰也。噫！非達人，其勿輕語於斯。"由此可見，熊人霖對於西方天主耶穌或造物主的信仰基本上持保留態度，其大舉刪除或濃縮《職方外紀》的宗教論述（特別是與中國傳統天下意識及儒家倫常觀念有所牴觸的部分），也可說得上是合乎他個人的情理標準了。

# 五

熊人霖《地緯》的世界地理書寫，主要接受了艾儒略《職方外紀》載錄西方地圓說、氣候五帶、南北極赤道與經緯度劃分以及五大洲、世界海域等觀念，兼采明代相關域外、海外四裔傳述的資料。在他闡明立基於地圓之上的五大洲地理新知之際，也將之納入傳統地理學的天地人合一、陰陽五行思維乃至皇明一統政治文化秩序的天下意識中，終究歸結於儒者內聖外王、經世致用的懷抱。就此層面而言，《地緯》一書不啻以中國傳統地理學觀念架構，吸收與了解西學新知的一部重要作品，堪為十七世紀前期中西地理知識匯流下的產物，代表晚明士紳熊人霖如何溯古納新、汲新求變以成一家之言的成果，也呈現出西學與儒學相互交融的結果。

另一方面，在全書資料取捨與內容的鋪陳上，也許是成書過速，"弱冠少作"而學識未及，以至輕忽輕信；或者是可供參校的資料不足，加上客觀環境的限制（如當時缺乏環遊世界進行實證研究的條件），熊人霖雖自詡"考之不謬"，然書中篇章內容訛誤重複

之處,仍所在多有。王重民即指出:

> 人霖不諳譯音,所刪所補,未能盡確⋯⋯如既據《外紀》撰《則意蘭志》,又於《荒服諸小國》載錫蘭山,不知則意蘭即錫蘭;(《荒服諸小國》既載忽魯漠斯,又載忽魯母思)既依《外紀》在歐洲撰《拂郎察志》稱:"世所傳弗郎機,名從主人"云云,又依明季人著述,在亞洲撰《佛郎機志》。若斯之類,皆由未能豁然貫通。然而其所托者厚,較明季人此類著述,猶能較勝一等也。①

王重民認為,熊人霖因"不諳譯音",結果"所刪所補,未能盡確"。然而,從本書的實證研究顯示,熊人霖引用資料,倒非一味抄襲,儘管有未能盡確之處,仍或有選材、潤色的痕迹可尋,其間亦不乏融通化裁的地方。整體而言,熊人霖從事世界地理書寫的方式,并非全然剪刀漿糊式(Scissors and Paste)的拼湊,而是經過思考後,本着傳統儒學的思維,採擷《職方外紀》中的西方地理知識并加以轉化,納入中國傳統宇宙論、自然觀與天下觀的系統中,從儒學的基本立場考量世界地理知識對於中國知識界的價值。因此,在資料上能兼采中西,旁徵博引,"所托者厚,較明季人此類著述,猶能較勝一等",此語既顯示出《地緯》作者的氣魄與眼光,也點出了該書在晚明知識界的重要貢獻,甚至在中國地理觀念史上的特殊地位。

換個角度來看,或許正因為熊人霖"弱冠少作"的背景,使得

---

① 王重民:《中國善本書提要》,頁213。

他在傳統輿地學的規範中“陷溺不深”,[1]輾轉於傳統與嶄新的地理視野裏,擁有更多別識心裁的彈性空間。筆者認爲,《地緯》中的世界地理書寫,提供了我們思索晚明士紳如何選擇性地認知西方地理新知的一個方向,其吸收的過程及轉化的結果所展現出的學術風貌,可視爲一種西方地理知識的“中國化”。

西方地理知識“中國化”的可能與方式,肇始於耶穌會士利瑪竇、艾儒略等人以及當時究心西學的中國士人共同探索與實踐的結果。根據曹婉如等人的研究,萬曆時期利瑪竇曾試着將中西方地理圖志的資料互補互證,先後繪製出多種中文版的世界地圖。[2]這些地圖内容的設計,儘量考慮到晚明士紳經世致用的需要,或滿足其向來對於域外、海外奇聞異事的興致。尤其值得注意的是,利瑪竇爲適應當時中國人心目中大明帝國當居世界地理中心的傳統天下觀,乃將中國疆域調整於世界地圖上稍中的位置。[3]艾儒略踵繼其後,《職方外紀》作爲第一部中文版五大洲世界地理專論,就擴展傳統輿地外紀的視野或是承續四裔地理著述的學術層面上,更具備將西方地理知識“中國化”的實際意義。再者,艾儒略於書中叙説西方地學新知時,也借用了某些傳統漢語詞彙,[4]甚至是沿襲明代慣用的四裔諸國域名稱,以便於中國讀者的理解與接受。凡此做法,博得了徐光啓(1562—1633)、李之藻(1565—

---

① 孔恩研究西方科學史的發展結構,曾指出開創新典範的人若非相當年輕,就是才剛接觸該學門不久。Thomas S. Kuhn: *The Structure of Scientific Revolutions*, pp. 90 - 91. 譯文見程樹德、傅大爲等譯:《科學革命的結構》,頁 142 - 143。

② 曹婉如、薄樹人等:《中國現存利瑪竇世界地圖的研究》,頁 69 - 70;曹婉如等:《中國與歐洲地圖交流的開始》,頁 133。

③ 林東陽:《利瑪竇的世界地圖及其對明末士人社會的影響》,頁 332 - 336。

④ 趙茜:《〈職方外紀〉新詞初探》,頁 23 - 25。文中舉出暗礁、北極、大洲、經緯、人類、學校、赤道等例證。

1630)、楊廷筠(1557—1627)、熊明遇、葉向高(1559—1627)、馮應京(1555—1606)、瞿式穀等多位晚明士紳的認同。①

　　西方地理知識"中國化"的現象,在耶穌會士的譯作中已透露出類似的傾向。不過對耶穌會士而言,此乃遷就現實環境,為引介西學而做的調整與因應,就關心西學的中國士人而論,面對的卻是如何吸納與轉化西學的問題。其間的銜接點,可以從晚明西學與實學思潮匯流的學術環境來理解。利瑪竇等人仰賴實學作為傳播天主教的中介,嘗試將儒者經世理念轉化成知識傳教策略在地理學上的發揮,運用治國平天下的觀念襯托出西學的效用,藉以吸引中國士人傾心西學進而崇奉西教。相形之下,晚明士紳透過實學(儒學)的價值系統來掌握西方地理知識的論述內涵,將這些西學譯著置於傳統輿地外紀的學術脈絡來加以解讀,推促西方地理知識逐漸邁向"中國化",最終內化成為中國學術傳統的一環。如此的學術趨勢及發展脈絡,在熊人霖《地緯》中亦有迹象可尋。該書嘗試將中國傳統輿地之學與西方地理知識互為補充且相互印證,開展傳統的地平五方、蠻夷戎狄的天下觀至大地圓體、五大洲域的新世界中,秉持儒者內聖外王、經世致用的價值理念,積極將西方地理知識融入中國的學術傳統。這樣的書寫取向,既是西學與儒學交融的結果,也是西方地理知識中國化的典型。

　　從耶穌會士輿地學譯著中揭舉"大地圓體,無處非中"的觀念,到熊人霖提出"大地圓體,始入版圖"的見解,《地緯》將西方地理知識"中國化"的推闡過程,體現了明清之際地理學發展的特點,也是汲取當時外來地理知識并加以發揮的成果。該書的內文

---

① 洪健榮:《輾轉於實學與西學之間的選擇——以明末西方地理知識東漸史的經驗為例》,頁238‑260。

結構和思維理路所呈現的風貌，反映出寓傳統於創新，從傳統的延續過程中汲新求變的學術史意涵。如果從世界文化史的眼光來考量《地緯》的歷史意義，則此書綜合當時中西地理知識的内容，呈現了十七世紀前期，中西方學界對所處五大洲世界認識的概要情景。而其行文論述之中，或有詳於第一部中文版五大洲地理圖志《職方外紀》所未及之處，空谷足音，倍顯難能而可貴。

# 六

晚明耶穌會士的東來，造就了中國傳統地理知識與西方近代地理知識相互接觸的歷史契機，也讓當時的知識分子有了重新建構世界史地圖像的學術資源。隨着明清交替、時移世換，西學東漸的環境氣氛有異往昔，論述的主客體也進入另外一種歷史情境。經歷“康熙曆獄”(1664—1669)、“禮儀之爭”前後的起落浮沉，逐漸轉向以“西學中源”為主體的學術發展趨勢。[①] 清世宗前後一連串的禁教措施與閉關政策，[②]强化了士大夫排外自大的心理，也加深了中西方文化之間的認知偏見及學術隔離。不論是《皇朝文獻通考》(1747)中“即彼所稱五洲之説，語涉誕詭”的評斷，[③]還是如官修正史《明史》(1739)中對“其説荒渺莫考”的存疑，[④]概反映出當時中國知識界對於海外世界的認識，日漸模糊及

---

① Jacques Gernet：*Christian and Chinese Visions of the World in the Seventeenth Century*，pp. 1 - 17；陳衛平：《從“會通以求超勝”到“西學東源”説——論明末至清中葉的科學家對中西科學關係的認識》，頁 47 - 54；祝平一：《跨文化知識傳播的個案研究——明末清初關於地圓説的爭議，1600—1800》，頁 622 - 641。
② 王之春：《國朝柔遠記》卷一至卷五，頁 37 - 337。
③ 《皇朝文獻通考》卷二百九十八《四裔考六》，頁 713。
④ 《明史》卷三百二十六《意大里亞》，頁 8459。

退化。這段時期傳統地理著述的内容取向上,也大多"詳於中國而略於外洋"。[①]

在此世變起伏的學術史脈絡中,《地緯》接連於乾隆四十三年(1778)、五十三年(1788)被列為禁書,[②]離該書初刻年代(崇禎十一年,1638)已近一百五十年。遭受時忌,不見容於當道,由於政治因素牽制學術思想的流通,也許是造成《地緯》的學術價值與歷史地位被漠視數百年之久的重要因素之一。[③] 相對於晚清思想家魏源(1794—1857)的《海國圖志》、徐繼畬(1795—1873)的《瀛環志略》等專著藉由五大洲洋世界地理知識的介紹,促使時人重新"發現"中國之外的大千世界,并帶動近代中國知識界波瀾壯闊的經世學風,[④]晚明士紳熊人霖《地緯》的學術能見度及實質影響力,不免相形失色。

直到三百多年後的今天,當我們掌握這部《函宇通》版的《地緯》,才得以一窺晚明士紳熊人霖呈現世界地理知識的學術訊息及其時代意義,理解其如何將西學新知與傳統舊識相互參證,建

---

① 謝清高口述、楊炳南筆録:《海録》王鎣序,頁 211。

② 榮柱:《違礙書目》,頁 20a;軍機處編:《禁書總目》,頁 6a。另參見姚覲元編:《清代禁燬書目(補遺)》補遺一,頁 208。或因《地緯》於乾隆年間遭到禁燬,故該書名稱僅載於康熙十二年(1673)刊《進賢縣志》的熊人霖傳記中。可參見本書附録。

③ 關於《地緯》在清代知識界的流傳情形,可參閱馬瓊:《熊人霖〈地緯〉研究》,頁 67－74;馬瓊:《〈地緯〉的成書、刊刻和流傳》,頁 74－76。

④ Jane K. Leonard: *Wei Yuan and China's Rediscovery of the Maritime World*; Fred Drake, *China Charts the World: Hsu Chi-yu and His Geography of 1848*;任復興主編:《徐繼畬與東西文化交流》。關於西方地理知識在近代中國社會的歷史際遇,可參閱王家儉:《十九世紀西方史地知識的介紹及其影響,1807—1861》,頁 188－198;郭雙林:《西潮激蕩下的晚清地理學》;鄒振環:《晚清西方地理學在中國——以 1815 至 1911 年西方地理學譯著的傳播與影響為中心》;洪健榮:《評介郭雙林著〈西潮激蕩下的晚清地理學〉——兼述民國以來的相關研究成果》,頁 191－202。

構出一立足於中國天下觀與儒學本位觀的世界地理圖像,具體呈現出十七世紀前期中國士人最初吸納及轉化西方地理新知的方式。

　　熊人霖《地緯》的校釋出版,承蒙上海交通大學出版社與新竹清華大學歷史研究所徐光台教授的邀約及鼓勵,特此致謝。全書的完成,首要感謝新竹清華大學歷史研究所碩士生吳政龍先生現為臺灣大學歷史學系博士生協助內文的校釋工作,并要感謝臺北大學歷史學系碩士生曾祥凱先生與大學部侯俊勇同學協助文稿的打字及校對事宜,臺灣師範大學臺灣史研究所碩士生陳東昇先生協助相關資料的搜集及文稿的校閱工作。在校釋過程中,筆者獲助於謝方《職方外紀校釋》與馬瓊《熊人霖〈地緯〉研究》之處甚多,特此申明并致謝意。由於全書成稿倉促,舛漏之處諒必不少。敬祈海內外博雅方家,不吝斧正指教。

# 校釋説明

　　一、本書以熊志學輯《函宇通》利、貞二册，美國華盛頓國會圖書館、北京中國國家圖書館藏清順治五年書林友于堂熊志學刻本為底本。

　　二、《函宇通》中的《地緯》，計序四頁，内文共一九六頁，凡八十四篇。原書内文於各篇名稱前并無標明篇序，僅於《叙傳》中標有序號。為方便檢閱與校釋，本書特予標注篇序。

　　三、《地緯》中關於歐邏巴、利未亞、亞墨利加、墨瓦蠟尼加諸篇及海洋知識部分，多係摘録艾儒略《職方外紀》。本書針對其中地名、人名、物名等專有名詞的校釋，多本於謝方《職方外紀校釋》。

　　四、《地緯》原書《凡例》原標有句讀、人名、國名、地名、物名、章節等符號，本書易以現行新式標點符號，并加上書名與篇名號。

　　五、本書注釋以當頁注呈現，資料出處采簡式表達，詳見書末徵引文獻。

　　六、《地緯》原書由右向左直刻，每頁八行十八字。今為便於呈現而采用橫排。

　　七、《地緯》原書中的雙行夾注，本書均改為單行小字。

　　八、書中文字有校勘與注釋時，先校後釋。

　　九、内文各篇分段，係依《地緯》原書既有分段及内容結構加以調整。

十、底本頗多異體字,若今日古籍整理中仍有使用,則保留不予更動。其他古體字、俗刻字,則改為規範字。

十一、若底本文字出現衍脫或引述訛誤,校勘时,以( )表示訛誤或衍贅字句,以〔 〕表示正確或脫漏字句。

# 自序①

　　夫畫野分州，俶於黃帝；②方敷下土，載自夏王。③ 然且詳於北而略於南，寧必疏乎內以包乎外。是以越裳④不登《禹貢》，郯子且列夷官，⑤鄒衍之譚，詎能括地，⑥章亥之步，⑦豈合蓋天，何也？虛

---

① 本篇原題"地緯自序"，亦收入熊人霖《星言草》，題作《地緯序》。《地緯序》除少數俗刻字、異體字，如全篇"於"字皆作"于"，其餘概與本文同。

② 畫野分州，俶於黃帝："俶"，意為開始、作。《漢書‧地理志》云："昔在黃帝，作舟車以濟不通，旁行天下，方制萬里，畫壄分州，師古曰：'方制，制為方域也。畫謂為之界也。壄，古野字。畫音獲。'得百里之國萬區。"《漢書》卷二十八上，頁1523。

③ 方敷下土，載自夏王：敷，治也。夏王，即大禹。據《尚書‧虞夏書‧禹貢》記載，大禹時，分天下為九州，即冀州、兗州、青州、徐州、揚州、荊州、豫州、梁州、雍州。見屈萬里注譯：《尚書今注今譯》，頁31-47。又《漢書‧地理志》云："堯遭洪水，襄山襄陵，天下分絕，為十二州，使禹治之。水土既平，更制九州，列五服，任土作貢。"《漢書》卷二十八上，頁1523。

④ 越裳：亦作越常、越嘗，古南海國名。越裳國未列於《尚書‧虞夏書‧禹貢》中，文獻記載最早見於舊題(漢)伏生《尚書大傳》云："交趾之南，有越裳國，周公居攝六年，制禮作樂，天下和，越裳氏以三象重譯，而獻白雉。"(清)皮錫瑞：《尚書大傳疏證》卷五，頁7a。

⑤ 郯，音談。郯子為春秋時郯國國君，《左傳‧昭公十七年》記載其乃少皞之後，應為己姓；若依《史記‧秦本紀‧贊》則是伯益之後，為嬴姓。《左傳‧昭公十七年》載："秋，郯子來朝，公與之宴。昭公問焉，曰：'少皞氏鳥名官，何故也？'郯子曰：'吾祖也，我知之……'仲尼聞之，見於郯子而學之。既而告人曰：'吾聞之，天子失官，官學在四夷，猶信。'"楊伯峻引(宋)家鉉翁《春秋詳說》云："所謂夷，非夷狄其人也。言周、魯俱衰，典章闕壞，而遠方小國之君乃知前古官名之沿革，蓋錄之　（转下页）

以實名,性爲形域,目窮於我,耳窮於人,又惡足以睹厥大全,彙茲曠覽者乎? 余未有知。幼從大人①宦學,賜金半購甲經,②持節曾鄰西穴。③ 周遊赤縣,④請教黃髮。⑤ 趨庭而問格致,謀野以在土風。時天子方懷方⑥柔遠,欽若治時,象胥之館,⑦九譯還

---

(接上頁)也。亦知孟子謂舜爲東夷之人,文王爲西夷之人,爲言遠也。或者遂以郯爲夷國,失之矣。"楊伯峻:《春秋左傳注(修訂本)》,頁 1386–1389。故有"郯子且列夷官"之説。

⑥ 鄒衍,一作騶衍(前 345—前 275),戰國齊人,爲稷下學宫著名學者,後曾遊歷梁、趙、燕等國。鄒衍好談天事,時人稱其爲"談天衍",倡"五德終始説"與"大九州説"。據《漢書·藝文志》記載,其著作《鄒子》四十九篇和《鄒子終始》五十六篇,《史記·孟子荀卿列傳》則云其有"《終始》《大聖》之篇十餘萬言"及《主運》等作,今皆已佚。關於鄒衍的生平事蹟、著述、學説等記載,多諱闇不明。如其生卒年,梁啓超定爲公元前 330 至 280 年以後,錢穆定爲公元前 305 至 240 年,王夢鷗則定爲公元前 345 至 275 年,此處依王氏之説。以上可參見王夢鷗:《鄒衍遺説考》。鄒衍之譚,即指其"大九州説"。詎,豈能。括地,指包容大地。

⑦ 章亥:即太章和豎亥二人,皆古代傳説中大禹所命以步測大地四極距離之人。《山海經·海外東經》云:"帝命豎亥步,自東極至於西極,五億十選九千八百步。豎亥右手把算,左手指青丘北。一曰禹令豎亥。一曰五億十萬九千八百步。"袁珂校注:《山海經校注》,頁 305。《淮南子·墬形訓》云:"禹乃使太章步自東極,至於西極,二億三萬三千五百里七十五步。使豎亥步自北極,至於南極,二億三萬三千五百里七十五步。"何寧:《淮南子集釋》卷四,頁 321。

① 大人:即熊人霖之父熊明遇(1579—1649),字良孺,別號壇石山主人,私諡文直先生,《明史》卷二百五十七有傳,頁 6629–6631。

② 甲經:即天甲經之略,指天文曆算、陰陽五行之類的書籍。

③ 西穴:指小西山石穴。相傳其中有秦人藏書千卷。

④ 赤縣:"赤縣神州"之省稱,指華夏、中國、中土。《史記·孟子荀卿列傳》:"中國名曰赤縣神州。"(漢)司馬遷:《史記》卷七十四,頁 2344。

⑤ 黃髮:人老後頭髮由白而黃,係高壽的象徵。亦用以指老年人。

⑥ 懷方:列於《周禮》夏官之屬。《周禮·夏官·懷方氏》云:"懷方氏掌來遠方之民,致方貢,致遠物,而送逆之,達之以節。"(清)孫詒讓:《周禮正義》卷六十四,頁 2696。

⑦ 象胥:列於《周禮》秋官之屬。《周禮·秋官·象胥》云:"象胥掌蠻、夷、閩、貉、戎、狄之國使,掌傳王之命而諭説焉,以和親之。"(清)孫詒讓:《周禮正義》卷七十三,頁 3061。"象胥之館"或即明代四夷館的別稱。

重，①疇人之官，②四夷其守。畸人③來於西極，《外紀》輯於耆英，④
咢⑤哉所聞，考之不謬。甲子之歲，⑥歸自南都，⑦玄冬多暇，閉關竹
里。⑧手展《方言》⑨而三摘，心悟圓則之九重，地正象天，王者無
外，遠彼梯榦，盡入聖代版圖，紀厥風謠。咸暨明時聲教，斯固張
騫⑩之所未徧，而師古⑪之所弗圖者也。夫寡見好遹，⑫玄亭⑬所

---

① 九譯還重：喻其極遠而言語不通。
② 疇人之官：古代天文曆算之學，皆有專人執掌，世代相承，稱為疇人。
③ 畸人：典出《莊子》內篇《大宗師》："(孔子)曰：'畸人者，畸於人而侔於天。'"（清）
　　郭慶藩編：《莊子集釋》卷三上，頁273。此處指西方遠道而來的耶穌會士，或指
　　《職方外紀》作者艾儒略(Giulio Aleni, 1582—1649)。此句或出於其父之語，熊明
　　遇為龐迪我(Diego de Pantoja, 1571—1618)的《七克》題序云："西極之國，有畸人
　　來。"（明）李之藻編：《天學初函》第二冊，頁697。
④ 《外紀》：即《職方外紀》。耆英：指艾儒略或楊廷筠(1562—1627)。楊廷筠係對
　　艾儒略"增譯"的《職方外紀》稿予以"彙記"者，可視為《職方外紀》的共同作者
　　之一。
⑤ 咢：通"愕"，書中多刻作簡體字。
⑥ 即明熹宗天啓四年(1624)。
⑦ 南都：即明代應天府南京。
⑧ 竹里：即竹里山，位於應天府句容縣北六十公里，今江蘇省句容縣北，參見（清）曹
　　襲先：《句容縣志》卷一《輿地志·鄉里》，頁71。明代句容城約在南京西南數十公
　　里處。
⑨ 《方言》：(漢)揚雄(前53—18)著，又名《輶軒使者絕代語釋別國方言》，中國第一部
　　收集並比較各地方言詞彙的著作。
⑩ 張騫(？—前114)：中國古代著名探險家及外交家，西漢武帝時期奉派出使西域，
　　開拓東西方之間的交流。參見《漢書》卷六十一《張騫傳》，頁2687-2698。
⑪ 師古：即(唐)顏師古(581—645)，經史大師，以《漢書》注傳世。
⑫ 寡見好遹：語出(漢)揚雄《法言·寡見》云："吾寡見人之好偝者也。"汪榮寶注云：
　　"歟人皆好視聽諸子近言近說，至於聖人遠言遠義，則恍然而不視聽。"汪榮寶疏：
　　《法言義疏》卷十，頁213。
⑬ 玄亭：即揚雄。揚雄著有《太玄》，其在四川成都住宅稱"草玄堂"或"草玄亭"，簡稱
　　"玄亭"。

嘆;小知拘墟,漆園所鄙。① 儒者之學,格物致知,六合之內,奚可存而弗論也。於是仰稽赤道二極之躔度,遐考黃壚②四懸之廣長,稽之典册,參③以傳聞。夫渾四維而幹五緯,天道弘也;振河海而載山川,地道厚也;一情紀而合流貫,人靈茂也。故欲明天經,必綸地緯。風雲雷雨,皆從地出;山河江海,統屬天嘘。爲物不二,生物不測,又別有可得而言者矣。爾其方國既分,人治自別,好每殊於風雨,質咸鑄於陰陽。至夫長駕遠馭,擴荒服④以廣羈,有無化居,通昔賢之官海。學者俯業,抽密緯以研思;名臣佐時,守古經而能濟。豈與竺乾恒河之譚,⑤靈寶諸天之説,⑥同其謬悠者哉!

---

① 小知拘墟,漆園所鄙:小知拘墟,意謂淺陋、狹礙的見識。漆園,指莊子,《史記·老子韓非列傳》載莊子曾爲漆園吏。"小知"出於《莊子》内篇《逍遙遊》云:"小知不及大知。"又内篇《齊物論》云:"大知閑閑,小知閒閒。"又雜篇《外物》亦載孔子云:"仲尼曰⋯⋯去小知而大知明。"(清)郭慶藩編:《莊子集釋》卷一上,頁11;卷一下,頁51;卷九上,頁934。

② 黃壚:古義為黃泉,後指大地。

③ 參:書中多刻作"叅"。

④ 荒服:古代王畿周邊,以每五百里為畫分,由近及遠,分為侯服、甸服、綏服、要服、荒服,合稱"五服"。後世多以"荒服"喻極遠蠻荒之地。《尚書·虞夏書·禹貢》云:"五百里甸服:百里賦納總,二百里納銍,三百里納秸服,四百里粟,五百里米。五百里侯服:百里采,二百里男邦,三百里諸侯。五百里綏服:三百里揆文教,二百里奮武衛。五百里要服:三百里夷,二百里蔡。五百里荒服:三百里蠻,二百里流。"屈萬里注譯:《尚書今注今譯》,頁45-46。

⑤ 竺乾恒河之譚:概指佛教。"竺乾"為印度的別稱,竺乾即天竺西乾之義。丁福保編:《佛學大辭典》,頁1300。恒河位於印度東北,為印度三大河之一,古來印度君王多定都於恒河流域,為印度文明的中心,佛教及其他宗教與哲學亦起源於該流域。此處"恒河"為印度的代稱。

⑥ 靈寶諸天之説:概指道教。"靈寶"係道教三寶之一。《雲笈七籤》中玉清元始天尊稱天寶君,上清靈寶天尊稱靈寶君,太清道德天尊稱神寶君,此三寶尊為道教最高之神。"諸天"即道教經籍所言欲界六天、色界十八天、無色界四天、四梵天及其外三十六天之總稱。李叔還編:《道教大辭典》,頁571、頁652。

余以此書弱冠少作,①久塵笥中。甲戌上公車,②卧子陳君③,一見謬加青黄;戊寅④之夏,仲馭錢君,⑤復爲慫恿。輒以授梓,用備采芻。⑥

---

① 弱冠少作:指《地緯》成書於熊人霖二十歲時,即明熹宗天啓四年(1624)。

② 甲戌上公車:"甲戌"即明思宗崇禎七年(1634)。"公車"爲漢代官署名稱,掌管徵召及受章奏,亦上書者所詣,後世舉人入京會試即稱作上公車。

③ 卧子陳君:即陳子龍(1608—1647),字人中,號卧子,松江府華亭縣(今上海市松江區)人,崇禎十年(1637)進士,以詩文才氣名重當時,生平著述頗豐。崇禎初期,與徐孚遠(1599—1665)、夏允彝(1597—1645)、杜麟徵(1595—1633)、彭賓、周立勳創立松江幾社,號爲"幾社六子"。與徐孚遠、宋徵璧(1602—1672)等人合編《皇明經世文編》,定稿於崇禎十一年(1638)十一月。後屢次起兵抗清,終事敗被捕,乘隙投河自殺。參見《明史》卷二百七十七《陳子龍傳》,頁7096 - 7098;徐鼒:《小腆紀傳》卷四十四《陳子龍傳》,頁435 - 437。身爲復社成員的熊人霖,於崇禎時期數與陳子龍、夏允彝(亦爲崇禎十年進士)等幾社諸子酬唱交遊,并名列《皇明經世文編》的鑒定者之一。參見陸世儀:《復社紀略》卷一,頁60;吳山嘉:《復社姓氏傳略》卷六,頁377;熊人霖:《陳大士像贊》《明文大家説》,《鶴臺先生熊山文選》卷十一;熊人霖:《吳永生稿引》,《南榮集》文卷十八,頁14b。

④ 戊寅:即明思宗崇禎十一年(1638),此爲《地緯》初刻之年,熊人霖時任浙江省金華府義烏知縣。參見諸自穀、程瑜等:《義烏縣志》卷九《宦蹟》,頁225;熊人霖:《義烏縣重修城隍廟碑記》,收入《南榮集》文卷一,頁4b - 6a。

⑤ 仲馭錢君:即錢棅(1619—1645),字仲馭,號約庵,浙江省嘉善縣魏塘鎮(今浙江省嘉興市嘉善縣境内)人,崇禎十年進士,爲萬曆年間翰林修纂錢士升(1574—1652)次子。歷任南職方主事、廣東僉事等職務。平生博綜經史,好爲詩著,著有《南園唱和集》《新懦園詩文集》《文部園詩》等。崇禎十七年(1644)三月,李自成(1606—1674)率軍攻陷都城後,錢棅舉義勤王,於次年(1645)秋殉節。參見江峰青、顧福仁等:《嘉善縣志》卷二十《人物志二·忠義》,頁391;潘介祉:《明詩人小傳稿》卷七,頁275。

⑥ 陳子龍、錢棅與熊人霖相善,皆爲崇禎十年同榜進士。參見朱保炯、謝沛霖編:《明清歷科進士題名録》,頁2614 - 2616。熊人霖曾回憶崇禎十年間,陳、錢二人對於《地緯》的品評及其刊行因緣:"卧子曰:……如君所作《地緯》,錢仲馭謂是《山經》《穆傳》《水注》《草木疏》一派文字,真知言也。促я刻之,勿再增損。及余求弁言,則辭曰:亦曾構思數次,戛戛難哉!此序若不能如郭璞之叙山經,何以贅爲。"熊人霖:《明文大家説》,收入《鶴臺先生熊山文選》卷十一。

# 目録

叙傳 …………………………………………… 3

凡例 …………………………………………… 8

【01】形方總論 ………………………………… 9

【02】大瞻納總志 ……………………………… 14

【03】韃而靼 …………………………………… 17

【04】北達 ……………………………………… 19

【05】朝鮮 ……………………………………… 31

【06】西南蠻志 ………………………………… 34

【07】三衛 ……………………………………… 35

【08】哈密 ……………………………………… 37

【09】赤斤蒙古衛 ……………………………… 41

【10】罕東衛　安定衛　曲先衛 ……………… 42

【11】火州 ……………………………………… 43

【12】亦力把力 ………………………………… 44

【13】于闐 ……………………………………… 45

【14】撒馬兒罕　哈烈 ………………………… 46

【15】西番 ……………………………………… 48

【16】回回 ……………………………………… 49

【17】天方 …………………………………… 52

【18】默德那 ………………………………… 53

【19】印弟亞 ………………………………… 55

【20】莫卧爾 ………………………………… 60

【21】百爾西亞 ……………………………… 61

【22】度爾格 ………………………………… 64

【23】如德亞 ………………………………… 67

【24】占城 …………………………………… 69

【25】暹羅 …………………………………… 70

【26】安南志 ………………………………… 73

【27】則意蘭 ………………………………… 79

【28】爪哇 …………………………………… 81

【29】滿剌加 ………………………………… 85

【30】三佛齊 ………………………………… 87

【31】淳泥 …………………………………… 88

【32】蘇門答剌 ……………………………… 90

【33】蘇禄 …………………………………… 92

【34】真臘 …………………………………… 93

【35】佛郎機 ………………………………… 95

【36】西洋古里國 …………………………… 98

【37】榜葛剌 ………………………………… 100

【38】吕宋 …………………………………… 101

【39】馬路古 ………………………………… 103

【40】倭奴 …………………………………… 104

【41】琉球 …………………………………… 121

【42】東番 …………………………………… 125

【43】地中海諸島 …………………………………… 129

【44】荒服諸小國 …………………………………… 131

【45】歐邏巴總志 …………………………………… 138

【46】以西把尼亞 …………………………………… 142

【47】拂郎察 ………………………………………… 144

【48】意大里亞 ……………………………………… 145

【49】亞勒瑪尼亞 …………………………………… 149

【50】發蘭得斯 ……………………………………… 151

【51】波羅泥亞 ……………………………………… 151

【52】翁加里亞 ……………………………………… 152

【53】大泥亞諸國 …………………………………… 153

【54】厄勒祭亞 ……………………………………… 154

【55】莫斯哥未亞 …………………………………… 156

【56】紅毛番 ………………………………………… 157

【57】地中海諸島 …………………………………… 161

【58】西北海諸島 …………………………………… 162

【59】利未亞總志 …………………………………… 164

【60】阨入多 ………………………………………… 168

【61】馬邏可　弗沙　亞非利加　奴米弟亞 ………… 171

【62】亞毘心域　馬拿莫大巴者 …………………… 172

【63】西爾得　工鄂 ………………………………… 174

【64】井巴 …………………………………………… 175

【65】福島 …………………………………………… 175

【66】聖多默島　意勒納島　聖老楞佐島 ………… 176

【67】亞墨利加總志 ………………………………… 177

【68】孛露以下俱南亞墨利加 ……………………… 180

【69】伯西爾 ···························································· 183

【70】智加 ···························································· 186

【71】金加西蠟 ······················································ 187

【72】墨是可以下俱北亞墨利加 ································ 188

【73】花地　新拂郎察　拔革老　農地 ···················· 190

【74】既未蠟　新亞比俺　加里伏爾泥亞 ················ 192

【75】西北諸蠻方 ···················································· 193

【76】亞墨利加諸島 ················································ 194

【77】墨瓦蠟尼加總志 ············································ 197

【78】海名 ···························································· 199

【79】海族 ···························································· 201

【80】海産 ···························································· 206

【81】海狀 ···························································· 207

【82】海舶 ···························································· 209

【83】輿地全圖 ······················································ 212

【84】地緯繫 ························································· 213


附録 ······································································ 223

徵引文獻 ································································ 233

# 地緯

進賢熊人霖伯甘著

# 叙　傳

圜則九重,渾行無窮,爰有大氣,舉地其中。大閡萬物,儵天代終,離水火氣,澤庫山崇。根着浮流,億野攸同,鴻荒乃撢,維禹之功。緯行《禹貢》,[①]俗著《國風》,[②]嗟若海外,縣隔不通。《山經》[③]放云,《訓方》[④]靡容。

天子明聖,化暨無窮,重譯慕義,自西徂東,獻其圖經,象攡理瑩,具論于篇,以備採風。述《地緯》。

形方總論第一

大瞻納總志第二

轄而靻志第三

北達志第四

朝鮮志第五

西蠻志第六

---

① 《禹貢》:即《尚書・虞夏書・禹貢》。

② 《國風》:指《詩經》中的《國風》諸篇。

③ 《山經》:指《山海經》中的《山經》。《山海經》分為《山經》五卷、《海經》十三卷、《大荒經》四卷、《海內經》一卷,共四部分。《山經》分為《南山經》《西山經》《北山經》《東山經》《中山經》。

④ 《訓方》:列於《周禮》夏官之屬。《周禮・夏官・訓方氏》云:"訓方氏掌道四方之政事與其上下之志,誦四方之傳道。正歲,則布而訓四方,而觀新物。"(清)孫詒讓:《周禮正義》卷六十四,頁 2698－2699。

三衛志第七

哈密志第八

赤斤蒙古衛志第九

罕東衛安定衛曲先衛第十

火州志第十一

亦力把力志第十二

于闐志第十三

撒馬兒罕哈烈志第十四

西番志第十五

回回志第十六

天方志第十七

默德那志第十八

印弟亞志第十九

莫卧爾志第二十

百爾西亞志第二十一

度爾格志第二十二

如德亞志第二十三

占城志第二十四

暹羅志第二十五

安南志第二十六

則意蘭志第二十七

爪哇志第二十八

滿剌加志第二十九

三佛齊志第三十

浡泥志第三十一

蘇門答剌志第三十二

蘇禄志第三十三

真臘志第三十四

佛郎機志第三十五

西洋古里國志第三十六

榜葛剌志第三十七

呂宋志第三十八

馬路古志第三十九

倭奴志第四十

琉球志第四十一

東番志第四十二

地中海諸島第四十三

荒服諸小國第四十四

歐邏巴總志第四十五

以西把尼亞志第四十六

拂(即)[郎]察志第四十七

意大里亞志第四十八

亞勒瑪尼亞志第四十九

發蘭得斯志第五十

波羅泥亞志第五十一

翁加里亞志第五十二

大泥亞諸國志第五十三

厄勒祭亞志第五十四

莫斯哥未亞志第五十五

紅毛番志第五十六

地中海諸島志第五十七

西北海諸島志第五十八

利(末)[未]亞總志第五十九

陀入多志第六十

馬邏可弗沙亞非利加奴米弟亞志第六十一

亞毘心域馬拿莫大巴者志第六十二

西爾得工鄂志第六十三

井巴志第六十四

福島志第六十五

聖多默島意勒納島聖老楞佐島志第六十六

亞墨利加總志第六十七

孛露志第六十八

伯西爾志第六十九

智加志第七十

金加西蠟志第七十一

墨是可志第七十二

花地新拂(即)[郎]察拔革老農地志第七十三

既未蠟新亞比俺加里伏爾泥亞志第七十四

西北諸蠻方志第七十五

亞墨利加諸島志第七十六

墨瓦蠟尼加總志第七十七

海名志第七十八

海族志第七十九

海産志第八十

海形志第八十一

海舶志第八十二

地圖第八十三

緯繫第八十四

凡爲志八十一篇，①以象陽數。② 論一篇，③應天;圖一卷，④應地;繫一卷，⑤應人，以象三才。⑥

---

① 即自《大瞻納總志》至《海舶志》共八十一篇。
② 陽數:即奇數。九爲奇數之極,《地緯》志八十一篇正合九九陽數。
③ 即《形方總論》。
④ 即《輿地全圖》,《叙傳》中作"地圖"。
⑤ 即《地緯繫》,《叙傳》中作"緯繫"。
⑥ 三才:即天、地、人。熊人霖以《形方總論》明天度之詳,因此應天;《輿地全圖》以摩刻耶穌會士的西方世界輿圖,所以應地;《地緯繫》以闡述自身對於世界地理知識的見解,以人爲認知主體,所以應人。由此可見,熊人霖將中國傳統三才與陰陽的觀念投射到《地緯》的寫作架構上,也等於是將整部書的思維脈絡安排在傳統宇宙論與自然觀之中,或是蘊涵著傳統"廣大悉備"的知識理念。如《易傳•繫辭下》中所謂:《易》之爲書也,廣大悉備,有天道焉,有人道焉,有地道焉。兼三才而兩之……三才之道也。"南懷瑾、徐芹庭注譯:《周易今注今譯》,頁 437。

# 凡　例①

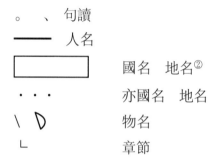

。 、　句讀

———　人名

    　國名　地名②

‥‥　亦國名　地名

＼Ｄ　物名

Ｌ　章節

天啓甲子歲③

著於竹里

---

① 此《凡例》所列標點符號，與傳統中國刻書習慣有別，其中標示國名、地名、物名與章節的符號，似為此前所無。

② 此一符號或襲自《職方外紀》，該書即以此標示國名、地名乃至人名、物名等各類專有名詞。

③ 天啓甲子歲：即明熹宗天啓四年(1624)，為艾儒略初刻《職方外紀》之次年，據此可知，熊人霖當時所見《職方外紀》，應為初刻本。

## 【01】形方總論[①]

　　地勢圓,正象天。天度三百有六十,地度三百有六十,而世傳天圓地方,則是四隅將懸水而縋行也。蓋[②]曾子曰:"天道曰圓,地道曰方。"[③]天有南北極爲運樞。兩極相距之中界,爲赤道,是分南

————————

① 本篇名稱在《叙傳》所列目録中爲"形方總論第一",版心刻有"形方總論"、本篇頁碼及在全書中的頁碼。内容主要出自《職方外紀》卷首《五大州總圖界度解》。見艾儒略原著,謝方校釋:《職方外紀校釋》,頁 27 - 29。以下所引《職方外紀》,若未説明,皆爲此本,或簡稱爲《校釋》本。形方:列於《周禮》夏官之屬。《周禮·夏官·形方氏》云:"形方氏掌制邦國之地域,而正其封疆,無華離之地。使小國事大國,大國比小國。"(清)孫詒讓:《周禮正義》卷六十四,頁 2700。

② 蓋:通"蓋",書中多刻作異體字。

③ 語出《大戴禮記·曾子天圓》中云:"參(曾子)嘗聞之夫子(孔子)曰:天道曰圓,地道曰方。"(清)王聘珍著:《大戴禮記解詁》卷五,頁 98。按:《職方外紀》與《地緯》開篇皆討論了"天圓地方"與地圓説。艾儒略以亞里士多德(Aristotle,前 384—前 322)哲學的立場(即"四行説")説明地心説,并以之解釋"天圓地方"不過是"語其動靜之德",而非論天地之形狀:"天體一大圓也。地則圓中一點,定居中心,永不移動。蓋惟中心離天最遠之處,乃爲最下之處,萬重所趨。而地體至重就下,故不得不定居於中心,稍有所移,反與天體一邊相近,不得爲最下處矣。古賢有言,試使掘地,可通以一物,縋下至中心必止;其足底相對之方,亦以一物縋下,至地中心亦必止。可見天圓地方,乃語其動靜之德,非以形論也。地既圓形,則無處非中。所謂東西南北之分,不過就人所居立名,初無定準。"《職方外紀校釋》,頁 27。熊人霖則以"地勢圓,正象天"之説來理解與接受地圓説,并以曾子之言説明"天圓地方"乃屬天地之"道",從而避開直接否認傳統中國天圓地方的天地形狀論述。關於明末清初西方地圓説的傳入及其相關爭議,參見祝平一:《跨文化知識傳播的個案研究——明末清初關於地圓説的爭議,1600—1800》,頁 589 - 670。又按:《地緯》依循《職方外紀》所載西方傳統畫分圓周方位的標準度數,指出"天度三百有六十,地度三百有六十",此與中國傳統的畫分系統不同。據王爾敏的研究指出,中國傳統周天之圓刻度的劃定系統,係根據北斗星斗杓最末的招搖星爲指針,從該星一年所指周天方向,將一年十二個月二十四節氣行經周天之圓,定爲三百六十五度又四分之一。王爾敏:《明清時代庶民文化生活》,頁 128 - 129。文獻記載如漢代(转下頁)

北。其黄道斜與赤道交,南北俱出二十三度半。① (日)②[曰]躔黄道,日行一度,自西而東,第九重行健之天振之,則自東而西,一日一週天矣。③ 日輪正交赤道際,爲春秋二分規;南出赤道二十三度

---

(接上頁)《淮南子》卷三《天文訓》中云:"反覆三百六十五度四分度之一而成一歲。"何寧:《淮南子集釋》卷三,頁203。《五行大義》卷二中云:"以周天三百六十五度四分度之一,日日行一度,故正用一干一支以主一日也。"(隋)蕭吉:《五行大義》卷二《第五論配支干》,頁11ab。《朱子語類》卷二《理氣下·天地下》論及"周天之度"云:"一晝一夜行一周,而又過了一度。以其行過處,一日作一度,三百六十五度四分度之一,方是一周。"(宋)黎靖德編:《朱子語類》卷二,頁13。

① "地度上與天度相應,天有南北二極,爲運動樞。兩極相距之中界爲赤道,平分天之南北。其黄道斜與赤道相交,南北俱出二十三度半。"《職方外紀校釋》,頁27。赤道:天球或地球表面與南北兩極等距的圓周線。黄道:太陽一年中在天球上的視軌道。

② 日:據《職方外紀》改作"曰"。

③ "曰躔黄道,一日約行一度,自西而東,奈爲宗動天所帶,是以自東而西一日一周天耳。"《職方外紀校釋》,頁27。宗動天,《地緯》作"第九重行健之天",指天體分爲九重之最外層。《明史·天文一》云:"其言九重天也,曰最上爲宗動天,無星辰,每日帶各重天,自東而西左旋一周,次曰列宿天,次曰填星(土星)天,次曰歲星(木星)天,次曰熒惑(火星)天,次曰太陽天,次曰金星天,次曰水星天,最下曰太陰(月球)天。自恒星天以下八重天,皆隨宗動天左旋。然各天皆有右旋之度,自西而東,與蟻行磨上之喻相符。"《明史》卷二十五,頁340。此説即源自古希臘天文學家托勒密(Claudius Ptolemy,約90—168)的天文學巨著 Almagest 中的地心説體系。不過,明末來華耶穌會士引介的地心説爲十一或十二重天,如利瑪竇《乾坤體義》卷上《天地渾儀説》持九重天之説:"地心至第一重謂月天……至第二重謂辰星,即水星天……至第三重謂太白,即金星天……至第四重謂日輪天……至第五重謂熒惑,即火星天……至第六重謂歲星,即木星天……至第七重謂填星,即土星天……至第八重謂列宿天……至第九重謂宗動天。"朱維錚主編:《利瑪竇中文著譯集》,頁521。但該書的《乾坤體圖》仍繪作十一重天。又如傅汎際(Francisco Furtado,1587—1653)譯義、李之藻達辭的《寰有詮·渾圜篇·天有幾重》中云:"問:十有一重之天,其序何如? 曰:從下而上,一太陰,二水星,三金星,四太陽,五火星,六木星,七土星,八列宿天也;九重、十重之天,皆無星,謂之光天;十一重爲定吉界之永居,即靜天也。"《寰有詮》卷四,頁105。再如葡萄牙人耶穌會士陽瑪諾(Emmanuel Diaz,1574—1659)《天問略》中云:"天有幾重及七政本位。問:貴邦多習 (轉下頁)

半者,冬至規;北出赤道二十三度半者,夏至規。黃道樞,離赤道樞二十三度半。地在天中,勢與天通。如赤道下若南北二樞下,各二十三度半。二極二至規外,四十三度也。①

是分五界:②其赤道下二至規內一帶者,日輪常行頂上,故爲**熱**界;自夏至規以北,至北極規,冬至規以南,至南極規之二界者,日輪不甚遠,不甚近,爲溫界;北極規與南極規內之二界者,日輪止照歲之半,爲冷界。赤道之下,終歲晝夜均平;自赤道以北,夏至晝漸長,是故有十二時之晝、有一月之晝、有三月之晝;至北極之

---

(接上頁)曆法。敢問太陽太陰之説何居?且天有幾重?太陽太陰位置安屬?曰:敝國曆家詳論此理,設十二重焉。最高者,即第十二重爲天主上帝,諸神聖處永靜不動,廣大無比,即天堂也。其內,第十一重爲宗動天。其第十、第九動絶微,僅可推算而甚微妙,故先論九重,未及十二也。"《天問略》,收於(明)李之藻編:《天學初函》,頁2633-2634。參《職方外紀校釋》,頁29-30。

① "日輪正交赤道際爲春秋二分規,南出赤道二十三度半爲冬至規,北出赤道二十三度半爲夏至規。黃道之樞與赤道之樞亦相離二十三度半。其周天之度,經緯各三百六十。地既在天之中央,其度悉與天同。如赤道之下與南北二極之下,各二十三度半也。又二極二至規外,四十三度也。"《職方外紀校釋》,頁27-28。日輪:即太陽。太陽形圓,運行不止,有如車輪,故名。春秋二分規:即赤道線;冬至規:即南回歸線;夏至規:即北回歸線。按:南北極、赤道及經緯度的劃分,係西方傳統地理學立基於天地俱爲圓體所定出的座標系統。早在公元前二世紀,希臘學者Hipparchus即嘗試用經緯網在地球表面上標劃出確定的地點,其法嗣後爲托勒密採用並稍加修訂,形成歐洲地圖測繪學的一項重要傳統。李旭旦譯:《地理學思想史》,頁46、52。

② 五界:即後文所指熱界、溫界(南北各一)、冷界(南北各一),《職方外紀》作"五帶",如熱帶、溫帶、冷帶。按:古代西方分地球氣候爲"五帶"的觀念,源自古希臘"地理學之父"埃拉托色尼(Eratosthenes,約前273—前192)的主張。楊吾揚、懷博(Kempton E. Webb):《古代中西地理學思想源流新論》,頁323;李旭旦譯:(轉下頁)(接上頁)《地理學思想史》,頁44-45。晚明耶穌會士將西方自然地理座標系統傳入中國知識界,如利瑪竇在《坤輿萬國全圖》中即有"以天勢分山海,自北而南爲五帶"的解説。又傅汎際譯義、李之藻達辭的《寰有詮·輕重篇·大地分界》中云:"古星家與測量地體者,欲分殊方氣候,環繞大地,畫爲五帶。"《寰有詮》卷六,頁179。

下,有半年之畫矣;赤道南如之,稽之以南北距度。①

其在東西同界之地,凡南北極出入相等者,畫夜寒暑,節候俱同。其時則有先後,或差一百八十度,則此地之子,彼地之午;九十度,則此地之子,彼地之卯矣。人居赤道之下者,平望南北二極;離南之北,每二百五十里,則北極出地一度,南極入地一度;行二萬二千五百里,見北極當冠;出地九十度,而南極入地九十度,當履矣。之南如之,此南北爲經之度也。②

至若東西爲緯之度,則天渾行無定,不可據。七政量之,隨方可爲初度。而天文家,又立算術瑩之,以第九重行健之天一周,則日畫夜行三百六十度,每時得三十度。若兩處相差一時,則知東西離三十度矣。以觀月食驗之,或以里數考之。③

---

① “分爲五帶:其赤道之下,二至規以内,此一帶者,日輪常行頂上,故爲熱帶。夏至規之北至北極規,冬至規之南至南極規,此兩帶者,因日輪不甚遠近,故爲溫帶。北極規與南極規之内,此兩帶者,因日輪止照半年,故爲冷帶。赤道之下,終歲畫夜均平,自赤道以北,夏至畫漸長,有十二時之畫,有一月之畫,有三月之畫,直至北極之下,則以半年爲一畫矣。往南亦然。以南北距度考之,其勢不得不然也。”《職方外紀校釋》,頁 28。北極規:即北極圈;南極規:即南極圈。

② “其在東西同帶之地,凡南北極出入相等者,畫夜寒暑節氣俱同,但其時則有先後。或差一百八十度,則此地爲子,彼地爲午;或差九十度,則此地爲子,彼處爲卯,餘可類推也。人居赤道之下者,平望南北二極,離南往北,每二百五十里則北極出地一度,南極入地一度。行二萬二千五百里,則見北極正當人頂,出地九十度,而南極入地九十度,正對人足矣。從南亦然,此南北緯度也。”《職方外紀校釋》,頁 28。南北爲經之度:今稱“緯度”。《校釋》本據《守山閣叢書》本、《墨海金壺》本改爲“南北緯度”,《天學初函》本、閩刻六卷本、《文淵閣四庫全書》本則作“南北經度”。《職方外紀校釋》,頁 30。故《地緯》應係鈔自《職方外紀》初刻本。

③ “至於東西經度,則天體轉環無定,不可據。七政量之,隨方可作初度。而天文家又立一法算之,以宗動天一周則日月行三百六十度,故每時得三十度。如兩處相差一時,則東西便離三十度也。今兩處觀月食,各自不同,則知差一時者其地方相離三十度。以此推之,東西之度可考驗矣。或但以里數考之。”《職方外紀校釋》,頁 28。東西爲緯之度:今稱“經度”。《校釋》本據《守山閣叢書》本、《墨海金壺》本改爲“東西經度”,《天學初函》本、閩刻六卷本、文淵閣《四庫全書》本則　（轉下頁）

若從西洋最西處爲初度，即以過福島子午規爲始。彷天度自西而東十度一規，以分東西之度。①

故形方者，必先定東西南北之規，參之本地，離赤道之南北幾何，離福島之東西幾何，乃置本地方隅。②

若欲知中國京師何隅，法以日影在其離赤道以北四十度，離福島以東一百四十三度，即於兩經緯線之交得京師矣。③ 畫地者，當以圓木爲毬畫之。如畫於平面者，或直剖之爲一圖，或橫截之爲兩圖。直者常如剖橘而未殊，南北極居上下，赤道居中央；圓者如盤，南北極爲心，赤道界之圖中南北規與規相等，皆以二百五十里爲一度。赤道之度亦然，其離赤道平行東西諸規，則漸近兩極者，其規漸小，然亦分爲三百六十度，其里數漸以益狹矣。亦有畫爲方圖者，其畫線稍變，不及圓圖之得其真形□。④

---

（接上頁）作"東西緯度"，故《地緯》應係鈔自《職方外紀》初刻本。七政：指日、月及金、木、水、火、土五星。《職方外紀校釋》，頁30。

① "古來地理家俱從西洋最西處爲初度，即以過福島子午規爲始，彷天度自西而東，十度一規，以分東西之度。"《職方外紀校釋》，頁28 - 29。古代歐洲人以大西洋最西處的福島（Fortunate Islands）爲測定經度的起點，福島即今非洲西北岸外大西洋中的加那利群島（Canary Islands），這項規定肇端於二世紀時托勒密暨馬里諾斯（Marinus of Tyre）的做法。李旭旦譯：《地理學思想史》，頁52。由於不像緯度起點（即赤道）可以由地球自轉軸決定，理論上任何一條經線都可以被定爲經線零度（即本初子午線，中國傳統以北爲子，以南爲午，經線爲南北向線，故稱），因此各國在歷史上對此線有不同定位。直至1884年，各國舉行會議，議決以英國格林威治天文臺之子午線爲零度。不過，在1911年以前，法國仍以巴黎子線爲本初子午線。

② "故畫圖必先畫東西南北之規，後考本地離赤道之南北、福島之東西幾何度數，乃置本地方位。"《職方外紀校釋》，頁29。赤道經緯度在應用上，具有定位、定向的作用，其法則先據日影測量，以離赤道南北度數知所在緯度，再依距福島東西度數明所在經度，經緯線相交即可得出定點位置。

③ "譬如中國京師，先知離赤道以北四十度，離福島以東一百四十三度，即於兩經緯線相交處得京師本位也。"《職方外紀校釋》，頁29。

④ "但地形既圓，則畫圖於極圓木毬，方能肖像。如畫於平面，則不免或直剖之爲一圖，或橫截之爲兩圖。故全圖設爲二種：一長如卵形，南北極居上下，赤 （转下页）

## 【02】大瞻納總志①

大瞻納者,天下一大州也,人類肇生之地,聖賢首出之鄉。其

---

(接上頁)道居中;一圓如盤形,南北極為心,赤道爲界。……圖中南北規規相等,皆以二百五十里爲一度,赤道之度亦然。其離赤道平行東西諸規,則漸近兩極者,其規漸小,然亦分爲三百六十度,其里數以次漸狹,別有算法。今畫圖爲方者,其畫線不免于稍變,畢竟惟圓形之圖乃得其真也。"《職方外紀校釋》,頁29。

① 本篇名稱在《叙傳》所列目錄中為"大瞻納總志第二",版心刻有"大瞻納總志"、本篇頁碼及在全書中的頁碼。内容主要出自《職方外紀》卷一《亞細亞總説》。大瞻納:即今稱亞細亞(洲)(Asia,字源為古希臘語 Ασία),或簡稱亞洲。"瞻"原書刻作"瞻",此據目録改。"大瞻納"之名,或援用其父熊明遇所定名稱,即本篇文末所稱"徐玄扈先生原因西書稱亞細亞,家君改定今名"。《格致草·圓地總無罅礙》所載五大洲名稱為"瞻納、歐邏、利未、南墨、北墨五大州也"。熊明遇:《格致草》,頁152a。此外,《職方外紀》卷一《亞細亞總説》也曾提到與"大瞻納"類似的名稱"大知納",其云:"亞細亞者……中國則居其東南……其距大西洋路幾九萬,開闢未始相通,但海外傳聞尊稱之為大知納。"《職方外紀校釋》,頁32-33。"大知納"似乎譯自梵文 Maha Cina,"大"為意譯,"知納"為音譯,為古代印度對中國的稱呼。由於西方傳教士艾儒略等人來華途中,曾於印度卧亞(Goa,又譯作果阿)停留,故得知這項海外傳聞。值得注意的是,熊明遇、熊人霖父子以"瞻納"取代"亞細亞"之稱,也可能是受到印度佛教世界觀的影響。在印度佛教經典中,有區分現實大陸為"四大洲"的説法,如唐代高僧玄奘(602—664)曾在《大唐西域記》卷一前部叙説唐帝國在印度世界觀念中的地位,據稱索訶世界(舊曰婆娑世界)三千大千國土之海中可居者,略有東毘提訶洲、南瞻部洲、西瞿陀尼洲、北拘盧洲等四大洲,而中、印等地都處於世界中央部分的南瞻部洲。參見(唐)玄奘、辯機(約619—649)原著,季羨林等校注:《大唐西域記校注》,頁34-35。(明)章潢(1527—1608)於《圖書編》卷二十九"四海華夷總圖"中注明:"此釋典所載四大海中南瞻部洲之圖姑存之以備考"圖旁并注稱:"南瞻部洲者,乃四洲之一也……諸國中,中印土為最大,實當洲之正中;我震旦九州介洲之東北,特中國數耳。"(明)章潢:《圖書編》,頁559-560。由此返觀熊明遇、熊人霖父子在選定譯名時,或許從印度佛教世界觀得到啓發。當然,這項譯名本身也帶有些許以中國為"瞻納"之主的意味。如本篇　(轉下頁)

地西起那多理亞,離福島六十二度;東至亞尼俺峽,離一百八十度;①南起爪音攟哇,在赤道南十二度;北至冰海,在赤道北十二度。②

其國以百餘數,中國最大,次者曰韃而靼,曰回回,曰印弟亞,曰莫卧爾,曰百兒西亞,曰度兒格,曰如德亞。海中有島焉絶大曰則意蘭,曰蘇門答剌,曰爪哇,曰渤泥,曰吕宋,曰馬路古。③

更有地中海諸島,亦屬此州(壖)[疆]内。④

中國則居其東南。天地所合,四時所交,聖哲迭興,道法大

---

（接上頁）中宣稱中國係"人類肇生之地,聖賢首出之鄉",實為"萬方之宗",并於《地緯繫》中强調"凡地緯,地物之號從中國"以及"邑人名從主人"的原則。又按:本書除了本篇《大瞻納總志》外,其餘仍同《職方外紀》作"亞細亞",而未改作"大瞻納"。

① "亞細亞者,天下一大州也,人類肇生一地,聖賢首出之鄉。其地西起那多理亞,離福島六十二度;東至亞尼俺峽,離一百八十度。"《職方外紀校釋》,頁32。那多理亞,即今安納托利亞(Anatolia,土耳其語 Anadolu),又名小亞細亞(Asia Minor),今土耳其的亞洲部分。Anatolia 源自希臘語 νατολή(Anatole),意指日出之地,因其地處希臘東方,故名。亞尼俺峽,即今白令海峽(Bering Strait),其名稱為紀念丹麥航海家白令(Vitus Jonassen Bering, 1681—1741)於 1728 年航行到該處,證實亞、美二洲並不相連的事蹟。利瑪竇《坤輿萬國全圖》和艾儒略《職方外紀》中的《亞細亞圖》於北美洲西北部均記有亞泥俺國,謝方認為此名稱或出自北美印第安語。《職方外紀校釋》,頁33。

② "南起爪音攟哇,在赤道南十二度;北至冰海,在赤道北七十二度。"《職方外紀校釋》,頁32。冰海:即北冰洋,或作北極海。《地緯》中"在赤道北十二度",《職方外紀》原作"在赤道北七十二度"。

③ "所容國土不啻百餘。其大者首推中國,此外曰韃而靼,曰回回,曰印第亞,曰莫卧爾,曰百兒西亞,曰度兒格,曰如德亞,並此州鉅邦也。海中有鉅島曰則意蘭,曰蘇門答剌,曰爪哇,曰渤泥,曰吕宋,曰馬路古。"《職方外紀校釋》,頁32。

④ "更有地中海諸島,亦屬此州界内。"《職方外紀校釋》,頁32。《地緯》所列篇名為"地中海諸島"者有二,分屬大瞻納(亞細亞)與歐邏巴。

盛。東西盡冠蓋之民,南北極寒暑之和,地勝物豐,實萬方之宗也。①

其北極出地之度,南自瓊州,出地一十八度;北至開平,出地四十二度。從南涉北,共得二十四度,徑六千里,東西略同。② 傳志既多有,不具論。論其職方所未條者,使好學深思之士,得以覽觀焉。③

徐玄扈④先生原因西書⑤稱亞細亞,家君改定今名。

---

① "中國則居其東南。自古帝王立極,聖哲遞興,聲名文物禮樂衣冠之美,與夫山川土俗物産人民之富庶,遠近所共宗仰。"《職方外紀校釋》,頁32。

② "其北極出地之度,南起瓊州出地一十八度,北至開平等處出地四十二度,從南涉北共得二十四度,徑六千里,東西大抵略同。"《職方外紀校釋》,頁32 - 33。瓊州,即明代廣東省瓊州府,約當今海南省海口、瓊海市及定安、屯昌、臨高縣等地。開平,即明代開平衛,為今内蒙古自治區正藍旗多倫縣一帶。

③ "其距大西洋路幾九萬,開闢未始相通,但海外傳聞尊稱之為大知納。近百年以來,西舶往來貿遷,始闢其途。而又耶穌會中諸士幸復遍歷觀光,益習中華風土。今欲揄揚萬一,則《一統志》諸書舊已詳盡。至中華朝貢屬國,如韃靼、西番、女直、朝鮮、琉球、安南、暹羅、真臘之類,俱悉《一統志》中,亦不復贅。姑略撮職方之所未載者於左。"《職方外紀校釋》,頁32 - 33。職方:列於《周禮》夏官之屬。《周禮·夏官·職方氏》云:"職方氏掌天下之圖,以掌天下之地,辨其邦國、都鄙、四夷、八蠻、七閩、九貉、五戎、六狄之人民與其財用、九穀、六畜之數要,周知其利害。"(清)孫詒讓:《周禮正義》卷六十三,頁2636。"職方"又指國家疆域,猶版圖之意。

④ 徐玄扈:即徐光啓(1562—1633),字子先,號玄扈,謚文定,天主教聖名保禄,松江府上海縣(今上海市)人,官至禮部尚書兼文淵閣大學士、内閣次輔。徐光啓為上海地區最早的天主教徒,徐宗澤稱其與李之藻、楊廷筠(1557—1627)三人為"中國聖教三柱石"。徐宗澤:《明清間耶穌會士譯著提要》卷一《緒言》,頁14。

⑤ 西書:此處或指利瑪竇所繪世界地圖或《乾坤體義》。

# 【03】韃而靼①

中國之北，迤而西，抵歐邏巴東界，山十之六而過，水十之一而不及，平地多沙，總稱韃而靼。大者曰意貌，界大瞻納之南北，其北皆韃而靼種也。氣候寒肅，冬不雨，夏五月乃有霢沐。② 其俗少城郭居室，屋於車，逐水草遷徙。其產牛、羊、駱、駝而人嗜馬肉，以馬頭爲珍絶羞。貴者道行飢渴，即飲所乘馬血。嗜酒，以醉爲榮，以病死爲辱。其事尤有大異者，或夜行而晝伏，或衣鹿皮，或以鐵絙懸尸於樹，或食虺蛇、螻蟻、蜘蛛。又有人身羊足，夏月履二尺冰者。有長狄善距，距躍三丈，行水上如行陸者。③ 孔子曰

---

① 本篇名稱在《叙傳》所列目錄中爲"韃而靼志第三"，版心刻有"韃而靼"、本篇頁碼及在全書中的頁碼。內容主要出自《職方外紀》卷一《韃而靼》。韃而靼：即 Tartar，泛指蒙古人或突厥人的國家。本篇所指爲西伯利亞（利瑪竇《坤輿萬國全圖》作"北地"）至裏海（《坤輿萬國全圖》作"北高海"）、伏爾加河（《坤輿萬國全圖》作"勿爾瓦河"）流域一帶的蒙古人與操突厥語的東方民族。明代史籍中的"韃靼"則專指蒙古人，約爲今內蒙古自治區和蒙古人民共和國等地的蒙古族，即《職方外紀》卷一《亞細亞總説》中的"韃韃"，亦爲《地緯》第四篇《北達》所指涉的地域族群，與本篇所指不同。《職方外紀校釋》，頁 34 - 35。
② "中國之北，迤西一帶，直抵歐羅巴東界，俱名韃而靼。其地江河絶少，平土多沙，大半皆山，大者曰意貌，中分亞細亞之南北，其北皆韃而靼種也。氣候極寒，冬月無雨，入夏微雨，僅濕土而已。"《職方外紀校釋》，頁 34。意貌：爲帕米爾高原西部一帶山脈，或爲世界最高的山脈喜瑪拉雅（Himalayas，源於梵文，即"雪域"之意）。謝方根據《天學初函》本《職方外紀》卷一末的批注，云"意貌"之"貌"爲"猊"之訛，推論意貌山應指伊犁（意猊）附近的天山山脈。《職方外紀校釋》，頁 36。
③ "人性好勇，以病歿爲辱。……然大率少城郭居室，駕屋於車，以便遷徙。產牛羊駱駝，嗜馬肉，以馬頭爲絶品，貴者方得噉之。道行飢渴，即刺所乘馬，瀝血而飲。復嗜酒，以一醉爲榮，國俗大都如此。更有殊異不倫，或夜行晝伏，身蒙鹿皮，懸尸於樹，喜食蛇蟻蜘蛛者。有人身羊足，氣候寒極，夏月層冰二尺。有長人善躍，一躍三丈，履水如行陸者。有人死不葬，以鐵索掛屍於樹者。"《職方外紀校釋》，頁 34 - 35。

"人長不過一丈"，①《記》曰"大秦人長丈五尺，好騎駱駝"，②蓋是類也。此皆韃而靼東北諸種云。③

迤西故有女子國曰亞瑪作搦。驍勇敢戰，④嘗破一名都曰厄弗俗，祠其地，絕宏麗，爲天下异觀。⑤ 俗以春月納男子，生子男也輒殺之，女則舉之。⑥《記》曰："女國無男子，照井而感孕，則生女

---

① 語出《國語·魯語下》："客曰：'人長之極幾何？'仲尼曰：'僬僥氏長三尺，短之至也。長者不過十之，數之極也。'"徐元誥：《國語集解》，頁203。

② 據(唐)釋道世(約597—683)《法苑珠林》卷五《八道篇第四·第二人道部·感應緣》云："《外國圖》曰：'大秦國人長一丈五尺，援臂長脅，好騎駱駝。'"周叔迦、蘇晉仁校注：《法苑珠林校注》，頁163。

③ "此皆韃而靼東北諸種也。"《職方外紀校釋》，頁35。《地緯》於此句前刪去《職方外紀》所記"有父母將老，即殺食之，以爲念親之恩，必葬之腹而不忍委之丘隴者"，或因基於儒家倫常觀念的考量。

④ "迤西舊有女國，曰亞瑪作搦，最驍勇善戰。"《職方外紀校釋》，頁35。亞瑪作搦：謝方據《職方外紀》所載亞瑪作搦攻伐厄弗俗，以及建有天下七奇之一的神祠等事蹟，認爲此或許是小亞細亞西部古國吕底亞(Lydia，又作利底亞)。《職方外紀校釋》，頁36。另據金國平所考，亞瑪作搦應爲葡萄牙語 amazonas 的譯音，今作亞馬孫人(或作亞馬遜人、阿馬松人)，係古希臘神話中的女戰士民族，傳說居住在黑海沿岸(小亞細亞及亞速海濱)一帶。《〈職方外紀〉補考》，頁114。關於亞馬遜女戰士的記載，最詳者可見古希臘史家希羅多德(Herodotus，約前484—前425)的《歷史》(Histories)。參見王以鑄譯：《希羅多德歷史：希臘波斯戰爭史》第四卷，頁307-310。王以鑄譯作"阿馬松"。

⑤ "嘗破一名都曰厄弗俗，即其地建一神祠，宏麗奇巧，殆非思議所及。西國稱天下有七奇，此居其一。"《職方外紀校釋》，頁35。厄弗俗：即以弗所(Ephesus)，故地於古代歐亞大商道西端，今土耳其伊兹密爾省(Izmir)塞爾柱村附近。原爲公元前七世紀古希臘人在小亞細亞建立的殖民城邦，公元前六世紀爲吕底亞人占領。《職方外紀》所附《亞細亞圖》作"厄弗瑣"。"祠其地"之"祠"，即阿耳忒彌斯(Artemis，希臘神話中的月亮及狩獵女神)神廟，爲公元前550年吕底亞國王克羅伊斯(Croesus，前595—約前547)創建於小亞細亞的希臘城市以弗所。希臘詩人安提帕特(Antipater of Sidon)在其作於約公元前140年左右的讚美詩中，將該神廟列爲世界七大奇蹟。比利時耶穌會士南懷仁(Ferdinand Verbiest，1623—1688)所著《坤輿圖説》卷下《七奇圖·五亞細亞洲厄弗俗府供月祠廟》中有相關記載。參見《職方外紀校釋》，頁36。

⑥ "國俗惟春月容男子一至其地，生子男輒殺之。"《職方外紀校釋》，頁35。

子。"①今其地併於他國。有得白得之國,(弊)[幣]以珊瑚。大剛國,(弊)[幣]以屑木皮爲餅,印王號其上。此皆韃而靼西北諸種云。②

# 【04】北達③

北達種落不一,其界薊、④遼、⑤宣、⑥大、⑦山西、⑧延、⑨寧⑩諸

---

① 此處《記》未明何書。中國文獻中關於女國的記載,最早見於《山海經》的《海外西經》與《大荒西經》,地理位置在西方。至於照井感孕之説,最早出於《後漢書·東夷列傳》:"海中有女國,無男人。或傳其國有神井,闚之輒生子云。"(南朝宋)范曄:《後漢書·東夷列傳·東沃沮》,卷八十五,頁2817。《後漢書》所載女國的位置則為東方海中。此後文獻則分別有"東女國"與"西女國"兩種記載。關於中國歷代的女國故事,可參見林美岑:《試探女兒國故事的兩個系統》。

② "今亦爲他國所併,存其名耳。又有地曰得白得,不以金銀為幣,止用珊瑚。至大剛國惟屑樹皮爲餅如錢,印王號其上以當幣。……此皆韃而靼西北諸種也。"《職方外紀校釋》,頁35。得白得之國:據金國平所考,似為Derbend的譯音,《元史》作"打耳班",即今裏海西岸、高加索以南的達爾班特(又譯作傑爾賓特),今為達吉斯坦共和國第二大城市。大剛國:據金國平所考,似為Deccan的譯音,即印度半島南部德干高原。《〈職方外紀〉補考》,頁114-115。按:德干高原的地理位置與位於小亞細亞的亞瑪作搦、得白得兩地距離過遠,似不合於此三國"皆韃而靼西北諸種"之説也。又《地緯》原書於此段删去《職方外紀》所記"其俗國主死後,輿棺往葬,道逢人輒殺之,謬謂死者可事其主也。嘗有一王會葬,殺人以萬計"。

③ 本篇名稱在《叙傳》所列目錄中為"北達志第四",版心刻有"北達",本篇頁碼及在全書中的頁碼。内容主要根據(明)王世貞(1526—1590)《北虜始末志》删改增補而成。見(明)陳子龍等輯:《明經世文編》,卷三三二,頁5b-12a(總頁3545—3548)。明代後期相關文獻記載,可參見王宗載:《四夷館考》卷上《韃靼館》,頁1a-8a;葉向高:《四夷考》卷五至卷七《北虜考》,頁49-93。本篇所稱"北達",係將玁狁、匈如、烏桓、蠕蠕、突厥、契丹、蒙古,乃至明朝時北元以及韃靼、瓦剌等北方遊牧民族視為一體。

④ 薊:即薊州鎮,明孝宗弘治年間沿北方長城防線陸續設立的軍事重鎮,以下遼、宣、大、山西、延、寧等皆是。薊州鎮管轄的長城,最初東起山海關,西至鎮邊城(原名灰嶺口),自增設昌平鎮後,西改至慕田峪(今北京懷柔區境)。

邊者，號曰北狄。其地東抵兀良哈，[①]西連撒馬兒罕，[②]北盡河漠。本獯鬻之遺也，在周曰玁狁，秦漢曰匈如。[③] 自漢武帝斥塞數擊匈如，[④]至元帝呼韓邪[⑤]稱臣，其後匈如益陵夷，而烏桓興。[⑥]鮮卑滅

---

⑤ 遼：即遼東鎮。遼東鎮總兵初駐廣寧（今遼寧省北鎮市），明穆宗隆慶年間改為冬季駐東寧衛（今遼寧省遼陽市）。管轄的長城，東起丹東市寬甸縣虎山南麓鴨綠江畔，西至山海關北錐子山。

⑥ 宣：即宣府鎮。宣府鎮總兵駐宣府衛（今河北省張家口市宣化縣）。管轄的長城，東起慕田峪渤海所和四海冶所分界處，西至西陽河（今河北省懷安縣境）。

⑦ 大：即大同。大同鎮總兵駐大同府（今山西省大同市）。管轄的長城，東起鎮口台（今山西省天鎮縣東北），西至鴉角山（今內蒙古自治區清水河縣口子村東山）。

⑧ 山西：即太原鎮，也稱山西鎮。太原鎮總兵初駐偏頭關（今山西省偏關縣），後移駐寧武所（今山西省寧武縣）。管轄的長城，西起河曲（今山西省河曲縣舊縣城）的黃河岸邊，經偏關、老營堡、寧武關、雁門關、平型關，東至太行山嶺真保鎮。因該鎮在大同、宣府兩鎮長城的內側（南邊），故又稱為內長城；而偏頭、寧武、雁門三關，也就合稱為內長城的"外三關"。在東邊的薊州鎮與真保鎮的居庸、紫荊、倒馬三關則為"內三關"，故太原鎮又稱作三關鎮。

⑨ 延：即延綏鎮，也稱榆林鎮。延綏鎮總兵初駐綏德州（今陝西省綏德縣），明憲宗成化年間移治榆林衛（今陝西省榆林市）。管轄的長城，東起黃甫川堡（今陝西省府谷縣黃甫鄉），西至花馬池（今寧夏回族自治區鹽池縣）。在大邊南側另有"二邊"，東起黃河西岸（今陝西省府谷縣牆頭鄉），西至寧塞營（今陝西省定邊縣）與大邊壩相接。

⑩ 寧：即寧夏鎮。寧夏鎮總兵駐寧夏衛（今寧夏回族自治區銀川市）。管轄的長城，東起花馬池，西至寧夏中衛喜鵲溝黃河北岸（今寧夏回族自治區中衛市西南）。

① 兀良哈：即朵顏三衛，參見本書《三衛》篇。兀良哈亦為瓦剌部一員的烏梁海部另稱。

② 撒馬兒罕：參見本書《撒馬兒罕 哈烈》篇。

③ 獯鬻、玁狁：又作獫允、嚴允、獫狁、葷粥、獯粥、薰育等，中國古代北方與西北方民族，其形跡最早見於金文及先秦古籍，有時與"昆夷"等名相混稱，居住地區亦相同。春秋時，玁狁被稱作戎狄，戰國時期分布於秦、趙、燕以北的地區。《史記》記載秦將蒙恬（？—前210）敗匈奴，而自漢朝始，多以玁狁為匈奴的先民。王國維認為鬼方、昆夷與玁狁為同族異名。見王國維：《鬼方昆夷玁狁考》。不過，關於以上說法，學者尚未有定論。

④ 漢武帝劉徹（前156—前87，前141—前87在位）自元光二年（前133）馬邑之戰開始，至元狩四年（前119）漠北之戰止，以衛青（？—前106）、霍去病（前140—前117）等人為主帥，對匈奴進行十餘年戰爭，晚年又使李廣利（？—前88）對匈奴用兵。

烏桓,<sup>①</sup>而後蠕蠕興。<sup>②</sup> 蠕蠕滅,突厥興。<sup>③</sup> 唐李靖征突厥,<sup>④</sup> 突厥

---

⑤ 呼韓邪單于(?—前31):名稽侯狦,係西漢後期匈奴單于之一。先是握衍朐鞮單
　于在位時,相當殘暴,遭致不滿。漢宣帝神爵四年(前58),姑夕王、烏禪幕及左地
　貴人共立稽侯狦為呼韓邪單于,並出兵攻打握衍朐鞮單于,握衍朐鞮單于自殺。
　之後,匈奴多位族人自立單于,遂分為南北二部,如屠耆單于、呼揭單于、車犁單
　于、烏籍單于、閏振單于、郅支單于、伊利目單于。五鳳四年(前54),呼韓邪單于敗
　於郅支單于,次年,求助於漢宣帝。甘露三年(前51),呼韓邪親自前往長安朝見宣
　帝。漢元帝竟寧元年(前33),呼韓邪再次來到長安要求和親,王昭君遂隨呼韓邪
　前去塞北。

⑥ 烏桓:又名烏丸、古丸,中國古代北方民族之一。秦末漢初之際,匈奴王冒頓單于
　擊敗東胡,東胡人北遷至鮮卑山和烏桓山(即大興安嶺中部的東西罕山),各以山
　名為族號,分別形成鮮卑人和烏桓人,烏桓經常向匈奴進貢。漢武帝元狩四年(前
　119),霍去病進攻匈奴左地,遷烏桓於上谷、漁陽、右北平、遼東、遼西五郡,置護烏
　桓校尉,使之與匈奴隔離,為漢朝偵察匈奴動靜。王莽(前45—23,8—23在位)時
　期,令烏桓不再進貢匈奴,並多次強召烏桓伐匈奴,致使烏桓反目,遂降匈奴。漢
　光武帝建武二十二年(46),烏桓趁匈奴內亂之際,將其趕出大漠以南。東漢時,烏
　桓人獲允許部分移居太原關內各地,大多歸附於漢。烏桓南遷後,原居地為鮮卑
　所佔,留在塞外的部分烏桓人亦附鮮卑,常助其攻擊漢帝國。東漢末年,遼東、遼
　西等地的烏桓人趁亂稱王。漢獻帝初平元年(190),遼西烏桓人蹋頓(?—207)統
　一今遼寧一帶的烏桓各部,後為袁紹(?—202)賜予蹋頓單于稱號。

① 漢獻帝建安十年(205),袁紹於官渡之戰敗於曹操(155—220),其子袁熙(?—
　207)、袁尚(?—207)投奔烏桓蹋頓。建安十二年(207),曹操北征烏桓,蹋頓為曹
　操部將張遼(?—222)所斬,諸王亦多被殺,降漢者達二十餘萬人,烏桓自此衰落,
　地位為鮮卑取代。鮮卑於公元二世紀佔據匈奴領地,稱雄塞北。公元四世紀,西
　晉滅亡後,鮮卑人陸續在今中國北方建立代(315—376)、前燕(337—370)、後燕
　(384—407)、西燕(384—394)、西秦(385—400,409—431)、北魏(386—534)、南涼
　(397—414)、南燕(398—410)等國。439年,北魏統一北方後,時常與柔然發生衝
　突。而後,北魏經歷六鎮之亂,分裂成東魏(534—550)、西魏(535—557),二國隨後
　也分別為北齊(550—577)、北周(557—581)所篡。最後北周統一華北,後於581年
　為楊堅(541—604,581—604在位隋文帝)篡位而亡。

② 蠕蠕:即上注所稱柔然,《魏書》作蠕蠕,《宋書》《南齊書》《梁書》作芮芮,《北齊書》
　《周書》《隋書》作茹茹,《晉書》作蝚蠕,《宋書》又作大檀、檀檀,為鮮卑別支。鮮卑人
　於中國北方建立諸多國家後,漢地即由柔然稱霸。

③ 稱霸塞北的柔然汗國於552年被突厥汗國所滅。六世紀初,突厥部落遊牧於金山
　(今阿爾泰山),初歸附於柔然,為其煉鐵奴。柔然由於長期與高車(又作(轉下頁)

滅。① 契丹②復强已,蒙古并契丹,③遂閏位中國,號曰元。④ 明興,

<hr />

(接上頁)鐵勒、敕勒、丁零等)的戰爭而勢力削弱。546 年,突厥斷絕與柔然的關係。550 年,突厥首領土門(? —552)擊敗高車。552 年,破柔然,自稱伊利可汗,建立政權。突厥汗國全盛時,其疆域東至大興安嶺,西抵西海(鹹海),北越貝加爾湖,南接阿姆河南。

④ 隋文帝開皇三年(583),隋將長孫晟(551—609)利用突厥汗國内部不和,使離間計,將突厥分裂為東、西兩部。唐太宗於貞觀三年(629)末以李靖(571—649)為總節度,分六路進擊突厥。貞觀四年(630)初,李靖大敗東突厥的頡利可汗(? —634,620—630 在位),其餘東突厥首領紛紛投降,臣服唐朝。

① 唐高宗顯慶四年(658)滅西突厥,餘部西遷中亞,於唐高宗末年(682),再度建立後突厥帝國。744 年,後突厥帝國亡於回紇。

② 契丹:即遼(907/916—1125)。契丹族首領耶律阿保機(872—926)於 907 年成為部落聯盟首領,後於 916 年登基,使用漢文國號為大契丹,非漢文國號則為哈刺契丹(簡稱大契丹、契丹國、契丹)。936 年,南下中原攻滅後晉後,於 938 年在燕雲十六州等漢地使用漢文國號為大遼,而遼朝故地所用漢文國號仍為大契丹。983 年起,兩地皆使用大契丹。1066 年後,改為大遼。關於遼之國號的變遷,見劉浦江:《遼朝國號考釋》)。

③ 1122 年,遼天祚帝耶律延禧(1101—1125 在位)北逃夾山,耶律淳(1062—1122)於遼南京(即析津府,遼國陪都,人稱燕京,今北京市西南)被立為帝,史稱北遼,1123 年為金所滅。遼朝滅亡後,耶律大石(1087—1143)西遷至中亞楚河流域,於 1132 年建立西遼,最後於 1218 年為成吉思汗(1162—1227,1206—1227 在位)的大蒙古國(1206—1271)所滅。按:《地緯》於此處略過女真人所建立的金(1115—1234),也許是因此書刊於清初,為免觸忌由女真人後裔建立的清朝(後金 1616—1632,清 1632—1912)而删去。關於金之國號及其與清之國號間的關係,可參見陳學霖:《"大金"國號之起源及其釋義》。另(清)姚觀元所編《清代禁燬書目(補遺)》云:"查《地緯》,明熊人霖撰,每一國為一志。内《朝鮮志》中有指斥之語。又有《女真志》一篇,有録無書,當由亦有妄悖之詞,是以撤出,應請銷毀。"馬瓊以《函宇通》本《地緯》中並無"女真志"篇,在"朝鮮志"裏亦不見熊人霖對女真的"指斥之語",因此認為《函宇通》本《地緯》是經過删削的版本,被軍機處奏毀的《地緯》亦非《函宇通》本。《〈地緯〉的成書、刊刻和流傳》,頁 74 - 75。

④ 《大明一統志》卷九十《韃靼》云:"北胡種落不一,歷代名稱各異。夏曰獯鬻,周曰玁狁,秦漢皆曰匈奴,唐曰突厥,宋曰契丹。自漢以來,匈奴頗盛,後稍弱,而烏桓興。漢末,鮮卑滅烏桓,盡有其地。後魏時,蠕蠕獨强,與魏為敵。蠕蠕滅,而突厥起,盡有西北地。唐貞觀中,李靖滅之。五代及宋,契丹復盛……既而蒙古兼并有之,遂入中國代宋,稱號曰元。"(頁 5567 - 5568)世祖忽必烈(1215—1294,(轉下頁)

洪武元年(1368),上命大將軍徐達、副將軍常遇春,將二十五萬衆討元,元主遁應昌。[①] 二年(1369)卒,而子愛猷識里達臘立。[②] 李文忠破應昌,達臘走和林。[③] 十一年(1378)卒,而次子益王脱古

---

(接上頁)1260—1294 在位)於至元十一年(1271)改國號為大元。關於蒙元的國號,據蕭啓慶的研究,蒙古在漢地使用的國號,最初為大朝;忽必烈定都中原之後,採用中統、至元為年號,然在年號之上常加"大朝"二字,可知大朝是國號,至元為年號。至元十一年改大元為國號後,大朝遂失去其作為國號的作用,以後皆以元朝為名。而蒙文 Yeke Mongghol Ulus(音譯為蒙克兀魯思)的漢譯,有直譯的大蒙古國與簡譯的大朝,兩者皆為使用於漢地的漢文國號。漢文"大蒙古國"的名稱在蒙古伐金之初已經採用,但因種族意味太強,似為外來的征服政權,不足以羈縻漢地人民,於是簡化為大朝。大朝與大蒙古國兩個漢語稱謂並行使用 50 年左右。大蒙古國的名稱常見於外交文書中,為蒙古的正式漢文國名,而大朝則以對内使用為主。忽必烈立國中原之後,為取得正統王朝地位的需要,採用劉秉忠(1216—1274)的建議,以元字為國號,係取自《易經》"乾元"之意,而其本義為"大",所以元朝與大朝實為同義,皆是蒙文 Yeke Mongghol Ulus 的簡譯,只是元朝更適於作為中原王朝的國號。然自蒙古人看來,蒙古一貫的國號仍是 Yeke Mongghol Ulus。關於蒙元國號的演變,見蕭啓慶:《説"大朝":元朝建號前蒙古的漢文國號——兼論蒙元國號的演變》。

① "洪武元年,大將軍徐達、副將軍常遇春兵二十五萬北伐,逼京師,元主開門,北遁至應昌。"《北虜始末志》,頁 6a(總頁 3545)。元惠宗至正二十七年(1367),朱元璋(1328—1398,1368—1398 在位)命徐達(1332—1385)、常遇春(1330—1369)率師二十五萬,由淮河進,北伐中原,直取大都(元朝首都,位於今北京市)。元惠宗(1320—1370,1333—1370 在位,明朝謚為順皇帝,又稱元順帝)於至正二十八年(洪武元年,1368)北逃上都(即開平,位於今内蒙古自治區錫林郭勒盟正藍旗境内,元世祖忽必烈即位以前,建王府於此。忽必烈即位後,下詔升開平為上都,遷中都後,改上都為陪都,作避暑行宮)後,其勢力猶在明朝邊境地區,並二次南侵以圖奪回大都。洪武二年(1369),元惠宗遷都應昌府(又名魯王城,故址在今内蒙古克什克騰旗西北達里諾爾西南的達爾罕蘇木),鄰近位於燕山的大都,形成軍事威脅。

② "二年殂,其國人謚曰惠宗。而高皇帝嘉其能達變推分,遣使祭而尊之曰順帝。皇太子愛猷識里達臘立。"《北虜始末志》,頁 6a(總頁 3545)。至正三十年(洪武三年,1370),元惠宗因痢疾,在應昌去世。皇太子愛猷識理答臘(1340—1378)(《元史》《明史》多作此名)繼位,是為元昭宗(1370—1378 在位),並於 1371 年改元宣光。

③ "李文忠擣應昌破之,獲太子賀禮的八剌,降其衆五萬人,宮女財寶圖籍,不可勝計。元主以餘兵走和林,右丞相擴廓帖木兒、平章鱩兒、右丞賀宗哲咸會(转下頁)

思帖木兒立。① 九年(1376)，營捕魚兒海，藍玉以五萬騎擊之，益王走。②

永樂時，元嗣主本雅失里稱可汗，而強臣馬哈木、太平、把禿孛羅據瓦剌，三分其衆，叩關請封，所謂順寧王、賢義王、安樂王也。③ 永樂七年(1409)，元嗣主殺使臣。八年(1410)，上自將十五萬衆征之，本雅失里遠走，而其臣阿魯台請降。明年，馬哈木等滅本雅失里，而上封阿魯台爲和寧王，瓦剌不貢。④ 十二年(1414)，上

---

(接上頁)焉，兵稍稍振立。"《北虜始末志》，頁 6a(總頁 3545)。明洪武三年(1370)，明將李文忠(1339—1384)攻克應昌，元昭宗逃往和林(即哈拉和林，蒙古語 Хархорум，位於今蒙古國境內前杭愛省西北角，蒙古帝國第二代大汗窩闊台於 1235 年在此建都。忽必烈遷大都後，哈拉和林成為和林等處行中書省治所，仍為漠北重要都市)，仍延續元、明兩帝國的對抗。

① "凡十一年而殂，諡曰昭宗。次子益王脫古思帖木兒立。"《北虜始末志》，頁 6a(總頁 3545)。脫古思帖木兒，係北元第三位皇帝(？—1388，1378—1388 在位)，史稱北元後主，因其年號為天元，又稱為天元帝。

② "七年，而丞相納哈出以別部二十萬衆，降於明。又二年，營捕魚兒海，大將軍藍玉以十五萬騎襲擊，大破之，降其衆十萬，益王走至也速迭兒遇害。"《北虜始末志》，頁 6a - b(總頁 3545)。捕魚兒海：即貝爾湖(Buir Lake，蒙古語 Буйр нуур)，位於蒙古國東部與內蒙古接壤地區的界湖，大部份屬蒙古國，僅西北部屬中國。貝爾湖在明代稱捕魚兒海，清代稱貝雨爾湖。洪武二十一年(1388)，朱元璋令藍玉(？—1393)率軍攻打脫古思帖木兒，於捕魚兒海大破北元主力部隊，脫古思帖木兒投奔蒙古舊都和林的也速迭兒，北元至此一蹶不振。

③ "永樂初，鬼力赤立，非元裔也，衆不附，復弒之。太師阿魯台統有部落，乃迎順帝後本雅失里為主，稱可汗。而當洪武時，強臣猛哥帖木兒據瓦剌，死，衆分為三，其酋曰馬哈木、曰太平、曰把禿孛羅，不肯與可汗朝會，上表貢貂裘駿馬珍異，仍請封。詔封馬哈木為順寧王，太平賢義王，把禿孛羅安樂王。"《北虜始末志》，頁 6b(總頁 3545)。永樂四年(1408)，北元大臣阿魯台(？—1434)殺死改稱韃靼可汗的鬼力赤，迎立本雅失里(？—1412)為大汗。永樂七年(1409)，明成祖朱棣(1360—1424，1402—1424 在位)封瓦剌三部酋馬哈木(？—1416)為順寧王、太平(？—1426)為賢義王、把禿孛羅(？—1438)為安樂王。

④ "永樂七年，遣給事中郭驥使本雅失里見殺，上大怒，勅洪國公丘福等討之，而本雅失里已為瓦剌所襲破，與阿魯台徙臚朐河矣。丘福恃衆不為備，全軍十萬騎皆沒。明年，上自以五十萬衆出塞，逐本雅失里，敗之，遠走，而阿魯台自以其衆(轉下頁)

以大衆討之,三酋遁走。十三年(1415),瓦剌復降。① 十五年(1417),封馬哈木子脫歡爲順寧王,阿魯台叛。② 二十年(1422),討阿魯台,降其異部大酋數千人。③ 二十二年(1424),上復親討阿魯台,出塞數千里,不見(盧)[虜]還,而順寧王稍稍并(大)[太]

---

(接上頁)竄山谷,請降貢馬。詔撫納君臣始各部而居。又明年,馬哈木等乘本雅失里弱,滅之,阿魯台上疏請為故主復讐,上不許,然嘉其義,封之為和寧王,瓦剌貢使遂不至。"《北虜始末志》,頁6b - 7a(總頁3545 - 3546)。永樂七年,明成祖派郭驥出使韃靼,結果被殺,成祖遂派淇國公丘福(1343—1409)率十萬大軍征討韃靼,因輕敵且孤軍深入,以致中伏而全軍覆沒。永樂八年(1410),成祖率軍親征,詢得韃靼可汗本雅失里率軍向西逃往瓦剌部,大臣阿魯台則東逃。成祖親率將士向西追擊本雅失里,在斡難河(位於今蒙、俄邊境)大敗之,本雅失里西逃,後為瓦剌首領馬哈木所殺。成祖又揮師東擊阿魯台,戰於斡難河東北方,阿魯台墜馬逃遁。此後因天氣炎熱,缺水且糧草不濟,成祖下令班師。韃靼部經此一戰,遂臣服並進貢馬匹,阿魯台亦受成祖封為和寧王。

① "十二年,上以大衆討之,馬哈木等三酋掃境來戰,不利,遂遁。阿魯台使其大酋以下來朝會,賜米五十石,乾肉、酒糗、綵幣有差。十三年,瓦剌復請降貢馬謝罪。"《北虜始末志》,頁7a - 6(總頁3546)。明軍大敗韃靼後,瓦剌部趁機壯大。永樂十一年(1413),瓦剌軍進駐臚朐河(克魯倫河),窺視中原。明成祖決心再次親征。永樂十二年(1414),明軍在勿蘭忽失溫(今蒙古烏蘭巴托東南)對陣瓦剌軍,瓦剌敗退,成祖乘勢追擊。瓦剌於此役受到重創,此後多年不敢犯邊,但明軍亦傷亡慘重。永樂十三年(1415),瓦剌入貢馬匹,放還明使。三酋:即指馬哈木、太平、把禿孛羅。

② "十五年,馬哈木死,封其子脫歡為順寧王,阿魯台恚,遂叛,入寇,興和。"《北虜始末志》,頁7b(總頁3546)。脫歡(? —1439):又作脫懽、托歡。1434年,殺東部蒙古阿魯台,又殺死瓦剌部的太平、把禿孛羅。1438年,攻殺擁立阿魯台的阿台汗,立脫脫不花為大汗,自任為丞相,進一步控制東部蒙古。次年去世,其子也先繼位為首領。

③ "二十年,上討之,次殺胡原,阿魯台遁降,其異部大酋也先土干等數千人還。"《北虜始末志》,頁7b(總頁3546)。瓦剌敗於明軍後,韃靼趁機發展,勢力日益強盛,遂改變對明帝國的依附政策。永樂十九年(1421)冬初,韃靼圍攻明朝北方重鎮,並殺死了明軍指揮官,成祖遂決定第三次親征漠北。永樂二十年(1422),成祖率軍出擊韃靼,其主力部隊開至宣府東南雞鳴山時,韃靼首領阿魯台已乘夜逃離興和,避而不戰。追明軍到達煞胡原時,俘獲韃靼部屬,得知阿魯台已逃走,成祖下令回師。回師途中,更擊敗兀良哈部。

平、孛羅之衆。① 至宣德九年(1434)，遂急擊殺阿魯台，行求故元後脫脫不花，王爲主，以阿魯台衆②歸之，居河漠。③ 正統時，脫歡死，子也先益强盛，數犯邊。十四年(1449)，破大同之師，中人王振挾上親征，王師潰於土木。也先詭稱送上還，潰紫荆，躪畿輔，犯京師。尚書于謙禦之，也先大掠而去。會中國立景帝，也先失所挾，乃奉上歸。天順四年(1460)，也先遂弑脫脫不花自王。成化中，也先死，諸子分部北邊，在西者爲套虜，犯陝西諸鎮；在北者，犯宣、大、山西。離合不常，世次莫可得而考矣。④

① "二十二年，上復親討阿魯台，出塞數千里，不見虜還，崩于榆木川，而順寧王脫歡稍稍併有太平、孛羅之衆。"《北虜始末志》，頁7b(總頁3546)。永樂二十二年(1424)，韃靼部首領阿魯台率軍進犯山西、大同、開平(今內蒙古正蘭旗東北)等地，成祖遂決定調集大軍，展開第五次親征。明軍進至隰寧(今河北省沽源縣南)，獲悉阿魯台逃往答蘭納木兒河(今蒙古境內之哈剌哈河下游)，成祖下令全軍急速追擊，直至答蘭納木兒河，因周圍三百餘里不見阿魯台部蹤影，遂下令班師。成祖在回京途中，病死於榆木川(今內蒙古多倫西北)。
② 衆：書中多刻作簡體字。
③ "至宣德九年，遂急擊殺阿魯台，悉收其部落，欲自立爲可汗，衆不可，乃行求元後脫脫不花王爲主，以阿魯台衆歸之，居沙漠北，哈唎嗔等部俱服屬焉。"《北虜始末志》，頁7b-8a(總頁3546)。
④ "正統八年，脫歡死，子也先益强盛，自稱爲太師，屢犯邊。十四年，大入破大同之師，告急相踵。上遣駙馬都尉井源等四將，各萬騎禦之，俱敗没。中人振挾上親征，出居庸至大同，成國公朱勇等五萬騎爲前軍，復大敗，勇死，也先遂乘勝前逼上於土木，全師俱覆，上蒙塵。也先詭稱送上還，潰紫荆而入，躪畿輔，直前犯京師。尚書于謙，武靖伯石亨禦之，也先走，大掠而出，餘衆之在京南者，殲于楊洪軍。而會中國已立郕王爲帝，也先失所挾，平章伯顏帖木兒從臾之，復奉上歸。是時也先兵威出不花王上，取羈縻而已。景泰中，上數使使略遺也先，又通不花王以間之。天順四年，也先遂以兵滅脫脫不花，弑之，致書上，自稱大元田盛大可汗。答，詔稱爲瓦剌王。成化中，也先死，諸子分部北邊，其在西者爲套虜，犯陝西諸鎮；在北者，犯宣、大、山西。離合不常，世次莫得而攷矣。"《北虜始末志》，頁8a-b(總頁3546)。陝西：即固原鎮，又稱陝西鎮。固原鎮總兵駐固原州(今寧夏回族自治區固原市)，管轄長城爲東起延綏鎮饒陽水堡(今陝西省定邊姬原鄉遼陽村)西界，西達蘭州、臨洮。明代後期改線重建，西北抵紅水堡(今甘肅省景泰鎮西北)西境與甘肅鎮松山新邊分界。

至弘治中，北酋火篩寇大同，討之不利。會火篩死，邊患少息。而小王子者，也先之後，或曰元裔也，終正德、嘉靖間犯邊。嘉靖十三年(1534)，小王子與叛將寇大同，然小得利輒去。[1] 而吉囊、俺答者，皆小王子從父也。吉囊分地，當關中頗饒；俺答當開原上郡[2]最貧，以故最喜為寇抄；而小王子衆以饒故，射獵自娛而(巳)[已]，益厭兵稀發。吉囊、俺達衆各十餘萬騎，而前後掠中國人埒之。小王子雖號爲君長，不相攝。[3] 黃毛者，(盧)[虜]別種也，兇悍。虜或時深[4]入，黃毛輒從後，掠繳子女玉帛。虜苦之，遂合衆急擊破黃毛，以是無內顧，得併力我。(巳)[己]亥(1539)、辛丑(1541)，連歲入山西，圍太原，十六日始解。[5]

吉囊死，諸子不相屬，分居西邊，而俺答日益強。有子曰黃台吉，臂偏短，善用兵。丙午(1546)，自宣府入隆慶，總督翁萬達拒

---

① "至弘治中，虜酋火篩大舉寇大同，我師敗績。詔平江伯陳銳為大將，侍郎許進佐之，出邊坐逗遛徵免。虜勢益盛，踏冰過黃河住牧。改命大將保國公朱永、中貴人苗逵、右都御史史琳，合京邊兵十萬布韋州禦之，復不利。火篩死，邊患少息。而小王子者，即也先之後稱可汗者也，或云元裔也。滅也先，遂主諸部。嘗怒其丞相亦不剌，欲殺之，亦不剌懼，擁萬衆掠凉州入西海，攻破西寧安定王族，奪其詔印，諸番散亡，據其地而居之。未幾，復稱藩於小王子。終正德、嘉靖間，犯邊殺掠吏民不已。小王子分地絕遠，介西北間，善水草。其人甚富而饒，有牛皮帳九，蓄珍寶，直百萬。嘉靖之十三年，大同叛，殺其帥，陰遣小王子入援，踐我師大同下，而小王子得少利，輒去不顧。"《北虜始末志》，頁 8b - 9b(總頁 3546 - 3547)。

② 郡：同"郡"。

③ "其二從父曰吉囊、曰俺答，吉囊分地河套，當關中，次饒；俺答分開原上都，最貧，以故最喜為寇抄。而小王子衆以饒，故射獵自娛而已。雖控弦數十萬，人厭兵稀發。吉囊有子十人，人萬騎，俺答亦十餘萬騎，而前後掠中國人埒之。小王子雖號稱為君長，不相攝。"《北虜始末志》，頁 9b(總頁 3547)。

④ 深：書中多刻作"渓"，似當為"渓"之訛。渓：古同"深"。

⑤ "別種曰黃毛者，兇悍不能別死生，衆少於三部。虜或時深入，黃毛輒從後掠徵取子女玉帛。虜苦之，後合兵逐北，急擊大破臣黃毛，以是無內顧，得併力我。己亥、辛丑，吉囊及俺答連歲入山西，抵太原，圍之十六日而解。"《北虜始末志》，頁 9b - 10a(總頁 3547)。

之。庚(戌)[戌](1550)夏,(慮)[虜]數萬騎潰大同,取二將軍首去。八月,寇古北口,我師敗績,狄大殺掠懷柔、順義吏民。俄而犯京城,遊騎掠通州三河。① 旬日,仇鸞以大同兵、楊守謙以保定兵、徐仁以延綏兵入援。又五日,而遼東、宣府、山西援兵悉至,有詔拜鸞爲平(盧)[虜]大將軍,盡護諸將軍令躪賊。是時,兵部丁汝夔爲尚書,而楊守謙新拜侍郎。汝夔故嚘喑,不能料敵決賞罰;守謙持重,不敢急擊虜。上遂誅汝夔梟首,而當守謙棄市。虜前後既剽掠男女、羸畜、財物、金帛,梱載巨萬,徐徐從東行,循諸陵而北。而鸞所護諸將軍軍,相視錯(鋙)[愕],不敢發一矢,堇尾之出。而收斬遺稚弱馬者或降者,上首(慮)[虜]八十,以捷聞。鸞既爲政,始議開馬市,以中(慮)[虜]欲,而寬其深入之謀。然尚小小爲寇,如恒時。其後犯遼東,犯大同右衛,然貪漢繒物,且不能屋居火食,不敢深入,故數叛數服。②

---

① “吉囊所鹵忻代倡伎,縱淫樂不休,卒病髓竭死。諸子不相屬,分居西邊,而俺荅日益彊盛。有子曰黃台吉,臂偏短,善用兵,其衆畏之,用命過於父。丙午,自宣府入隆慶,總督翁萬達發大同周尚文兵拒卻之。會萬達憂歸,尚文卒,都督張達代,而侍郎郭宗皋爲總督。庚戌夏,虜數萬騎入大同境,潰牆入,悉精兵溝壑中,而以老弱百騎爲餌,總兵達副總兵林椿逐之,既入伏,悉殲焉。事聞,逮宗皋等治罰有差,虜既得二將首,遽引去,意叵測,而邊臣所遣諜者云。方脯羊馬肉,鍛鍬钁,傳箭諸部,大舉矣。議發邊兵萬三千騎,及京兵三萬四千騎,分屯諸要害,邊兵取羽檄符會。又遠以不時至,而京兵市人洒削屠沽兒耳,不復能見敵,以爲常。八月,虜至古北口,以數千騎嘗我。薊兵出火炮矢石,從上下卻之,虜乃悉衆入綴我師,而別以精騎鯀間道踰嶺出師後,京兵大驚潰,爭棄甲及馬竄山谷林莽中,虜遂大殺掠懷柔、順義吏士亡算,俄而犯京城,游騎掠通州三河。”《北虜始末志》,頁10a-11a(總頁3547-3548)。

② “旬日,而咸寧侯仇鸞以大同兵至,都御史楊守謙以保定兵至;又五日,而遼東宣府山西勤王兵悉至,詔拜咸寧侯爲大將軍護諸將軍,凡十餘萬騎。虜前後剽掠男女、羸畜、金帛、財物,梱載巨萬,徐徐從東行,循諸陵而北。時諸道兵相視錯愕,莫敢前發一矢,僅尾之出而已。收斬遺稚弱馬者,降或逃者,僅八十餘,以捷聞。咸寧侯既爲政,始議開馬市,以中虜欲,而寬其深入之謀,則命侍郎史道往涖之。俺荅與其子貪中國賂,因互市不絕。然中國歲費以數十萬計,所獲馬皆駑下,(轉下頁)

隆慶間，俺答執叛人來獻，詔封俺答順義王，而授其子黃台吉、青台吉官有差，至今款貢如故。虜衆隨水草畜牧，以氈爲穹廬。

其精兵戴鐵浮圖、馬具鎧、長刀大鏃，一望如冰。①

其俗私會而後昏，病則燒石熨之，葬則謌舞送之。② 其畜馬、牛、羊、橐駝，其奇畜羱羊似吳羊而角大、角端狀似牛角，可爲號。③ 其山之名于中國者，陰山、狼居胥山，則漢武帝之雄風在焉。④ 金微山、燕然山，則留漢明帝之績焉。⑤ 至我大明文皇帝親

---

（接上頁）而賊亦小小爲寇，如恒時。久之，咸寧侯死，事露，虜復閧，連歲入遼東，再殺總兵岳懋、殷尚質，犯諸邊，又圍大同右衛，困之幾下。《北虜始末志》，頁11a-b(總頁3548)。大同右衛：位於今山西省朔州市右玉縣右衛鎮。

① "其精兵戴鍈浮圖、馬具鎧、長刀大鏃，望之若冰雪然。《北虜始末志》，頁11b-12a(總頁3548)。浮圖：又作浮屠、浮陀、佛圖、佛陀，梵文Buddha的漢語音譯，即佛之名號，後又爲佛塔之代稱。鐵浮圖即鐵佛塔之意，蓋宋人用以稱呼女真人"重鎧全裝"部隊。參見鄧廣銘：《有關"拐子馬"的諸問題的考釋》。

② 《大明一統志》卷九十《韃靼》記其風俗云："娶先掠女。病則灸熨蒸決。葬則歌舞相送。"(頁5569)

③ 《大明一統志》卷九十《韃靼》於"羱羊"下注云："《爾雅》：似吳羊而角大。"於"角端"下注云："《漢書音義》：角端，似牛角，可爲弓。"(頁5573)

④ 《大明一統志》卷九十《韃靼》於"陰山"下注云："漢時，冒頓單于依阻其中，治作弓矢。後武帝奪其地，匈奴入寇，無所隱蔽。過此未嘗不哭。"於"狼居胥山"下注云："漢驃騎將軍霍去病出代二千餘里，與匈奴左賢王接戰，得胡首虜七萬餘人。……乃封狼居胥山而還。"(頁5570)陰山：蒙古語名漢譯爲達蘭喀喇，東起河北省西北部的樺山，西止於內蒙古巴彥淖爾盟中部的狼山，橫亙於內蒙古自治區中部，爲黃河流域北部的天然界線，亦是河套地區的北部屏障。狼居胥山：即肯特山(Khentii Mountains，蒙古語 Хэнтий нуруу)，其最高峰稱不兒罕山，位於蒙古共和國北部中央省和肯特省，爲蒙古聖山。據《蒙古秘史》所載，成吉思汗即葬於不兒罕山。漢代時稱此山爲狼居胥山，漢武帝元狩四年(前119)，霍去病曾追擊匈奴至狼居胥山，并封狼居胥山以祭天。

⑤ 事見《大明一統志》卷九十《韃靼》於"金微山""燕然山"下注語(頁5571)。金微山：即阿爾泰山(Altai Mountains，蒙古語 Алтай 或 Алтайн нуруу)，位於新疆維吾爾自治區北部和蒙古共和國西部，西北延伸至俄羅斯境內，中段在中國境內。阿爾泰在蒙古語中意指金山，金微山或因此而得名。東漢和帝永元元年(89)，（轉下頁）

六師出塞,①捕斬首(盧)[虜],則禽胡山、立馬峰、清流泉,並刊石
勒銘紀功矣。②

---

(接上頁)車騎將軍竇憲(？—92)趁北匈奴內亂與饑荒而衰弱時,率師與南匈奴聯
軍出擊,於永元三年(91)破北匈奴於此,北單于殘部遂逾此山西遷烏孫與康居,其
於中國史籍上的記載止於151年。373年,入侵歐洲並及於羅馬帝國的一支民族,
歐洲文獻稱其為匈人(Hun)。自十八世紀起,某些西方學者認為匈人即為西遷的
北匈奴。到了二十世紀,某些中國學者亦同意此說。但反對者則認為此說缺乏確
切的證據。關於匈奴與匈人兩者關係的中西研究史與史源考察,可參見劉衍鋼:
《古典學視野中的"匈"與"匈奴"》。燕然山:即杭愛山(Khangai Mountains,蒙古語
Хангайн нуруу),位於蒙古國中部,古稱燕然山(又稱燕山),南北朝末期改稱於都
斤山。前注所記竇憲率軍攻打北匈奴時,於初次大捷後,登燕然山,曾由班固
(32—92)作銘,刻石紀功。

① 大明文皇帝:即明成祖朱棣,諡體天弘道高明廣運聖武神功純仁至孝文皇帝,廟號
太宗。明世宗朱厚熜改諡明成祖為啓天弘道高明肇運聖武神功純仁至孝文皇帝,
改上廟號為成祖,故稱明成祖為文皇帝。六師,本指周天子所統六軍之師,後以之
為天子軍隊的稱呼。《尚書·周書·顧命》云:"張皇六師,無壞我高祖寡命。"曾運
乾《尚書正讀》注云:"六師,天子六軍。周制一萬二千五百人為師。"曾運乾:《尚書
正讀》,頁273-274。明成祖曾五次親征漠北,《地緯》本篇僅提及第一、二、三、五
次。明成祖第四次親征於永樂二十一年(1423),擊敗韃靼西部軍隊,韃靼王子率
部衆來降。
② 事見《大明一統志》卷九十《韃靼》於"禽胡山""立馬峰""清流泉"下注語(頁
5571-5573)。禽胡山:古山名,位於今蒙古共和國南境蘇赫巴托省納蘭蘇木,與內
蒙古錫林郭勒盟阿巴嘎旗毗鄰。永樂八年(1410),明成祖首次親征韃靼時至此
山,命名為禽胡山,銘刻於石。(明)金幼孜(1368—1431)《北征録》記載:"(四月)十
六日,午次禽胡山,營東北山頂有巨白石。上命光大往書'禽胡山靈濟泉'大字。"
(頁472)立馬峰:位於今蒙古共和國蘇尼特左旗昌圖錫力蘇木境內。明成祖於永
樂八年親征韃靼途經此處,刻石銘之。《北征録》記載:"(四月)初七日……午次玄
石坡……上登山頂,製銘,書歲月紀行,刻于石。命光大書之。並書'玄石坡立馬
峰'六大字,刻于石。"(頁471-472)清流泉,位置不詳。《北征録》記載:"(四月)十
八日……午會至廣武鎮……過川,入山,有泉流,馬皆不飲,泥臭故也。西南山峰
甚秀,上欲刻石……得一石,略平,可書正書,忽風雨作,遂下山,至營復命。上面
營前高峰而坐,上曰:人恒言此山有靈異,適登此,忽雲陰四合,風冷然而至。遂命
之曰'靈顯翠秀峰',泉曰'清流'。"(頁472)

## 【05】朝鮮①

　　朝鮮在中國東北,直遼東,周箕子之封也。秦屬遼東外徼。
漢武帝誅右渠,置真番、臨屯、玄菟、樂浪之郡。晉末,陷於高麗。
高麗,故扶餘別種,其王高璉,居平壤城。唐征高麗,拔平壤。五
代時,王建代高氏,闢地,并新羅、百濟,都神嵩山,一曰松嶽,以平
壤爲西京。②

　　明興,洪武初,上表賀即位,賜璽書黃金印,封高麗國王。③

　　其後,嗣王昏迷,其臣李成桂廢王自立也,是都漢城,而稽首
塞下,請命求封,天子以荒服羈縻勿絕。永樂初,更封其子爲朝鮮
國王。世世貢獻,稱外藩。

　　國分八道,其國都僭稱曰京畿。其北有山焉,曰白岳之山,驪
江導焉。東曰江源,故穢貊地;西曰黃海,故朝鮮馬韓地;南曰金
羅,故卞韓地;東南曰慶尚,故辰韓地,此所謂三韓也。西南曰忠
清,黃山鎮焉,亦馬韓之都也;東北曰咸鏡,故高勾麗地;西北曰平

① 本篇名稱在《叙傳》所列目錄中為"朝鮮志第五",版心刻有"朝鮮"、本篇頁碼及在
　全書中的頁碼。内容主要取材自明人四裔著述。
② 《大明一統志》卷八十九《朝鮮國》云:"周為箕子所封之國,秦屬遼東外徼。漢初,
　燕人衛滿據其地。武帝定朝鮮為真番、臨屯、樂浪、玄菟四郡。……晉永嘉末,陷
　入高麗。高麗本扶餘別種,其王高璉居平壤城,即樂浪郡地。唐征高麗,拔平
　壤……五代唐時,王建代高氏,闢地益廣,并新羅、百濟而為一,遷都松岳,以平壤
　為西京。"(頁5469－5470)《殊域周咨録》卷一《朝鮮》云:"朝鮮,周封箕子於此……
　秦屬遼東。漢初,燕人衛滿據其地。武帝平之,置真蕃、臨屯、樂浪、玄菟四郡。
　……晉永嘉之亂,扶餘別種酋長高璉入據其地,稱高麗王,居平壤城……唐征高
　麗,拔平壤……五代唐時,王建代高氏,闢地益廣,並古新羅、百濟而為一,建都松
　岳,以平壤為西京。"(頁8)
③ 《大明一統志》卷八十九《朝鮮國》云:"本朝洪武二年,其主王顓表賀即位,賜以金
　印,誥命封高麗王。"(頁5470)

安，漢朝鮮故城，鮮水匯焉，是曰大同之江。其山之郊於國者，丸都之山，鴨綠江、漢江環焉。漢江之涉曰楊花渡，其國所繇轉饟也。

國北負山，而三面直海，海口之在都城南者曰熊津，故北濟海口也，唐開督府於此地。

朝鮮之人，柔懦謹畏。好讀書屬文，中國所有書，輒行重金購之，或請頒賜。官吏習容儀，閑雅甚都。授田以給奉禄，政刑尚寬，其猶有箕子之風之遺乎。

人家皆接剪茅茨爲居，甚治。衣多麻苧，士人褒衣廣褒，首戴折風巾。男女群聚，相悦即婚。死三年而後葬。以秫爲酒，狼尾爲筆，筆跗稍長，而置膠多，有白硾。紙最堅韌，滿花席，屈之不折<sub>其草性柔</sub>。黃漆以飾器物，黃侔兼金<sub>其樹似樱</sub>，六月取汁，人參、牡丹、海豹皮、果下馬、長尾雞最多。①

中國若有所册命詔諭，則以翰林、給事、行人充使臣往。萬曆壬辰(1592)，倭寇朝鮮，王棄王京，走平壤。顯皇帝以其累世恭順，視遼東如股肱郡也，於是調發各鎮兵，而以李如松、劉綎、麻貴、董一元、陳璘各建大將旗鼓往，擢宋應昌爲經略，浙人沈惟敬隨在行間，遼東總督則顧養謙，巡按則周維翰也。惟敬故無賴，用口舌得官，遣往時倭營平壤，惟敬曲意於倭，曰貢、曰市、曰封，甚者曰和親，經略、督撫亦以爲封貢便。李如松偵倭少懈弛，奮擊之，大有斬捕功，復平壤城。後以倭級賣私眤蒼頭軍，衆不平。碧蹄再戰，衆不力，於是大敗。惟敬輩乃賄倭，議封禁朝鮮兵不得擅殺倭。倭圍晉州三十八日，殺六萬人，本兵石星益持封議。閣臣趙志皋

---

① 《殊域周咨録》卷一《朝鮮》於"滿花席"下注云："草性柔，折屈不損。"於"黃漆"下注云："樹似棕，六月取汁，漆物如金。"於"果下馬"注云："高三尺，果下可乘。"於"長尾雞"下注云："尾長三尺。"(頁47－48)

曰:"何愛一封,不以寢兵?"乃遣勳臣李宗城、楊方亨往。二十一年(1593),倭伏釜山,行長屯西生浦,小西飛入王京。二十二年(1594),倭葢房築城,我言封貢人遷延全羅、慶尚間,竟不得其要領,靡大農少府錢,亡(慮)[虜]數百萬。二十四年(1596),關白①執沈惟敬要求七事,語多悖。宋應昌罷歸,繼應昌經略爲邢玠,繼養謙總督爲孫鑛,巡撫遼東爲趙燿。而邢玠經略時,又勒楊鎬經理朝鮮地。戊戌(1598)正月,鎬爲倭所敗。上罷鎬,用萬世德代。會福建巡撫金學曾報平秀吉病死,②清正、行長次續遁,我將士麻貴、劉綎、陳璘乘機勢追擊,焚死石曼子,我副將鄧子龍陣亡,餘倭竄錦山,殲焉。或云石曼子先跳也。捷聞,上念東征將吏勞苦,已交兵部覆奏,制曰:皇天助順,俾朕得誅暴亂,興滅繼絕,東顧之懷方慰,大小文武將吏,凡與東事,看其陞廕賞賚有差。而棄師楊元、通倭沈惟敬,先後伏法棄市矣。朝鮮既全,感中國恩厚,奉外藩滋益恭。余見朝鮮疏表,其詞順比婉衍,葢澤於箕子之文教者久也。

---

① 關白:日本古代職官,本意源自中國,爲"陳述、稟告"之意,出自《漢書》卷六十八《霍光金日磾傳》:"諸事皆先關白光,然後奏御天子"(頁2948),即任何事務先稟陳霍光,然後才上奏皇帝。該詞經遣唐使引入日本,逐漸成爲日本天皇成年後,輔助總理萬機的重要職位,相當於中國古代的丞相。在古代日本,攝政並不常見,後至平安時代,藤原氏始開關白一例。而攝政與關白,合稱攝關。當時藤原氏掌朝廷,並且架空天皇,故攝關一變爲常設職位,藤原氏及其直屬後裔即稱爲攝關家。後來因太上天皇的院政與武士興起,攝關家的權力衰落。藤原氏再分爲近衛、九條、二條、一條、鷹司五支,自此五家輪替此職,稱五攝家。至室町時代之後,攝關與朝廷同爲有名無實。關白退位後稱太閣,若太閣出家爲僧,則稱爲禪閣。白豐臣秀吉(1537—1598,1585—1591在位)後,有鷹司政通適合此稱。關白除豐臣秀吉及豐臣秀次(1591—1595在位)兩任外,概由藤原氏或五攝家所任。日本最後一任關白爲二條齊敬,任職於孝明天皇文久三年(1863)至慶應二年(1866)。此處的關白即指豐臣秀吉。
② 平秀吉:即豐臣秀吉。

## 【06】西南蠻志①

史稱西南蠻君長，夜郎、滇最大，漢時內屬。明興，大理內屬。車書徑黔西五尺道，道左右皆苗。苗種落不一。楚四衛近者爲熟苗，供縣賦。河以東北稱紅苗，接鎮筸。斗入四川一種稱三山苗，阻山，善鎗弩。河西南爲九股黑苗。斗入雲南境，布裹首足，男子窮袴，婦人層裙，水米俱忌隔宿。羅羅者，居水西，曰烏蠻、白蠻，俗尚鬼，故曰羅鬼。羅甸國王自蜀漢從征孟獲者，名火濟。即安宣慰遠祖。犵狫苗者，射肉爲生，善用弩，匍伏草間，名野鷄陣。又有休佬者，掘地爲爐，厝火環卧。有犽獚者，迤石阡，施秉龍里龍泉界。有仲家者，椎鬘躍踽，好樓居。室女奔而不禁，嫁則禁。俗貴銅鼓，言是諸葛所藏。有蔡家、宋家者，相傳楚子蠶食宋、蔡，俘其民放之南徼。世世連婚，吹木葉而索偶。有龍家者，蓋徒筰驉氏之裔。婦人斑衣，飾五色藥珠。立木于野，少男女旋躍而擇對。衣尚白，喪則青。有冉家者，筰冉氏之裔，散處沿河佑溪婺川間有丹砂坑。僰人，即漢犍爲郡崗人，男子科頭跂木履，婦人短裙長袴前後垂刺繡。猺人，五溪、南極、嶺海迤巴蜀皆有之，椎結斑衣兒時燒石烙臁，沁以□。婦人奔入□□柳辟人，多槃姓，或曰瓠種。獞人，編鵞毛雜木葉爲衣習養蠱。獠人，射生爲活取鼠子未毳者，啖以崖蜜嚼之。黎人，島蠻也。熟黎多符、王二姓，生黎有名無姓釀酒多雜榴花。蜑人，瀕海而居辨水色以知龍，又曰龍戶。馬人，本林邑蠻相傳隨馬援散處南海，深目猣喙。此外，蜀微蠻六種曰凌霄、都寨、九絲之蠻，傀厦、丟骨、人荒、没舌之蠻，白草、風村、

---

① 本篇名稱在《叙傳》所列目錄中爲"西蠻志第六"，版心刻有"西南蠻"、本篇頁碼及在全書中的頁碼。西南蠻，古代泛指今雲貴高原及廣西境內苗、瑤等少數民族。

猪窝之蠻,羅鼓、楊柳之蠻,樹底、宅撒、元壩、潘哑、商巴、石觜之蠻,桐槽、黑骨、腻乃之蠻,而土司以什數,則酉陽彭氏、石砫馬氏、永寧奢氏、播州楊氏最大,近永寧、播州地入漢。

黔徼蠻四種曰苗坪、夭漂之寨,永寧、普安之寨,貴楊、都匀、銅仁、小橋、十八營之寨,印水、皮林、青平、凱固之寨,而土司則水西安氏最大,今入漢。

滇徼蠻四種曰鐵銷、赤崖、烏壩之酋,大波那、你甸、和甸、楚腸之酋,木茶喇、大松坪、羌浪、金且之酋,俄打、小赤石、阿你之酋,皆僰人也。猓玀無籍屬,緬甸最大,土司龍氏、禄氏、普氏以什數普最小、最偪疆。廣西土司則田州爲大歸順、龍州、憑祥、思明皆有土司,王文成①經營著閥焉。若斷藤峽府江之戰,則韓襄毅抗國家威稜矣。

# 【07】三衛②

朵顏三衛者,故山戎地。秦爲遼西郡北境,漢爲奚,後屬契丹。國初爲兀良哈。洪武中,爲蒙古所抄,乞降;高帝爲置三衛統之。自大寧前抵喜峰近宣府曰朵顏,自錦義歷廣寧至遼河曰泰寧,自黃泥淫逾瀋陽鐵嶺至開原曰福餘。唯朵顏最强,久之仍叛

---

① 王文成:即明代著名思想家王守仁(1472—1529),世稱王陽明。關於王守仁於嘉靖前期總督兩廣兼巡撫期間平定廣西田州與斷藤峽之事,參見《明史》卷一百九十五《王守仁傳》,頁5166-5168;卷三百十八《廣西土司二·田州》,頁8249-8253。

② 本篇名稱在《叙傳》所列目録中爲"三衛志第七",版心刻有"三衛",本篇頁碼及在全書中的頁碼。内容主要根據王世貞《三衛志》删改、增補而成。見陳子龍等選輯:《明經世文編》卷三三二,頁12a-14a(總頁3548-3549)。明代後期相關文獻記載,可參見(明)嚴從簡:《殊域周咨録》卷二十三《兀良哈》,頁719-732。三衛:位於今中國東北西拉木倫河北岸,洮兒河流域及嫩江下游一帶。

附蒙古。[①] 文帝從燕起靖難，使使招兀良哈以騎來，從戰有功。先是即古會州地，設大寧都司營州等衛爲外邊，使寧王鎮焉。文帝乃移王與其軍內地，而以其地界兀良哈等，使仍爲三衛。其官都督至指揮千百戶有差，約以爲外藩，歲給牛具種，布帛酒食良厚。亡何，復叛附阿魯台。二十年（1422），上親征阿魯台，還討之，大敗其衆於屈烈河，斬馘無算。[②]

宣德三年（1428），上出獵巡邊，駐蹕遵化。適其衆萬餘入寇，上以鐵騎三千逆擊，大破之，獲首數千級。正統九年（1444），詔發兵二十萬分四軍，成國公朱勇出喜峰口，左都督馬諒出界嶺口，興安伯徐亨出劉家口，左都督陳懷出古北口，踰灤江，渡柳河，經大小興州，過神樹，破福餘於全寧，復破泰寧朵顏於虎頭山，鹵男婦以千計，馬牛羊以萬計。還加公勇太保、伯亨進徹侯、都督諒懷賜爵伯。[③]

自是三衛雖衰敗，然怨我刺骨，因通也先，爲鄉導入寇矣。後復謝罪入貢，國家亦撫納，而小小爲寇抄不絕。至正德間，闌入邊，射殺參將陳乾，薊兵討之走。最後，都督馬永爲薊帥，有威信，

---

① "自北虜外，我膏肓之患，而不能絕且不宜絕者，則無如朵顏三衛焉。其人始爲兀良哈，即奚契丹種類也。洪武中，爲蒙古所抄，乞降；高帝爲置三衛統之。自大寧前抵喜峰近宣府曰朵顏，自錦義歷廣寧至遼河曰泰寧，自黃泥窪逾瀋陽鐵嶺至開原曰福餘。唯朵顏最強，久之仍叛附蒙古"。《三衛志》，頁 12a‐b(總頁 3548)。

② "文帝從燕起靖難，使使以略請，而兀良哈以騎來，從戰有功。先是即古會州地，設大寧都司營州等衛爲外邊，使寧王鎮焉。文帝乃移王與其軍內地，而以其地界兀良哈等，使仍爲三衛。其官都督至指揮千百戶有差，約以爲外藩，歲給牛具種，布帛酒食良厚。亡何，復叛附阿魯台。二十年，上親征阿魯台，還討之，大敗其衆於屈烈河，斬馘無筭。"《三衛志》，頁 12b‐13a(總頁 3548‐3549)。

③ "宣德三年，上出獵巡邊，駐蹕遵化。適其衆入寇，上以鐵騎三千逆擊，大破之，獲首數千級。正統九年，詔發兵二十萬分四軍，成國公朱勇出喜峰口，左都督馬諒出界嶺口，興安伯徐亨出劉家口，左都督陳懷出古北口，踰灤江，渡柳河，經大小興州，過神樹，破福餘於全寧，復破泰寧朵顏於虎頭山，鹵男婦以千計，馬牛羊以萬計。還加公勇太保、伯亨進徹侯、都督諒懷賜爵伯。"《三衛志》，頁 13a‐b(總頁 3549)。

三衛夷畏而親之，不敢動。嘉靖中，薊鎮撫臣貪功，尋郤而掩之，獲首百餘，復走誘俺答大舉入塞。庚戌之變，固三衛導之也。仇鸞既當國，知三衛弱，欲發兵擣其地以爲功，督臣何棟持不可，宛轉解乃止，入貢如初。① 大抵其俗喜偷剽，時入漠北盜馬，三四人驅千百匹。比以衆來攻，不敵則降，而事之爲鄉導。至婚子女，詛誓相媾。而貪中國賜予，歲來朝，撫之厚，則更以北情告我，得預爲備。故迫則敺入虜，信則墮其計，善處之，則因而爲間，雖藩籬失而耳目猶在也。② 朵顏三衛之方物，駱駝、瑪瑙、鵲樺皮、白葡萄。③

## 【08】哈密④

哈密，故伊吾廬地，天山鎮焉。一曰雪山，曰露之川、合羅之

---

① "自是三衛雖衰敗，然怨我刺骨，因通也先，為鄉導入寇矣。後復謝罪入貢，國家亦撫納，而小小為寇抄不絕。至正德間，闌入邊，射殺參將陳乾，薊兵討之走最。後都督馬永為薊帥，有威信，三衛夷畏而親之，不敢動。嘉靖中，薊鎮撫臣貪功，尋郤而掩之，獲首百餘，復走誘俺答大舉入塞。庚戌之變，固三衛導之也。仇鸞既當國，知三衛弱，欲發兵擣其地以為功，督臣何棟以不可，宛轉解乃止，入貢如初。"《三衛志》，頁3549。庚戌之變：即嘉靖二十九年(1550)三衛朵顏部誘使俺答進犯明帝國一事。另參見《明史》卷三百二十八《外國·朵顏》，頁8508。
② "大抵其俗喜偷剽，時入漠北盜馬，三四人驅千百匹。虜以衆來攻，不敵則降，而事之為鄉導。至婚子女，詛誓相媾。而貪中國賜予，歲來朝，撫之厚，則更以虜情告我，得預為備。故迫則敺入虜，信則墮其計，善處之，則因而為間，雖藩籬失而耳目猶在也。"《三衛志》，頁3549。
③ 《大明一統志》卷九十《兀良哈》記其土產云："馬、橐駝、黃牛、青牛、瑪瑙、鵲樺皮、白葡萄。"(頁5574)
④ 本篇名稱在《敘傳》所列目錄中為"哈密志第八"，版心刻有"哈密"，本篇頁碼及在全書中的頁碼。內容主要根據王世貞《哈密志》刪改增補而成。引見陳子龍等選輯：《明經世文編》，頁3549-3551。明代後期相關文獻記載，可參見《殊域周咨錄》卷十二《哈密》，頁412-431；《四夷館考》卷下《哈密》，頁1b-7a。哈密：為Hami或Komul的譯音，蒙古語Khamil，維吾爾語Hamul或Qomul，昔為漢代匈奴伊吾廬城，明成祖永樂年間置哈密衛，今新疆哈密縣一帶。(明)陳誠著，周連寬校注：《西域番國志》，頁112-113。

川帶焉。漢明帝屯田於此，唐爲伊州。其地東接甘肅，西距土魯番，爲西域諸國之喉咽。故元族屬威武王安克帖木兒居之。永樂四年(1406)，遣使入貢，詔封爲忠順王，賜金印，即其地置哈密、曲先、罕東、罕東左，凡四衛。①

其西域天方等二十八國，貢使至者，咸置哈密，譯文具聞乃發。②

而土魯番者，强番也，控弦可五萬騎。忠順王三傳而至脱脱，其子孛羅帖木兒立，爲其下者林所弑，王母弩温答力守國。成化中，土魯番酋阿力調其衆掠赤斤蒙古，不從，恚，即以兵劫王母及金印歸。③

王母之外孫罕慎遁肅州。久之，甘肅守臣奏納罕慎，復王哈密，而阿力死，子阿黑代之。罕慎貪而殘，失夷衆心。弘治初，阿黑麻挾詐殺罕慎，據其城。上言罕慎非王裔，不稱，請自王哈密，下兵部尚書馬文升議，不許，仍賜璽書切責。阿黑麻悔懼，上金印，及還所據城，詔褒予金幣有差，乃行求忠順之近族故安定王裔孫陝巴爲王，使哈密頭目阿木郎輔之。阿木郎勾引哈剌灰夷掠土魯番，阿黑麻怒，復以兵入劫陝巴及金印，而支解阿木郎以殉。④

---

① "哈密，故唐伊州地。東接甘肅，西距土魯番，爲西域諸國之喉咽。元族屬威武王安克帖兒居之。永樂四年，遣使入貢，詔封爲忠順王，賜金印，即其地置哈密、曲先、罕東、罕東左，凡四衛。"《哈密志》，頁3549。

② "其西域天方等三十八國，貢使至者，咸置哈密，譯文具聞乃發。"《哈密志》，頁3549。

③ "而土魯番者，强番也，控弦可五萬騎。忠順王三傳而至脱脱，卒，子孛羅帖木兒立，爲其下者林所弑，王母弩温答力守國。成化中，土魯番酋阿力調其衆掠赤斤蒙古，不從，恚，即以兵劫王母及金印歸。"《哈密志》，頁3549。

④ "王母之外孫罕慎遁肅州。久之，甘肅守臣奏納罕慎，復王哈密，而阿力死，子阿黑代之。罕慎貪而殘，失夷衆心。弘治初，阿黑麻挾詐殺罕慎，據其城。上言罕慎非王裔，不稱，請自王哈密，下兵部尚書馬文升議，不許，仍賜璽書切責。阿（轉下頁）

弘治六年(1493),事聞,命侍郎張海、都督緱謙經略之,戍土魯番使四十餘人於兩廣。阿黑麻遂自稱可汗,略罕東諸衛,聲欲取甘州。而海等以奉使不稱,下獄謫免矣。八年(1495),阿黑麻留其將牙蘭守哈密,精兵不過四百騎。甘肅撫臣許進帥臣劉寧諜知之,乃以三千騎襲破哈密,牙蘭走,獲牛羊三千,宥其脅從者八百人,以陝巴妻女還,陞賞各有差。九年(1496),阿黑麻復據哈密,乃奏送回陝巴及金印城池,易故四十餘使戍者,詔起前咸寧伯王越,帥諸路,議還其使。陝巴至,則復故封,遣兵護之國,所以勞賜阿黑麻良厚。十七年(1504),哈密諸部,以陝巴嗜酒掊尅,欲迎阿黑麻次子真帖木兒來爲王。陝巴懼,跳之沙州。而會阿黑麻死,諸兄弟爭立,真帖木兒弗果來,都督寫亦虎僊等部誅謀叛者,迎陝巴復之。十七年,卒,子拜牙即立。[①]

　　時真帖木兒以亂故,依中國,留甘州。而其兄滿速兒稍定國亂,自立矣,上書求真帖木兒,未許。正德六年(1511),始議遣還,湯沐衣幣,護之出境。而滿速兒已復襲下哈密,逐拜牙即走。詔左都御史彭澤帥師往經略之。澤宿將也,度未易兵定,乃以繒綺

---

（接上頁）黑麻悔懼,上金印,及還所據城,詔褒予金帛有差,乃行求忠順之近族故安定王裔孫陝巴為王,使哈密頭目阿木郎輔之。阿木郎勾引阿剌灰夷掠土魯番,阿黑麻怒,復以兵入劫陝巴及金印,而支解阿木郎以殉。"《哈密志》,頁3549－3550。

[①] "弘治六年,事聞,命侍郎張海、都督緱謙經略之,戍土魯番使四十餘人於兩廣。阿黑麻遂自稱可汗,略罕東諸衛,聲欲取甘州。而海等以奉使不稱,下獄謫免矣。八年,阿黑麻留其將牙蘭守哈密,精兵不過四百騎。甘肅撫臣許進帥臣劉寧諜知之,乃以三千騎襲破哈密,牙蘭走,獲陝巴妻女并牛羊三千,宥其脅從者八百人還,陞賞各有差。九年,阿黑麻復據哈密,乃奏送回陝巴及金印城池,易故四十餘使,詔起前咸寧伯王越,帥諸路議還其使。陝巴至,則復故封,遣兵護之國,所以勞賜阿黑麻良厚。十七年,哈密諸部,以陝巴嗜酒掊尅,欲迎阿黑麻次子真帖木兒來爲王。陝巴懼,跳之沙州。而會阿黑麻死,諸兄弟爭立,真帖木兒弗果來,都督寫亦虎仙等部誅謀叛者,迎陝巴復之。十七年,卒,子拜牙即立。"《哈密志》,頁3550。

二千,白金器皿,入土魯番庭,説令和好。滿速兒喜,因請還金印及城池。而澤不俟報,輒上書言事定乞歸,召還掌院事。滿速兒諜知兵罷,即不肯遽還金印城池,所要求無已,而使出入肅州不絶,且頗與肅降夷款。兵備①副使陳九疇疑之,悉捕下獄,而阻勞賜金幣不出關。於是滿速兒以萬騎寇肅州,游擊芮寧出戰不利,亡八百騎。九疇嬰城自守,復疑其使内應,悉捶殺之,而使使媾瓦剌達兵掠土魯番部落。速兒狼狽走,軍從後徼之,頗有斬獲。而兵部尚書王瓊與澤有郤,發其辱國欺罔,及陳九疇輕率專擅,激變喪師,上聞,大學士楊廷和等,雅與彭澤善,不獲已奪官,又捕陳九疇下之獄。亡何,武宗崩,給事御史劾王瓊挾私忌功。廷和爲内主,乃逮瓊戍之,起彭澤爲兵部尚書,出陳九疇于獄,以都御史撫甘肅。尋速壇兒以二萬騎入甘州,焚廬舍,剽人畜。九疇拒之出境,斬獲亦相當。又遇海西虜亦不剌敗之,鹵首百餘,即上言速壇中流矢死矣。捷聞,遷秩有差。會廷和坐議禮罷,彭澤亦罷。新用事者璁萼,廷和讐也,知王瓊怨之,故力薦爲西帥。瓊復上書辨澤、九疇事,且言速壇兒實不死,按驗當九疇誣罔論戍。而瓊出揚兵境上,喻速壇兒利害,遷哈密、罕東諸部,散之近地。速壇兒讋,不敢爲寇,諸國稍通貢,然哈密竟不復城,而金印失矣。②

---

① 備:書中刻作"俻"。

② "時真帖木兒以亂故,依中國,留甘州。而其兄滿速兒稍定國亂,自立矣,上書求真帖木兒,未許。正德六年,始議遣還,湯沐衣幣,護之出境。而滿速兒已復襲下哈密,遂拜牙即走。詔左都御史彭澤帥師往經略之。澤宿將也,度未易兵定,乃以繒綺二千,白金器皿,入土魯番庭,説令和好。滿速兒喜,因請還金印及城池。而澤不俟報,輒上書言事定乞歸,召還掌院事。滿速兒諜知兵罷,即不肯遽還金印城池,所要求無已,而使出入肅州不絶,且頗與肅降夷款。兵備副使陳九疇疑之,悉捕下獄,而阻勞賜金(弊)[幣]不出關。于是滿速兒以萬騎寇肅州,游擊芮寧出戰不利,亡八百騎。九疇嬰城自守,復疑其使内應,悉捶殺之,而使使媾瓦剌達兵掠土魯番部落。速壇兒狼狽走,軍從後徼之,頗有斬獲。而兵部尚書王瓊與(轉下頁)

哈密之人,以土爲室。①　其方物,玉、鑌鐵礦石中剖之,乃得、大尾羊大者三斤,小者一斤,肉味美、香棗。②

## 【09】赤斤蒙古衛③

肅州之西,沙州之東徼外,曰赤斤蒙古衛,故西戎月氏地也。秦、漢之間,匈如滅月氏,并其地。漢武帝攘匈如,開燉煌、酒泉之郡。④　酒泉南壽縣,有泉肥如肉汁,可膏車及碓,北方謂之石漆,又

---

(接上頁)澤有郤,發其辱國欺罔,及陳九疇輕率專擅,激變喪師,上聞,大學士楊廷和等,雅與彭澤善,不獲已奪官,又捕陳九疇下之獄。亡何,武宗崩,給事御史劾王瓊挾私忌功。廷和爲內主,乃逮瓊戍之,起彭澤爲兵部尚書,出陳九疇於獄,以都御史撫甘肅。尋速壇兒以二萬騎入甘州,焚廬舍,剽人畜。九疇拒之出境,斬獲亦相當。又遇海西虜亦不刺敗之,鹵首百餘,即上言速壇中流矢死矣。捷聞,遷秩有差。會廷和坐議禮罷,彭澤亦罷。新貴人驄蕚用事,廷和讐也,知王瓊怨之,故力薦爲西帥。瓊復上書澤、九疇事,且言速壇兒實不死,按驗當九疇誣罔論斬。而瓊出揚兵境上,喻速壇兒利害,遷哈密罕東諸部,散之近地。速壇兒讐,不敢爲寇,諸國稍通貢,然哈密竟不復城,而金印失矣。"《哈密志》,頁3550-3551。

① 《大明一統志》卷八十九《哈密衛》云:"人性獷悍,居惟土房。"(頁5504)
② 《大明一統志》卷八十九《哈密衛》記其土産云:"馬、橐駝、玉石、鑌鐵有礦石,謂之□,鐵石剖之,得鑌鐵,……大尾羊羊尾大者重三斤,小者一斤,肉如熊,白而甚美、……香棗。"(頁5505)《殊域周咨錄》卷十二《哈密》於"鑌鐵"下注云:"有礦石,謂之鐵,鐵石剖之,得鑌鐵。"於"大尾羊"下注云:"羊尾大者重三斤,小者一斤,肉如熊,白而甚美。"(頁428)
③ 本篇名稱在《叙傳》所列目録中爲"赤斤蒙古衛志第九",版心刻有"赤斤蒙古衛"、本篇頁碼及在全書中的頁碼。內容主要取材自《大明一統志》卷八十九《赤斤蒙古衛》。赤斤蒙古衛:位於今甘肅玉門縣東。
④ 《大明一統志》卷八十九《赤斤蒙古衛》云:"古西戎地。戰國時,月氏居之。秦末漢初,屬匈奴。武帝時,爲酒泉、燉煌二郡地。"(頁5499-5500)《殊域周咨錄》卷十四《赤斤蒙古》云:"赤斤蒙古,戰國時月氏地,秦末漢初屬匈奴。武帝時爲酒泉、燉煌二郡地。"(頁466)燉煌、酒泉,與武威、張掖同爲漢代河西四郡。郡:同"郡"。

云水肥。明永樂初,故元相帥所部歸於我,詔建千户所。① 土産肉
蓯容。尋陞衛。②

## 【10】罕東衛　安定衛　曲先衛③

　　罕東衛,故西戎部落,在甘州西南。明洪武間通貢,置衛官,
其酋長指揮僉事。④ 其西連安定衛。

　　安定者,韃靼別部也。明洪武中朝貢,置安定、(可)[阿]端二
衛。⑤ 其地産玉,産橐駝,俗以馬乳爲酒。無城郭宫室,以氊爲穹

---

① 《大明一統志》卷八十九《赤斤蒙古衛》云:"本朝永樂二年,故元韃靼丞相苦朮子塔
力尼等率所部男女五百人來歸,詔建赤斤蒙古千户所。"(頁 5500)《殊域周咨録》卷
十四《赤斤蒙古》云:"本朝永樂二年,故元韃靼丞相苦朮子塔力尼等率所部男女五
百人來歸,詔建赤斤蒙古千户所。"(頁 466)
② 肉蓯容:《大明一統志》卷八十九《赤斤蒙古衛》作"肉蓯蓉"。尋陞衛:據《大明一統
志》卷八十九《赤斤蒙古衛》云:"以塔力尼為千户,賜誥印。尋陞衛,以塔力尼為指
揮。"(頁 5500)
③ 本篇名稱在《叙傳》所列目録中為"罕東衛、安定衛、曲先衛第十",版心刻有"罕
東",本篇頁碼及在全書中的頁碼。内容主要取材自《大明一統志》或明人四裔著
述。罕東衛:位於今甘肅敦煌縣東南。安定衛:位於今甘肅阿克塞哈薩克族自治
縣南。曲先衛:位於今青海西寧縣西北。
④ 《大明一統志》卷八十九《罕東衛》云:"古西戎部落。本朝洪武三十年,通貢,因置
衛,以酋長鎖南吉刺思為指揮僉事。"(頁 5501)《殊域周咨録》卷十四《罕東》云:
"(洪武)三十年,酋長鎖南吉刺思遣使來貢,命置衛,授指揮僉事。"(頁 475)《四夷
館考》卷下《罕東》云:"罕東,本西戎部落。……(洪武)三十年,入貢,立罕東、罕東
左二衛官,其酋長鎖南吉刺思為指揮僉事。"(頁 8a)
⑤ 《大明一統志》卷八十九《安定衛、阿端衛》云:"韃靼別部……本朝洪武七年,撒里
畏兀兒安定王卜煙帖木兒遣使貢鎧甲刀劍……八年,立為安定、阿端二衛。"(頁
5501 - 5502)《殊域周咨録》卷十四《安定阿端》云:"本朝洪武七年,韃靼別部酋長撒
里畏兀兒安定王卜煙帖木兒遣使貢鎧甲刀劍……八年,置安定、阿端二衛。"(頁
469)《四夷館考》卷下《安定阿端》云:"安定,韃靼別部也。……洪武七年,撒里畏兀
兒安定王卜烟帖木兒或曰亦板丹遣使貢鎧甲刀劍……八年,設安定、阿端二衛。"
(頁 7b)

廬。<sup>①</sup> 北抵沙州,而西連曲先衛。

曲先者,故西戎部落,在肅州南徼外。明永樂初置衛。<sup>②</sup> 是多真珠、朱砂、珊瑚、名馬。而色尚白,喪服則用黑,以白者散目,而黑者陰幽,類于憂也(歐羅巴人亦尚白而喪黑)。相見禮以跽爲共。

# 【11】火州<sup>③</sup>

肅州之西北徼外夷,在哈密之西者曰火州,故土魯番也。唐置交河縣,國朝名火州。永樂、宣德間,數遣使貢馬。<sup>④</sup>

交河者,河也,唐置縣受河名。<sup>⑤</sup> 其大山曰祈連之山,一曰天山。<sup>⑥</sup> 又有山曰靈山,留羅漢削髮涅槃之蹟。<sup>⑦</sup>

---

① 《大明一統志》卷八十九《安定衛、阿端衛》云:"馬乳釀酒。居無城郭,以氊帳為廬舍。土產馬、橐駝、玉石。"(頁5502)《殊域周咨録》卷十四《安定阿端》云:"其俗馬乳釀酒,飲之亦醉。居無城郭,以氊帳為廬舍。其產馬、橐駝、玉石。"(頁470)《四夷館考》卷下《安定阿端》云:"無城郭。其俗馬乳釀酒,氊帳為廬。產馬、駝、玉石。"(頁7b)

② 關於曲先置衛時間,據《殊域周咨録》卷十四《曲先》云:"本朝洪武四年,置曲先衛,以土人散西思為指揮同知。"(頁470)《四夷館考》卷下《曲先》云:"曲先,古西戎部落。永樂四年,設曲先衛,以土酋散西思為指揮同知。"(頁7b)

③ 本篇名稱在《叙傳》所列目録中為"火州志第十一",版心刻有"火州",本篇頁碼及在全書中的頁碼。内容主要取材自《大明一統志》卷八十九《火州》或明人四裔著述。火州:又名哈剌、哈剌火者、哈喇霍州、哈喇火州、哈剌禾州、哈剌和綽,為古代高昌國都,位於今新疆吐魯番縣東南哈拉和卓附近。周連寬校注:《西域番國志》,頁110。

④ 《大明一統志》卷八十九《火州》云:"本朝其地名曰火州……城西百里曰土魯番,即唐交河縣。……永樂七年,火州遣使朝貢。宣德五年……俱遣使貢馬及玉璞。"(頁5507)

⑤ 《大明一統志》卷八十九《火州》於"交河"下注云:"在土魯番西二十里,源出天山,河水交流……唐交河縣也。"(頁5509)

⑥ 《大明一統志》卷八十九《火州》於"天山"下注云:"在交河城北,一名祁連山。唐大山縣以此為名。"(頁5508)

其大澤曰蒲類之海,一曰婆悉之海,一曰鹽澤,其廣四百里,葱嶺之水匯焉。①

又有海曰瀚海,其上皆積沙。② 是多金剛之鑽,其堅可以切玉。多葡萄,多羊刺之草。羊刺之草,刺密是生,厥色迺清,厥味迺馨。③ 刺密與馬,以羞貴人。

其恒羞羊,其恒餐五穀,其歲時伏臘,爰有激水之戲。婦人戴油帽,謂之蘇幕遮。其正朔用開元曆,其文同華,傳《毛詩》《魯論》及諸子史。④

其西爲亦力把力。

# 【12】亦力把力⑤

亦力把力者,居肅州西北徼外沙漠間,或曰故焉耆國也,或曰

⑦《大明一統志》卷八十九《火州》於"靈山"下注云:"羅漢削髮涅槃之所。"(頁5508)《殊域周咨録》卷十三《土魯番》於"靈山"下注云:"羅漢削髮涅槃之所。"(頁465)

①《大明一統志》卷八十九《火州》於"蒲類海"下注云:"在土魯番西南,一名鹽澤,又名婆悉海。周四百里,葱嶺、于闐以東之水皆注於此。"(頁5508-5509)《殊域周咨録》卷十四《火州》於"蒲類海"下注云:"漢張騫度玉門至此。"(頁481)

②《大明一統志》卷八十九《火州》於"瀚海"下注云:"地皆沙磧,大風則行者人馬相失。"(頁5509)《殊域周咨録》卷十四《火州》於"瀚海"下注云:"地皆砂磧,大風則行者人馬相失。"(頁481)

③《大明一統志》卷八十九《火州》於"刺蜜"下注云:"羊刺草上生蜜,味甚佳。"(頁5509)《殊域周咨録》卷十四《火州》於"刺密"下注云:"羊刺草上生密,味甚佳。"(頁482)

④《殊域周咨録》卷十四《火州》云:"地産五穀……有《毛詩》《論語》《孝經》、歷代子史集。……貴人食馬,餘食羊及鳧鴈。……用唐開元七年曆……貯水激以相射,或以水交潑為戲……婦人亦然,出戴油帽,謂之蘇幕遮。"(頁481)

⑤ 本篇名稱在《叙傳》所列目録中為"亦力把力志第十二",版心刻有"亦力把力"、本篇頁碼及在全書中的頁碼。内容主要取材自《大明一統志》卷八十九《亦力把力》或明人四裔著述。亦力把力:今新疆伊犁市附近。

龜茲。①

其酋自洪武以來數入貢。其俗食羶肉、酪漿,逐水草以居,席地坐而踞見客。②

其山有葱嶺,其水有熱海。③ 史所謂身熱、頭痛、縣度之阨者也。④

其鳥有孔雀,其貨有胡粉。⑤ 于闐之國在其南。

## 【13】于闐⑥

于闐者,肅州西南夷也,在曲先衛之西,阿耨之山鎮焉,而葱

---

① 鄭曉《皇明四夷考》卷下《亦力把力》云:"亦力把力,在沙漠間,或曰焉者,或曰龜茲。"(頁 121)《殊域周咨録》卷十五《亦力把力》云:"亦力把力,地居沙漠間,不知古何國,疑即焉者、龜茲地也。"(頁 493)《四夷館考》卷下《亦力把力》云:"亦力把力,在沙漠間,或曰焉者,或曰龜茲。"(頁 9a)龜:書中刻作"亀"。

② 《皇明四夷考》卷下《亦力把力》云:"其國無城郭宮室,逐水草住,坐臥於地。……飲食肉酪。"(頁 121)《殊域周咨録》卷十五《亦力把力》云:"其俗地無房屋,逐水草……五谷罕食,惟肉酪。……席地而坐。使者相見,不拜揖,惟行跪禮。"(頁 495)《四夷館考》卷下《亦力把力》云:"其國無城郭宮室,逐水草住……坐臥於地。……飲食肉酪。"(頁 9a)

③ 《皇明四夷考》卷下《亦力把力》云:"其山白山、葱嶺為大,有熱海。"(頁 121)《四夷館考》卷下《亦力把力》云:"其山白山、葱嶺為大,有熱海。"(頁 9b)

④ 語出《漢書》卷九十六下《西域傳下》云:"且通西域,近有龍堆,遠則葱嶺,身熱、頭痛、縣度之阨。淮南、杜欽、揚雄之論,皆以為此天地所以界別區域,絕外内也。"(頁 3929)

⑤ 《皇明四夷考》卷下《亦力把力》云:"産銅、鐵、鉛、雄黃、胡粉、馬駝、犛牛、孔雀。"(頁 121)《四夷館考》卷下《亦力把力》云:"産銅、鐵、鉛、雌黃、胡粉、馬駝、犛牛、孔雀。"(頁 9b)

⑥ 本篇名稱在《叙傳》所列目録中為"于闐志第十三",版心刻有"于闐"、本篇頁碼及在全書中的頁碼。内容主要取材自《大明一統志》卷八十九《于闐》或明人四裔著述。于闐:今新疆和闐縣境。

嶺迤其南。漢、唐以來皆入貢，明永樂初貢玉璞。①

其產玉之地爲白玉河，河水受月，熊熊有光，候月而取之，瑾瑜之玉爲良。② 古帝得之，追琢其章，以享上帝，以禮西方。秋三月舟之，以祓不祥。

或曰有綠玉河，其河導源昆岡山，去國城千三百里，國人常以秋時取綠玉於此。③

其它貨有黃金、珊瑚、琥珀、胡錦、花蕊④之布、安息之香與雞舌之香。⑤ 其人習技巧，工紡織，巫詞舞爲樂，相見禮以跪。人以書問之，必首其書而後發。⑥

## 【14】撒馬兒罕　哈烈⑦

撒馬兒罕者，故罽賓國，肅州西徼外夷也。洪武、永樂、正統

---

① 《大明一統志》卷八十九《于闐》云：“自漢至唐皆入貢中國。……本朝永樂六年，頭目打魯哇亦不剌金遣使滿剌哈撒木丁等貢玉璞。”（頁 5515－5516）《殊域周咨録》卷十五《于闐》云：“自漢至唐皆入貢中國。……本朝永樂六年，其酋打魯哇亦不剌金遣使滿剌哈撒木丁等貢玉璞。”（頁 496）

② 《大明一統志》卷八十九《于闐》於“白玉河”下注云：“在國城東。國人夜視月光盛處，必得美玉。”（頁 5517）

③ 《大明一統志》卷八十九《于闐》於“綠玉河”、“烏玉河”下注云：“皆源出崑岡山，去國城西一千三百里。每歲秋，國人取玉於河，謂之撈玉。”（頁 5517）

④ 蕊，書中刻作“蕋”。

⑤ 《大明一統志》卷八十九《于闐》記其土產云：“胡錦……珊瑚……琥珀、花蕋布……安息香、雞舌香。”（頁 5517）

⑥ 《大明一統志》卷八十九《于闐》云：“俗機巧，喜浮屠法。相見以跪。得問遺書，戴于首乃發之。……喜歌舞，工紡織。”（頁 5516－5517）《殊域周咨録》卷十五《于闐》云：“其人……工織紡，習機巧……喜歌舞，相見以跪，得問遺書，戴於首乃發之。”（頁 496）

⑦ 本篇名稱在《叙傳》所列目録中爲“撒馬兒罕、哈烈志第十四”，版心刻有“撒馬兒罕”、本篇頁碼及在全書中的頁碼。內容主要取材自《大明一統志》或明人四裔著述。撒馬兒罕：今多作撒馬爾罕(Samarkand，烏兹別克語 Samarqand，意爲　（轉下頁）

間來貢玉石、橐駝、馬。[①] 其俗善營室屋,器以黃金、白金二等,而不設匕箸。市列以金銀爲錢,文爲騎馬,幕爲人面。其主冠素,而國厲酒禁。[②] 地產珊瑚、琥珀、花蕊布。國人守鐵門峽爲隘險絕壁高數十仞,夷人以爲重關,[③]而西與哈烈錯壤。

哈烈者,環大山而居,直肅州西徼。洪武中,詔諭酋長賜金帛。永樂間貢馬,正統間又來貢。[④] 其俗無正朔,有學舍。裁金碧以飾身,而色尚白。[⑤] 其果饒巴旦杏,其貨貴瑣伏一名梭服,以鳥毳織成,文若羅綺、花毯極細密,久不易色。其寶有珠、珊瑚。[⑥]

---

(接上頁)"肥沃的土地"),爲中亞烏茲別克斯坦共和國舊都暨第二大城。曾爲花剌子模首都,十四至十五世紀時爲帖木兒帝國(Timurid Empire, 1370—1506)都城。《職方外紀》作"撒馬爾罕",《西域番國志》《殊域周咨録》《四夷館考》《明史》作"撒馬兒罕"。哈烈:又名黑魯、也里、野里、亦魯、哈剌、哈利、海里、義利,即今中亞阿富汗西北赫拉特(Herat),爲古代中亞細亞與印度平原之間商旅往來的交通要地。陳誠著、周連寬校注:《西域番國志》,頁74-77;陳誠著、周連寬校注:《西域行程記》,頁63。

① 《大明一統志》卷八十九《撒馬兒罕》云:"其地不知古何國。或云漢罽賓國。……本朝洪武二十年,帖木兒遣回回滿剌哈非思等貢駝馬。永樂間,其孫兀魯伯遣使貢馬。正統二年,又貢馬及玉石。"(頁5512)

② 《殊域周咨録》卷十五《撒馬兒罕》云:"器用金銀,不用匕箸,以手取食。商賈交易用中國所造銀錢,坊亦有酒禁……人多巧藝,善治宮室。"(頁493)

③ 《殊域周咨録》卷十五《撒馬兒罕》於"鐵門峽"下注云:"渴石城西懸崖絕壁,夷人守此名鐵門關。"(頁493)

④ 《大明一統志》卷八十九《哈烈》云:"四面皆大山。……本朝洪武三十五年,遣使詔諭酋長,賜織金文綺。永樂七年,頭目麼賚等來朝,并貢方物。正統二年,指揮哈只等貢馬及玉石。"(頁5514)《殊域周咨録》卷十五《哈烈》云:"四面皆大山。……本朝洪武三十五年,遣使招諭酋長,賜織金文綺。永樂七年,其酋麼賚等遣使來朝貢方物。正統二年,指揮哈只等遣使來朝貢馬與玉石,後亦間至。"(頁497)

⑤ 《皇明四夷考》卷下《哈烈》云:"無正朔……衣尚白……有學舍。"(頁113-114)《殊域周咨録》卷十五《哈烈》云:"其俗衣服喜鮮潔,色尚白……國有學舍……俗無正朔。"(頁501)

⑥ 《皇明四夷考》卷下《哈烈》云:"産巴旦杏、鎖伏、花毯、金、銀、銅、珊瑚、琥珀、水晶、珠翠……"(頁113)《殊域周咨録》卷十五《哈烈》於"巴旦杏"下注云:"有似(轉下頁)

# 【15】西番①

　　西番，一曰烏思藏，漢曰羌，唐曰吐番，凡百餘種，散處河、湟、江、岷間。② 元為郡縣。明初，詔各族酋長，舉故官失職者，至京授職。自是番僧有封灌頂國師者、贊善王者、闡化王者、正覺大乘法王者、如來大寶法王者，俱賜銀印，三年一朝。③

---

（接上頁）棗而酣者，名忽鹿麻。”於“鎖伏”下注云：“又名梭服，以鳥毳為之，紋如緂綺。”於“花毯”下注云：“極細密，色久不變。”（頁 501）又（清）陳元龍（1652—1736）《格致鏡原》卷二十七《布帛類·瑣伏》云：“《外國志》：哈烈，古大宛地。有瑣伏，花毯織鳥毳成文。《一統志》：滿剌加出瑣袱，哈烈亦出，一名梭服，鳥毳為之，紋如緂綺。”（頁 30a）

① 本篇名稱在《叙傳》所列目錄中為“西番志第十五”，版心刻有“西番”，本篇頁碼及在全書中的頁碼。內容主要取材自明人四裔著述。西番：相當於今洮岷至西寧青康藏高原諸地。

② 《殊域周咨錄》卷十《吐蕃》云：“吐蕃俗呼西蕃，其先本羌屬，凡百餘種，散處河、湟、江、岷間。”（頁 358）《四夷館考》卷上《西番館》云：“西番，即土番也，其先本羌屬，凡百餘種，散處河、湟、洮、岷間。”（頁 22b）

③ 《殊域周咨錄》卷十《吐蕃》云：“元時……郡縣其地，設官分職……（洪武）六年，詔吐蕃各族酋長舉故有官職者至京，授職賜印，俾因俗為治，以故元攝帝師喃加巴藏卜為熾盛佛寶國師。其下番僧有封灌頂國師及贊善王、闡化王、闡教王、輔教王者，又有正覺大乘法王、如來大寶法王。……制令三年一貢。”（頁 358－359）《四夷館考》卷上《西番館》云：“元世祖，始郡縣其地……明興，洪武六年，令諸酋舉故官授職……自是番僧有封灌頂國師及贊善王、闡化王、正覺大乘法王、如來大寶法王者，俱賜印。”（頁 22b－23a）灌頂國師：明太祖洪武五年（1372），遣使封西藏帕木竹巴地方領袖帕竹噶舉派（白教）喇嘛章陽沙加監藏為灌頂國師。贊善王：明成祖永樂四年（1406），封河州衛（今甘肅臨夏）轄境喇嘛教噶瑪噶舉派（白教）領袖著思巴兒監藏為灌頂國師。次年（1407），加封贊善王。闡化王：章陽沙加死後，其徒鎖南扎思巴噫監藏卜繼之。洪武二十一年（1388），以病舉弟吉剌思巴藏巴藏卜自代。永樂四年，加封為灌頂國師闡化王。正覺大乘法王，永樂十一年（1413），西藏喇嘛教薩迦派（花教）領袖昆澤思巴至南京受封，其全稱為萬行圓融妙法最勝真如慧知弘慈廣濟護國演教正覺大乘法王西天上善金剛普應大光明佛。其（轉下頁）

西番之俗,推魯好門。尚佛法,事咀呪。君臣如朋友。無文字,無宮室,居毳帳中。衣氊裘,聲上琴瑟,味上酪。[①]

崑崙之山鎮焉。崑崙山高二千五百里,亘五百里,積雪不消,日月隱蔽,黃河之水出焉,從地罅沸涌出,色甚白。東北流匯爲大澤,導源又東流爲赤賓河,徑規期山雜土,合忽蘭諸河,厥色正黃,遂稱黃河。東北入中國,至蘭州,逕賀蘭山爲河套。又東北逕沙漠,折流南入山西,帶河南,逕徐、邳,合淮水入海。

西番又有水,曰可跋之海,東南流入雲南,合西洱河,號漾備水。又東南出會川爲瀘水。蓋番地當中國最高,故形家者流,[②]推崑崙山爲華、衡二山太祖。西番出銅佛、琵琶、善馬、天鼠皮可爲裘。

## 【16】回回[③]

中國之西北,出嘉峪關,逕哈密、土魯番,有國焉。多高山,産

---

（接上頁）地位僅次於大寶法王。如來大寶法王,係元、明帝國對西藏喇嘛教領袖的最高封號。中統元年(1260),元世祖封八思巴爲國師。至元六年(1269),升號爲大寶法王。永樂五年(1407),封哈立麻(噶瑪噶舉派黑帽系)爲大寶法王,領天下釋教,其全稱爲萬行具足十方最勝圓覺妙智慧善普應佑國演教如來大寶法王西天大善自在佛。

① 《皇明四夷考》卷下《西蕃》云:"西番風俗,大抵皆質直朴魯,上下一心,君臣爲友,吏治無文。音樂尚琴瑟。食酪衣氊,居毳帳,務耕牧,好狠鬬,貴壯賤弱,懷恩重利,尊釋信誀。"(頁141－142)《殊域周咨録》卷十《吐蕃》云:"風俗朴魯。其君臣自爲友者五六人……然有城郭而不處,聯毳帳以居……其吏治無文字……養牛馬取乳酪供食。取毛爲褐,衣率氊幨。……信誀咒。"(頁380)

② 形家:亦稱堪輿家,專以相度地形吉凶,爲人選擇宅基、墓地風水者。

③ 本篇名稱在《叙傳》所列目録中爲"回回志第十六",版心刻有"回回",本篇頁碼及在全書中的頁碼。內容主要出自《職方外紀》卷一《回回》。回回:指中亞一帶伊斯蘭教信仰區,約爲今新疆天山北路及中亞、西亞一帶。據謝方考證,《職方（轉下頁）

良玉怪石二種，出水中者最良，亦有焚山石取之者。畜多牛、馬、羊，無豕。[①] 名曰加斯爾加之國。自此以西有撒馬兒罕之國，有革利哈大藥之國，有加非爾斯當之國，杜爾格當之國，查理之國，加木爾之國，古查之國，蒲加剌得之國，總稱回回焉。[②]

---

（接上頁）外紀》此條内容，主要取材自葡萄牙籍耶穌會士鄂本篤（Benedict de Goës, 1562—1607）的行紀。鄂本篤曾於 1602 年奉派自印度經阿富汗，越過帕米爾高原進入契丹，於 1605 年抵達肅州，以證實契丹即中國。鄂本篤病逝後，其遺留下來的行紀由利瑪竇加以整理後，載入其意大利文中國札記的原稿《論耶穌會及基督教進入中國》（*Dell Entrata della Compagnia di Gesù et Christianita nella Cina*），此書後由比利時籍耶穌會士金尼閣（Nicolas Trigault, 1577—1629）譯為拉丁文並增補部分内容，於 1615 年以《基督教遠征中國史》（*De Christiana expeditione apud Sinas*）一名出版。艾儒略便是將該書有關鄂本篤行紀的此段路程資料納入《職方外紀》的《回回》條中。《職方外紀校釋》，頁 37–38。

① “中國之西北，出嘉峪關，遇哈密、土魯番，曰加斯加爾。多高山，產玉石二種。出水中者極美，出山石中者，以薪火燒石迸裂，乃鑿取之，甚費工力。牛羊馬畜極多，因不啖豕，諸國無豕。”《職方外紀校釋》，頁 37。

② “自此以西，曰撒馬兒罕，曰革利哈大藥，曰加非爾斯當，曰杜爾格斯當，曰查理，曰加本爾，曰古查，曰蒲加剌得，皆回回諸國也。”《職方外紀校釋》，頁 37, 38–39。撒馬兒罕（Samarkand）之國：參見本書《撒馬兒罕、哈烈》篇。加非爾斯當（Kafiristan）之國：葡萄牙人耶穌會士鄂本篤稱作 Capherstram（拉丁文），意大利原文作 Caferstram，意大利漢學家耶穌會士德禮賢（Pasquale M. D'Elia S. J., 1890—1963）譯讀為“波知”。鄂本篤稱：“卡弗斯特拉姆城，該城禁止撒拉遜人入内，違者被處死刑。”引見利瑪竇、金尼閣著，何高濟、王遵仲、李申譯：《利瑪竇中國札記》，頁 544。撒拉遜人原指今敘利亞至沙特阿拉伯之間的沙漠牧民，廣義上指中古時代所有信奉伊斯蘭教的阿拉伯人。參見劉俊餘、王玉川譯：《利瑪竇中國傳教史》，頁 484。又張星烺云：“喀帕兒斯達姆即喀菲利斯坦（Kafiristan）之訛音。在印度庫士山中。回教徒稱其人曰喀菲兒（kafirs），猶云信異端者也。”張星烺編：《中西交通史料匯編》第 2 册，頁 486。依鄂本篤、張星烺所言，加非爾斯當不信奉伊斯蘭教，故本段後云“初宗馬哈默之教”者，並不適用於該國。杜爾格當（Turkestan, Turkistan）之國：不見於鄂本篤的行紀，利瑪竇《坤輿萬國全圖》作“土兒客私堂”，即今阿富汗北部一帶，又稱阿富汗突厥斯坦（Afghan Turkestan）或南突厥斯坦。查理（Ciarica）之國：即今阿富汗喀布爾北方之查里卡（Charika）。古查（Calcia）之國：據鄂本篤行紀，自查理北行，十日抵八魯灣（Parwan），行十二日抵恩格蘭（Aiangharan），行十五日抵甲而西亞（Calcia），此地疑即古查。張星烺云：（轉下頁）

其人習戰門,亦有好學者。初宗馬哈默之教云。① 陶宗儀曰:"回回地産藥曰火失剌把都之藥,類木鱉子而小,治一百二十種病,各有湯引。"②近粵中有仁草,一曰八角草,一曰金絲烟。治驗亦多。其性辛散,食已氣令人醉,故一曰烟酒。其種得之大西洋。③

---

（接上頁）"各圖中皆無喀爾奚亞之名,玉爾謂庫勒姆(khulum)城王族曰喀拉樞(khallach),(Khallach, Killich)喀爾奚亞或由喀拉樞而來。玉爾又謂阿母河北布哈拉城叢山中,有波斯種人,曰喀爾察人。(Ghalchas)不屬他國……亨利考狄謂喀爾奚亞當在昆度斯(Kunduz)及塔里寒中間之康納拔德(Khanabad)附近。"張星烺編:《中西交通史料匯編》第2冊,頁489-490。蒲加剌得之國:據鄂本篤本紀,由古查行十日抵賈拉拉巴德(Gialalabath),兩星期後抵塔里寒(Talhan),又前行抵契曼(Cheman),"這裡是在阿不都拉汗(Abdula Chan),即撒馬兒罕、布爾加維亞(Burgavia),布哈拉(Bacharat)及其他鄰邦國王統治之下。"《利瑪竇中國札記》,頁546-547。布哈拉即蒲加剌拉:今譯依布哈拉(Buchara,烏兹別克語 Buxoro),位於烏兹別克斯坦共和國西南部。以上諸國皆位於中亞,除加非爾斯當之外,大多信奉伊斯蘭教。

① "其人多習武,若商旅防寇,非聚數百不可行,亦有好學好禮者。初宗馬哈默之教,諸國多同,後各立門户,互相排擊。"《職方外紀校釋》,頁37。馬哈默之教,即伊斯蘭教;馬哈默,即伊斯蘭教創始人穆罕默德(Muhammad, 約570—約632)。《地緯》原書第十八篇《默德那》又作"謨罕驀德"。

② 語出(元)陶宗儀(1329—1420)著《南村輟耕録》卷七《火失剌把都》條云:"火失剌把都者,回回田地所産藥也。其形如木鱉子而小,可治一百二十種證,每證有湯引。"(頁84)

③ 仁草、八角草、金絲烟、烟酒等,皆為中藥材烟草的別名,即茄科植物烟草的葉。《地緯》此段關於仁草等藥草的記載,成為清代博物學專著引證的資料之一。如(清)陳元龍《格致鏡原》卷二十一《飲食類一·附烟》云:(熊人霖《地緯》)"粵中有仁草,一曰八角草,一曰金絲烟,治驗亦多。其性辛散,食已氣令人醉,故一曰烟酒,其種得之大西洋。"(頁876)(清)程岱葊《野語》卷七《烟》條云:"有曰'粵中有仁草,名金絲烟',見熊人霖《地緯》。"(頁106)(清)李調元《南越筆記》卷五《鼻烟》條云:"按熊人林《地緯》云:粵中有仁草,名金絲醺,可辟瘴氣。多吸之,能令人醉,亦曰烟酒。"(頁18a)(清)陳琮(1761—1823)《烟草譜》卷一《原産》云:"熊人霖《地緯》云,其種得之大西洋。"(頁415)

# 【17】天方①

天方,故筠冲地,一曰天堂,一曰西域。② 時和地豐。用回回曆與大統曆前後差三日。牧中多馬,馬高八尺,人以馬酪和飯食之,故人多肥白。男女皆辮髮。③

---

① 本篇名稱在《敘傳》所列目錄中為"天方志第十七",版心刻有"天方"、本篇頁碼及在全書中的頁碼。內容或本於李賢等《大明　統志》卷九十《天方國》與王宗載《四夷館考》卷上《天方》。按:《四夷館考‧天方》的內容,幾同於鄭曉《皇明四夷考》卷下《天方》(頁106)。

② "[沿革]古筠冲地,舊名天堂,又名西域。"《大明一統志》卷九十《天方國》,頁5556。"天方,古筠冲地,舊名天堂,又名西域。"《四夷館考》卷上《天方》,頁12b。天方:即伊斯蘭教發源地麥加(Mecca/Makkah,阿拉伯語 Makkah Al-Mukarramah),後多泛指今阿拉伯地區。(宋)周去非《嶺外代答》作"麻嘉",(宋)趙汝适《諸蕃志》襲之。(宋)陳元靚《事林廣記》作"默伽",《宋會要‧蕃夷七》作"摩迦",(元)陳大震等《大德南海志》作"默茄",(元)劉郁《西使記》作"天房",(元)汪大淵《島夷誌略》作"天堂""西域",(明)馬歡《瀛涯勝覽》、鞏珍《西洋番國志》作"天方",此後多用此名。麻嘉、默伽、默加、摩迦、默茄等,皆為 Mecca 或 Makkah 的譯音。天房、天堂、天方等,則由麥加的愷阿白(Kábah,意為立方體,又稱作 Bait-Allah)寺而得名,因該寺內有一方形石殿,今多譯作克爾白或克而白。至於"西域"一名,則因元代許多伊斯蘭教徒多來自西方,故稱之為西域人。而麥加為伊斯蘭教的發源地,故又名麥加為西域。而"筠冲"之名,或指阿拉伯半島古國 Al-Hijaz(譯名"漢志",或譯"希賈茲"),麥加與麥地那皆為其城市,今為沙特阿拉伯省份。參見蘇繼廎校釋:《島夷誌略校釋》,頁353-355,注1-3。

③ "[風俗]風景融和,四時皆春。田沃稻饒,居民樂業。男女辮髮俗好善。男女辮髮,衣細布,衫繫細布。有回回曆與中國曆前後差三日。馬乳拌飯人多以馬乳拌飯,故其人肥美。以上俱《島夷志》。"《大明一統志》卷九十《天方國》,頁5556-5557。"用回回曆。風景融和,四時皆如春。田沃稻饒,居民樂業。男女辮髮。馬乳拌飯。"《四夷館考》卷上《天方》,頁12b-13a。回回曆:即伊斯蘭教教曆,亦稱希吉來(Hijra)曆,為純陰曆。希吉來意為"遷徙",係指穆罕默德及其信徒自麥加遷居麥地那一事。第二任哈里發歐麥爾(Umar,約586/590—644)為紀念此事,以遷徙首日(622年7月16日)為曆法紀元之始。大統曆:明初劉基(1311—1375)所進曆法。明太祖洪武十七年(1384),又令博士元統修曆,仍沿此名。此曆主要根據(元)(**轉下頁**)

其方物,白玉、珊瑚、琥珀、犀角、金。<sup>①</sup> 其奇物,玻璃之鏡,眼之眡物倍明,眡小物倍明。金剛之鑽切玉。

宣德中來貢,其使道嘉峪關。<sup>②</sup>

# 【18】默德那<sup>③</sup>

默德那,即回回祖國也。初,國王謨罕驀德生而靈異,西域諸國,皆臣而服焉,號之曰別諳援爾,猶華言天使云。<sup>④</sup> 其教以事天爲本,而無像設。其經有三十藏,三千六百餘卷。旁行以爲書記,

---

(接上頁)郭守敬(1231—1316)等人所修的授時曆,並參用回回曆而成,僅作小幅更動,為一陰陽合曆。

① "【土產】馬高八尺許、金珀、珊瑚、犀角。"《大明一統志》卷九十《天方國》,頁5557。"產馬、金、琥珀、玉石、珊瑚、犀角。"《四夷館考》卷上《天方》,頁13a。

② "本朝宣德中,國王遣其臣沙驖等來朝,并貢方物。"《大明一統志》卷九十《天方國》,頁5556。"宣德中,其王遣沙驖來朝貢。……貢從嘉峪關入。"《四夷館考》卷上《天方》,頁12b-13a。嘉裕關:建於洪武五年(1372),後經多次修築,位於今甘肅省嘉峪關市西方五公里的嘉裕山上,為明長城西端終點,既是軍事要地,亦為絲路要衝。

③ 本篇名稱在《叙傳》所列目錄中為"默德那志第十八",版心刻有"默德那"、本篇頁碼及在全書中的頁碼。內容或本於《大明一統志》卷九十《默德那國》。《殊域周咨錄》卷十一《默德那》所載文字大抵同於《大明一統志》,王宗載《四夷館考》卷上《回回館》所載文字則稍有增略。默德那:即今沙特阿拉伯麥地那(Madinah)。

④ "【沿革】即回回祖國也。初,國王謨罕驀德生而神靈,有大德,臣服西域諸國,諸國尊號爲別諳拔爾,猶華言天使云。"《大明一統志》卷九十《默德那國》,頁5557。"回回,在西域地,與天方國鄰。其先,即默德那國王謨罕驀德生而神靈,臣服西域諸國,諸國尊爲別諳援爾,華言天使云。"《四夷館考》卷上《回回館》,頁10b。《殊域周咨錄》卷十一《默德那》云:"默德那,即回回祖國也。……初,國王謨罕驀德者,生而神靈,臣服西戎諸國,尊號之為別諳拔爾,猶華言天使云。"(頁389)謨罕驀德:即穆罕默德。別諳援爾(Paighambar),自波斯語音譯,亦譯為"派安拜爾""別庵伯爾""擗奄八而""別諳拔爾"等,其義同於阿拉伯語"魯素勒"(al-Rusul),指伊斯蘭教的使者或先知。《四夷館考》作"別諳援爾",《大明一統志》《殊域周咨錄》作"別諳拔爾"。

亦有篆、楷、草三體，今西域書皆用之。其星曆、陰陽、醫藥之學，及雕文、刻鏤、織紝、器械之事，皆精絶。①

隋開皇中，其教始入中國。② 每日西向拜以事天，每歲齋一月，更衣遷坐。平居不食羶，非同類殺者不食。國人信從其教，雖適殊方，累世不敢遷也。③

其國有城池、宮室、田畜、市列，頗類江淮風土。其地近天方，

① "其教專以事天爲本，而無像設。其經有三十藏，凡三千六百餘卷。其書體旁行，有篆、草、楷三法，今西洋諸國皆用之。又有陰陽、星曆、醫藥、音樂之類。……製造、織文、雕鏤、器皿尤巧。"《大明一統志》卷九十《默德那國》，頁 5557－5558。"國中有佛經三十藏，凡三千五百餘卷。書兼篆、草、楷，西洋諸國皆用之。……亦有陰陽、星曆、醫藥、音樂諸技藝。……其織文、雕鏤、器皿最精巧。"《四夷館考》卷上《回回館》，頁 10b－11a。《殊域周咨録》卷十一《默德那》云："其教專以事天為本，而無象設。其經有三十藏，凡三千六百餘卷。其書體旁行，有篆、草、楷三法，今西洋諸國皆用。又有陰陽、星曆、醫藥、音樂之類。……製造織文，雕鏤尤巧。"（頁 389，391）

② "隋開皇中，國人撒哈八撒阿的幹葛思始傳其教入中國。"《大明一統志》卷九十《默德那國》，頁 5557。"隋開皇中，國人撒哈入撒阿的幹葛思始傳其教入中國。"《四夷館考》卷上《回回館》，頁 10b。類似的記載，亦見於《明史·西域傳·默德那》，《殊域周咨録·默德那》則略去撒哈八撒阿的幹葛思之名，云："隋開皇中，始傳其教入中國。"（頁 389）按：此處關於伊斯蘭教入華的時間有誤，隋開元（581—600）時，穆罕默德尚未得真主啓示（約 610），尚無立教的意念與作爲。又伊斯蘭曆（回曆）紀元元年，已為唐高祖武德五年（622）。"隋開皇中"之説，最初起於《舊唐書·大食傳》，然該處文字係追述穆罕默德先代的情形，非謂伊斯蘭教其時已傳入中國。伊斯蘭教傳入中國的確切時間，學界尚未有定論，然一般認為是在唐高宗永徽二年（651），第三任哈里發奥斯曼（Uthman ibn Affan，574—656，644—656 在位）當政時期派遣第一個阿拉伯（唐代稱大食）使節團抵達長安。參見陳垣：《回回教入中國考略》，頁 543－545。

③ "俗重殺，非同類殺者不食，不食豕肉。齋戒拜天每歲齋戒一月，更衣沐浴。居必易常處，每日西向拜天。國人尊信其教，雖適殊域，傳子孫，累世不敢易。"《大明一統志》卷九十《默德那國》，頁 5558。"俗重殺，非類殺不食，不食豕肉。"《四夷館考》卷上《回回館》，頁 10b－11a。《殊域周咨録》卷十一《默德那》云："人尤重殺，非同類殺者不食。不食豕肉，每歲齋戒一月，沐浴更衣。居必異常處，每日西向拜天。國人尊信其教，雖適殊域，傳子孫累世不敢易。"（頁 391）

宣德中遣使，隨天方陪臣來貢。① 大西洋人②爲余言，回回之人，好利，視善地，輒趨之如鶩，故天下被其教者，往往而是。其古經與大西洋頗同，及馬哈默③自恃聰明，變亂舊教，近其説大行，遂與耶穌之學互爲輸墨矣。

## 【19】印弟亞④

中國之西南，曰印弟亞，即天竺五印度也。在印度河左右，國人面色皆紫。⑤ 南土之人頗好學，曉天文，習技巧，以錐畫貝葉爲

---

① "其地接天方國。本朝宣德中，其國使臣随天方國使臣來朝，并貢方物。【風俗】有城池、宮室、田畜、市列，與江淮風土不異。"《大明一統志》卷九十《默德那國》，頁5557－5558。"本朝宣德中，國王遣人随天國朝貢，由肅州入，至今或三年、五年一貢。其地有城池、宮室、田園、市肆。大江淮間，寒暑應候，民物繁庶。"《四夷館考》卷上《回回館》，頁10b。《殊域周咨録》卷十一《默德那》云："其地接天方。……宣德中，又随天方國使臣來朝貢方物。……其國有城池、宮室、田畜、市列，與江淮風土不異。"（頁389－391）

② 大西洋人：或指明清之際入華耶穌會士。

③ 馬哈默：即穆罕默德。

④ 本篇名稱在《叙傳》所列目録中爲"印弟亞志第十九"，版心刻有"印弟亞"、本篇頁碼及在全書中的頁碼。内容主要出自《職方外紀》卷一《印弟亞》。印弟亞，即今印度（India），源自梵語 Sindhu，本義爲河流，後專指今印度河。公元前六世紀，操伊朗語的波斯人入侵印度，首遇此河，遂以河名稱其地。中國古籍最早稱作"身毒"（參見《史記》之《大宛列傳》及《西南夷列傳》），係西漢張騫（？－前114）得自大月氏人的稱呼。（南朝宋）范曄《後漢書·西域傳》作"天竺"，係源自伊朗語。印度古音讀作 Induo，源自龜茲語，唐代高僧玄奘譯作"印度"，見玄奘、辯機著《大唐西域記》卷二《印度總述》云："詳夫天竺之稱，異議糾紛，舊云身毒，或曰賢豆，今從正音，宜云印度。"以上參見季羡林等校注：《大唐西域記校注》，頁161－163及注1。利瑪竇《坤輿萬國全圖》作"應帝亞"。

⑤ "中國之西南曰印弟亞，即天竺五印度也，在印度河左右，國人面皆紫色。"《職方外紀校釋》，頁39,42。天竺五印度，五印度又稱爲五天竺，即分爲中、北、西、東、南等五境。此傳統畫分於印度起源甚早。印度河，位於今印度半島西側，今巴基斯坦境内，利瑪竇《坤輿萬國全圖》作"應多江"。

書。王不傳子，以姊妹之子嗣王，親子弟給奉禄自澹。男子不衣，僅以一尺布蔽陰。女子有以布纏首至足者。① 劉昭曰"夏禹入裸國而解下裳"，②其此國耶？

四民世其業，最貴者曰婆羅門，次曰乃勒，大抵奉佛，丞齋醮。③ 其地有山焉，曰加得之山。山之南自立夏至秋分，無日不雨，而冬春恒暘。有風焉，自海而西來者，巳至申；自山而東來者，亥至寅。草木異狀者，留僕未足數。椰樹最良，實已飢，漿已渴；又可釀爲酒，與爲醯、爲膏、爲飴；木之錯節，可剡爲釘，殼可盛，瓢可索，葉可葺屋，幹則舟人車人之所材也。④

---

① "其南土曉天文，頗識性學，亦善百工技巧。無筆札，以錐畫樹葉爲書。國王之統，例不世及，以姊妹之子爲嗣，親子弟則給禄自膳。男子不衣衣，僅以尺布掩臍下。女人有以布纏首至足者。"《職方外紀校釋》，頁 39 - 40，42。以錐畫貝葉爲書，貝葉即一種大葉棕櫚樹貝多羅（梵語 Patra）的樹葉，古代印度佛經多刻寫於貝葉上，故又稱貝葉經。

② 語出《劉子·隨時》云："夏禹入裸國，忻然而解裳。"引見楊明照校注，陳應鸞增訂：《增訂劉子校注》卷九，頁 661。最初引録《劉子》其書的是隋代虞世南（558—638）的《北堂書鈔》。此書最早著録於《隋書·經籍志·子部·雜家類》，但未記作者。自《舊唐書·經籍志·丙部·雜家類》始題作者爲南朝梁劉勰（465—520～539?）。唐代張鷟（658? —730?）《朝野僉載》與袁孝政《〈劉子注〉序》則題爲北齊劉晝（514—565），《宋史·藝文志·子部·雜家類》隨之，然後世亦屢有異説。今學界多持劉晝之説，如近年《劉子》各家校注本，可參見王叔岷《劉子集證》、傅亞庶《劉子校釋》及上引楊明照校注本等。關於《劉子》作者諸説考辨，參見朱文民：《〈劉子〉作者問題研究述論》。此處所稱之劉昭，或指劉晝（字孔昭）。

③ "其俗士農工賈各世其業。最貴者曰婆羅門，次曰乃勒。大抵奉佛，多設齋醮。"《職方外紀校釋》，頁 40，42。婆羅門、乃勒，爲古印度種姓制度中的王室貴族階級。《地緯》原書於此段之後刪去《職方外紀》所記"今沿海諸國與西客往來者，亦漸奉天主正教"。

④ "其地有加得山，中分南北。南半則山川、氣候、鳥獸、蟲魚、草木之屬，無不各極詭異。其地自立夏以至秋分無日不雨，反是則片雲不合，酷暑難堪，惟日有涼風解之。其風自巳至申從海西來，自亥至寅從陸東來。草木異於常者不可屈指。……其所産木，以造舟極堅，永不破壞。多産椰樹，爲天下第一良材，幹可造舟車，葉可覆屋，實可療飢，漿可止渴，又可爲酒、爲醋、爲油、爲飴糖，堅處可削爲釘，（轉下頁）

又有二奇木，其一曰陰樹，花如茉莉，且翕宵炕，向晨盡落。國人好事者，常偃臥樹下，朝起則落英如素裯覆身矣。一曰菩薩樹，不華而實，不可食，其樛枝附地，生根若柱，歲久成林，國人庇焉，無異室屋，其可設千人之座者數四。其近老幹者，弘敞特著，土人以供佛，故木受名焉。①

有巨鳥，其吻解百毒，一吻值五十金。有獸高數十丈，角如犀。元太祖西征，至印度直之，獸作人語曰："此非帝世界，亟〔宜〕速還。"耶律楚材進曰："此名角端，旄星之精也，日馳萬八千里，聖人在位，則奉書而至。"②稽相如賦有"麒麟角端"，③不聞其能人言，

---

（接上頁）殼可盛飲食，瓢可索綯，種一木而一室之利畢賴之矣。《職方外紀校釋》，頁 40，42。加得之山：即印度南部高止山脈（Ghats），山北為恒河流域平原。《地緯》原書於此段之中刪去《職方外紀》所記"西友鄧儒望嘗遊其國，獲覩草木生平未嘗見者至五百餘種"。鄧儒望：即耶穌會士鄧玉函（Johannes Terrenz，1576—1630）。

① "又有二奇木，其一名陰樹，花形如茉莉，且晝不開，至夜始放，向晨盡落地矣。國人好臥於樹下，至蚤花覆滿身。其一木不花而實，人不可食，其枝飄揚下垂，附地便生根若柱，如是歲久，結成巨林，國人蔭其下，無異屋宇，至有容千人者，其樹之中近原幹處，則以供佛，名菩薩樹。"《職方外紀校釋》，頁 40，43。陰樹，即素馨花樹（grandiflorum，學名 *Jasminum of ficinale var*）。菩薩樹：即榕樹。

② 成吉思汗西征見角端而班師一事，《職方外紀》未載。此事初見於《耶律楚材神道碑》中，後廣為流傳衍生。《地緯》原書或據（元）陶宗儀《南村輟耕錄》卷五《角端》條："蓋太祖皇帝駐師西印度，忽有大獸，其高數十丈，一角如犀牛然。能作人語，云：'此非帝世界，宜速還。'左右皆震懾，獨耶律文正王（按：耶律楚材）進曰：'此名角端，乃旄星之精也。聖人在位，則斯獸奉書而至，且能日馳萬八千里。'"引見陶宗儀：《南村輟耕錄》，頁 55。成吉思汗所見角端究為何獸，研究者説法不一。有學者認為或係屬長頸鹿科的"歐卡皮鹿"（Okapi，學名 *Okapia johnstobi*，又作"奧卡狓"，舊名"森林斑馬"）在中、南亞的亞種，然無定論。參見王頲：《"角端"與成吉思汗西征班師》，頁 108－114。此文又題為《語借唐占——"角端"與成吉思汗西征班師》，收於氏著《西域南海史地研究》，頁 203－220，歐卡皮鹿的樣貌可見該書首彩色插圖，另可參見克拉頓柏克（Juliet Clutton-Brock）編輯顧問，黃小萍譯：《哺乳動物圖鑑》，頁 345；脊椎動物百科全書編審委員會編：《脊椎動物百科全書（第五冊）：哺乳動物類》，頁 333。

楚材豈口給以廣帝意耶？有象識人言語,或命負物,至某地,輒不爽,他國象遇之,則蹲伏。[1]

　　有獸名獨角,額間一角,其角解百毒。此地恒有毒蛇,蛇所飲水,人及百獸飲之必死。百獸雖渴,濱水而不敢飲。俟此獸來,以角攪水,百獸始飲焉。[2] 勿搦祭亞之國,其主藏稱有兩角爲國寶,或曰利未亞亦有之。有獸形如牛,大如象而少瘰,有兩角,一在鼻上,一在項背間,皮甲堅,若重盾,比次如鎧,崒如鯊魚之皮,大頭短尾,居水中可數十日,百獸慴伏,尤憎象與馬,偶

---

[3] 西漢辭賦家司馬相如(前179—前127)所著《上林賦》云:"其獸則麒麟角端。"引見費振剛、仇仲謙、劉南平校注:《全漢賦校注》,頁89。

[1] "鳥類最多,有巨鳥吻,能解百毒,國中甚貴之,一吻直金錢五十。地產象,異於他種,能識人言。土人或命負物至某地,往輒不爽,他國象遇之則蹲伏。"《職方外紀校釋》,頁40,43。巨鳥,指犀鳥(Buceros)。

[2] "有獸名獨角,天下最少亦最奇,利未亞亦有之,額間一角,極能解毒。此地恒有毒蛇,蛇飲泉水,水染其毒,人獸飲之必死,百獸在水次,雖渴不敢飲,必俟此獸來以角攪其水,毒遂解,百獸始就飲焉。"《職方外紀校釋》,頁40-41。獨角,謝方認為此"即印度的獨角犀牛。產於非洲及亞洲的熱帶地區。犀的嘴部上表面生有一個或兩個角,角不是真角,是由角蛋白組成,有涼血、解毒、清熱作用。《坤輿圖說》卷下有圖"。《職方外紀校釋》,頁43,注15。按:據南懷仁《坤輿圖說》所附之圖,其樣態實不類於獨角犀牛。該圖的文字說明:"亞細亞州印度國產獨角獸,形大如馬,極輕快,毛色黃,頭有角,長四五尺,其色明,作飲器能解毒,角銳能觸大獅,獅與之鬥,避身樹後,若誤觸樹木,獅反嚙之。"(頁54b)該圖應係模仿自瑞士博物學家康拉德·格斯納(Conrad Gesner, 1516—1565)所著五卷《動物史》(Historiae animalium, 1551—1558)之首卷《胎生四足動物》(Quadrupedes viviparares, 1551)內的插圖。此處關於"獨角"的描述(連同《坤輿圖說》之圖),應指西方傳說中的生物獨角獸(unicorn)。關於獨角獸的傳說,較早出現在希伯來人的《舊約聖經》中,這種額頭長有一隻角的獸類叫做"re'em",最初被譯作"monokeros",後來才演變成英文中的"unicorn"。公元前398年,古希臘史家克特西亞斯(Ctesias of Cnidus)在其《印度史》(Indica)中提到:"獨角獸生活在印度、南亞次大陸,是一種野驢,身材與馬差不多大小,甚至更大。他們的身體雪白,頭部呈深紅色,有一雙深藍的眼睛,前額正中長出一隻角,約有半米長。"由此可見,列於《職方外紀》與《地緯》之《印弟亞》篇中的"獨角",應指獨角獸。

值必逐殺之。其骨肉齒角皮蹄矢,皆藥也,其駒亦可豢,西洋甚重之,名曰罷達之獸,蓋史所稱天禄、辟邪之類云。① 有蝠,大

---

① "勿榜祭亞國庫云有兩角,稱為國寶。有獸形如牛,身大如象而少低,有兩角,一在鼻上,一在項背間,全身披甲甚堅,銃箭不能入,其甲交接處,比次如鎧甲,甲面攀确如鯊皮,頭大尾短,居水中可數十日,從小豢之亦可取,百獸俱慴伏,尤憎象與馬,偶值必逐殺之,其骨肉皮角牙蹄糞皆藥也,西洋俱貴重之,名為罷達,或中國所謂麒麟、天禄、辟邪之類。"《職方外紀校釋》,頁41。勿搦祭亞之國,即威尼斯,見本書《意大里亞》篇"勿搦祭亞"注。罷達之獸,謝方認為此"即雙角犀牛。體巨大,印度巨犀長4.3米,高2米。《坤輿圖説》卷下有圖,名鼻角"。《職方外紀校釋》,頁43,注17。罷達:據金國平所考,"源自葡萄牙語bada,西班牙語亦作bada。bada亦作abada。詞源為馬來語gadaq,意即犀牛,尤指獨角犀"。《〈職方外紀〉補考》,頁115。按:南懷仁《坤輿圖説》中"鼻角"圖的文字説明:"亞細亞州印度國剛霸亞地産獸,名鼻角,身長如象,足稍短,遍體皆紅黃斑點,有鱗介,矢不能透。鼻上一角,堅如鋼鐵,將與象鬥時,則於山石磨其角,觸象腹而斃之。"(頁55b)此圖(同於《坤輿全圖》上的附圖)同樣是模仿自蘇黎世自然史學者康拉德·格斯納(Konrad Gessner, 1516—1565)的《動物史》(Historia Animalium)首卷《胎生四足動物》內的插圖,其原創者為德意志畫家杜勒(Albrecht Dürer, 1471—1528)於1515初版的犀牛版畫。又按:此處的罷達,據圖象來源以及分布地而論,應是指印度犀牛(Greater Indian Rhinoceros,學名Rhinoceros unicornis),雄性印度犀牛的頸部皺摺明顯,因易被誤認為角。以上關於《坤輿圖説》中"鼻角"圖的來源及其在中、西世界的傳播,參見王刃餘:《犀牛和地圖的故事——關於〈利瑪竇地圖學遺產〉展覽》,頁44-45;賴毓芝:《從杜勒到清宮——以犀牛為中心的全球史觀察》,頁68-80。印度犀牛的樣貌可參見克拉頓柏克:《哺乳動物圖鑑》,頁321。另參見脊椎動物百科全書編審委員會編:《脊椎動物百科全書(第五冊):哺乳動物類》,頁308-309。天禄、辟邪,為古代傳説中的祥獸,似鹿而長尾,一角者為辟邪,二角者為天禄。歷代多雕刻成形以避邪。(南朝宋)范曄《後漢書》卷八《孝靈帝紀》云:"複修玉堂殿,鑄銅人四,黃鍾四,及天禄、蝦蟆。"或作天鹿。附帶一提的,熊人霖或是對艾儒略《職方外紀》加以"彙記"的楊廷筠對於"獨角"(獨角獸)與"罷達"(犀牛)之間的分別不甚清楚,因而將罷達比作中國傳説中的祥獸而非視作犀牛,此種看法或與中國傳統上對於"犀牛"形象之認識或想象的變遷有關。至明代時,士人對於犀牛的形象,主要是"獨角牛形"(間亦有二、三角者),故無法將罷達與犀牛視同一物。關於犀牛形象在中國知識傳統上的變遷,參見陳元朋:《傳統博物知識裏的"真實"與"想象":以犀角與犀牛為主體的個案研究》,頁1-82。

如猫。①

　　此其地勢若織女之跂，末鋭處，廣不百步。東西氣候相謬，霽與滂沱，燠與沍寒，警湍怒濤，與水波如鏡。故海舶有乘順風至者，過厥鋭隅，行如移山。此南印度之尤異也。②

## 【20】莫卧爾③

　　印度有五惟存南印度，餘皆併入於莫卧爾。莫卧爾之國甚廣，分國爲十四道，象至三千餘。④ 有大河名曰安日之河，浴之袚不祥，除罪辜。⑤

① "蝙蝠大如猫。"《職方外紀校釋》，頁 41。蝠大如猫，或即屬大蝙蝠科(Family Pteropodidae)的印度犬果蝠(Indian Dog-faced Bat/Short-nosed Fruit Bat, 學名 Cynoterus sphinx)，分布於巴基斯坦、印度、中南半島、馬來半島、中國南方、馬來群島等地。大蝙蝠科由於臉型似狐，又多以果實爲主食，故又稱狐蝠或果蝠。參見脊椎動物百科全書編審委員會編：《脊椎動物百科全書(第五册)：哺乳動物類》，頁 96 - 97。
② "地勢爲三角形，末鋭處闊不百步。東西氣候無不各極相反，此晴則彼雨，此寒則彼熱，此風濤蔽天則彼穩如平地矣。故海舶有乘順風而過者，至鋭處則行如拔山。此南印度之尤異也。"《職方外紀校釋》，頁 41，44。織女之跂，指織女星(織女一二三，即天琴座 Lyr 之 α、ζ、δ)組成一個等邊三角形。《詩經・小雅・大東》云："跂彼織女，終日七襄。"末鋭處：指印度半島最南端科摩林角(Cape Comorin)。
③ 本篇名稱在《叙傳》所列目錄中爲"莫卧爾志第二十"，版心刻有"莫卧爾"，本篇頁碼及在全書中的頁碼。内容主要出自《職方外紀》卷一《莫卧爾》。莫卧爾：即自十六世紀統治今阿富汗、巴基斯坦、印度等地的蒙兀兒帝國(Mughal Empire, 1526—1858)，由巴布兒(Babur, 1526—1530 在位)創始於阿富汗，至其孫阿克巴(Akbar, 1556—1605 在位)將疆域擴大至德干高原以北的印度半島中北部地區。艾儒略原著，謝方校釋：《職方外紀校釋》，頁 44。
④ "印度有五，惟南印度尚仍其舊，餘四印度皆爲莫卧爾併矣。莫卧爾之國甚廣，分國爲十四道，象至三千餘隻。"《職方外紀校釋》，頁 44。
⑤ "又東印度有大河名安日，國人謂經此水一浴，所作罪業悉得消除。五印度之人咸往沐浴，冀得滅罪生天也。"《職方外紀校釋》，頁 44，45。安日之河：即恒河(Ganges River, Ganga River)，舊依梵語音譯爲"殑伽河"，利瑪竇《坤輿萬國全圖》作"安義河"。

其東近滿剌加處,國人各奉四元行之一。四元行者,水、火、土、氣也。死則以所奉之行臧之,奉土者掩,奉火者焚,奉水者沉,奉氣者縣。①

## 【21】百爾西亞②

印度河之西,有大國曰百爾西亞。③其初爲罷鼻落你亞,幅幀

---

① "其東近滿剌加處國人各奉四元行之一,死後各用本行葬其屍,如奉土者入土,奉水火者投水火,奉氣者則懸掛尸於空中。"《職方外紀校釋》,頁 44。滿剌加,見本書第二十九篇《滿剌加》。水、火、土、氣四行,古希臘自然哲學關於世界物質組成有所謂的"四元素説",佛教世界則有"四大種"(巴利語 Mahabhūta)之説,簡稱"四大",又稱"四界",分別為地、水、火、風,係指構成世界一切事物的四項基本元素,或是構成一切物質現象的四種基本特性,與西方的四元素説頗為類似。四元素説亦有可能是自古代印度傳入古希臘。《職方外紀》與《地緯》所稱之"四元行"概指四元素,耶穌會士於明末傳入中國知識界時,則稱四元素説為四行説。然艾儒略、楊廷筠於此處可能是將四元素(四元行)與佛教的"四大種"加以混淆。關於四元素説傳入中國的過程與士人的反應,可參見徐光台:《明末西方四元素説的傳入》,頁 347－380;徐光台:《明末清初中國士人對四行説的反應——以熊明遇《格致草》為例》,頁 1－30。

② 本篇名稱在《叙傳》所列目録中為"百爾西亞志第二十一",版心刻有"百爾西亞"、本篇頁碼及在全書中的頁碼。内容主要出自《職方外紀》卷一《百爾西亞》。百爾西亞:即波斯(Persia),其傳統地域位於伊朗高原西部及其以西的山脈,於 1935 年確立國名為伊朗(Iran)。距今 6,000 年前,伊朗高原即有城市文明產生。公元前七世紀中葉,由於新亞述帝國(Neo-Assyrian Empire, 前 911—前 612)的入侵,促使波斯高原上的米底亞人(Medes)各部落趨於聯合,最終建立米底亞王國(Median Confederation, 約前 678—前 549)。公元前 559 年,居魯士二世統一古波斯部落,建立阿契美尼德王朝(前 550—前 330),史稱波斯第一帝國。此後,波斯歷經希臘化時期(前 330—前 141/129)、安息帝國(Parthian Empire/Arsacid Empire, 前 247—226,或譯作帕提亞帝國、阿薩息斯王朝)、薩珊王朝(Sassanid Empire, 224—651,史稱波斯第二帝國)、伊斯蘭哈里發時期(633—1258)、伊兒汗國(1220/1256—1357)及其後王朝的統治(1220—14 世紀)、十四世紀末至十五世紀帖木兒帝國與土庫曼人的統治、伊斯蘭什葉派土庫人的薩非王朝(Safavid Dynasty, 1501—1736)等各時期。

甚廣,都城百二十門。乘馬,疾馳一日未能周也。[①] 國中有苑焉,
造於空際,大踰名都,以石柱負之,上承土石,爲樓臺池沼,聚艸木
鳥獸,稱瓌麗矣。[②]

有臺焉,纍所殺回回首爲之,髑髏幾五萬,若京觀也。[③] 近其
主好獵,一圍獲三萬鹿,亦聚其角,爲層臺云。[④]

又東界撒馬兒罕界,有浮屠焉,黃金砌而裁金剛之石爲頂,頂

---

③ "印度河之西,有大國曰百爾西亞。"《職方外紀校釋》,頁45。《地緯》原書於此段之
後,或因基於宗教因素的考量,刪去《職方外紀》所記"太古生民之始。人類聚居,
言語惟一。自洪水之後,機智漸生,人心好異,即其地創一高臺,欲上窮天際。天
主憎其長傲,遂亂諸人之語音爲七十二種,各因其語散厥五方。至今其址尚在,名
罷百爾,譯言亂也,謂亂天下之言也"。

① "百爾西亞之初,爲罷鼻落你亞,幅幀甚廣,都城百二十門,乘馬疾馳,一日未能周
也。"《職方外紀校釋》,頁45。罷鼻落你亞:即巴比倫尼亞(Babylonia),位於今伊拉
克巴格達東南幼發拉底河(Euphrates River,利瑪竇《坤輿萬國全圖》作"歐法蠟得
河")與底格里斯河(Tigris River)之間,亦即美索不達米亞(Mesopotamia,又作兩
河流域)中、南部地區,其主要城市爲巴比倫(Babylon),故通稱爲巴比倫尼亞。該
地域約於公元前1894年時,出現了第一個巴比倫王朝,史稱古巴比倫王國(Old
Babylonian Kingdom)。此後歷經外族入侵與統治,直到加爾底亞人建立新巴比倫
王國(前626—前539),最終被波斯人所滅。

② "國中有一苑囿,造於空際,下以石柱擎之,上承土石,凡樓臺池沼草木鳥獸之屬,
無不畢具。"《職方外紀校釋》,頁45。此處所指,即公元前六世紀由新巴比倫王國
的尼布甲尼撒二世(Nebuchadnezzar II,約前605—前562在位)於巴比倫城所修
建的空中花園(Hanging Gardens of Babylon),以慰解其來自米底亞王國而患思鄉
病的王妃安美依迪絲(Amyitis)。爲古代世界七大奇迹之一。又《地緯》原書於此
段之後,刪去《職方外紀》所記"大復逾千一邑,天下七奇,此亦一也。後其國爲百
爾西亞所併,遂稱今名,至今强大"。

③ "國主嘗建一臺,純以所殺回回頭纍之。臺成,髑髏幾五萬。"《職方外紀校釋》,頁
45。此處之回回,應指奉伊斯蘭教遜尼派(Sunni)的鄂圖曼帝國(Ottoman Empire,
1299—1922,又譯作奧斯曼帝國),該帝國與奉伊斯蘭教什葉派(Shi'ah)爲國教的
薩非王朝長期處於敵對關係。

④ "廿年前,其國王好獵,一圍獲鹿至三萬,欲侈其事,亦聚其角爲臺,今尚存也。"《職
方外紀校釋》,頁45-46。此處所指,應爲薩非王朝全盛時期的阿拔斯一世(Shah
'Abbas I, 1571—1629, 1587—1629在位)。

如胡桃,其光夜照十五里。[①] 有河焉,水漲所及,即生奇花。[②]

其南有島焉,曰忽魯謨斯,此赤道之北二十七度也。[③] 其地純鹽,或硫磺之屬,草木鳥獸不生。或曰有人,其人著皮履,遇雨過履底,一日輒敗。地多震,氣候熱,人坐臥水中,没至口,方解。絶無淡水,水從海外載至。[④] 以其地居三大州之中也,凡亞細亞、歐邏巴、利未亞之富商大賈,多聚此地。百貨駢集,烟火輻輳,奇物

---

① "又東撒馬兒罕界一塔,皆以黃金鑄成,上頂一金剛石如胡桃,光夜照十五里。"《職方外紀校釋》,頁46。浮屠:即佛塔,此處為塔的代稱。另參見本書《北達》篇"鐵浮圖"注。

② "其地江河極大,有一河發水,水所及處即生各種名花。"《職方外紀校釋》,頁46。

③ "南有島曰忽魯謨斯,在赤道北二十七度。"《職方外紀校釋》,頁46。忽魯謨斯:即今伊朗南部阿曼灣與波斯灣之間霍爾木茲海峽(Strait of Hormuz,波斯語 Tangeh-ye Hormoz,又譯作荷姆茲海峽)中格仕姆島(Qeshm Island,波斯語 kē'shm,又譯作格什姆島、克什姆島)東面的霍爾木茲島(Hormuz/Hormoz/Ormuz Island,又譯作霍木茲島、爾木茲島),為古代印度洋進入波斯灣以達巴格達諸域的必經之地。原位於今伊朗南部濱海米納布(Minab)附近。蒙古人入侵後,於十四世紀初由邊海遷至霍爾木茲島上,是為新港。(唐)玄奘、辯機《大唐西域記》作"鶴秣城",(元)陳大震等《大德南海志》作"闊里抹思",(元)周致中《異域志》作"虎六母思",(明)馬歡《瀛涯勝覽》作"忽魯謨斯國",嚴從簡《殊域周咨録》作"忽魯謨斯",《元史·地理志·西北地附録》作"忽里模子"。《職方外紀校釋》,頁47-48;萬明校注:《明鈔本〈瀛涯勝覽〉校注》,頁92;向達校注:《西洋番國志》,頁41;謝方校注:《西洋朝貢典録校注》,頁106。忽魯謨斯在葡萄牙人於十五世紀末繞過非洲南端好望角尋得往東方新航路之前,一直是中世紀歐、亞、非三洲之間的交通貿易要衝。鄭和下西洋時曾數至其地,今泉州尚有《鄭和行香碑》云:"欽差總兵太監鄭和,前往西洋忽魯謨斯等國公幹,永樂十五年五月十六日於此行香,望靈聖庇祐。鎮撫蒲和日記立。"不過,該碑之真偽尚有爭論,認為是真實的如郭志超:《鄭和聖墓行香與泉州伊斯蘭教的重興》,頁35-36;視其為偽造的如胡萍、方阿離、方任飛:《泉州"聖墓"成因探析》,頁26-27。

④ "其地悉是鹽,否則硫黃之屬,草木不生,鳥獸絶跡。人著皮履,遇雨過履底,一日輒敗。多地震,氣候極熱,人須坐臥水中,没至口方解。又絶無淡水,勺水亦從海外載至,其艱如此。"《職方外紀校釋》,頁46。

重寶畢備,亦天下一大都會也。①

## 【22】度爾格②

百爾西亞西北諸國,皆爲度爾格所倂。有國焉,曰亞剌比亞。③ 土産金銀寶石,地在二海之中,氣候常和,一歲再熟,百物豐盛,有樹如橡栗,夜露墜其上,即凝爲蜜。④

其地有沙海,廣二千餘里,沙乘大風如浪,行旅過之,偶爲所壓,倏忽上成丘山。凡欲渡者,以指南車,辨方測道,多

---

① "因其地居三大州之中,凡亞細亞、歐邏巴、利未亞之富商大賈,多聚此地。百貨駢集,人烟輻輳,凡海内極珍奇難致之物,往輒取之如寄。"《職方外紀校釋》,頁 46。亞細亞:《地緯》原作"大瞻納",此處或襲自《職方外紀》原文而未改。

② 本篇名稱在《叙傳》所列目錄中爲"度爾格志第二十二",版心刻有"度爾格"、本篇頁碼及在全書中的頁碼。内容主要出自《職方外紀》卷一《度爾格》。度爾格:即 Türk 的音譯,中國古籍稱作突厥,六世紀時興起於阿爾泰山,後於漠北建立政權。583 年,分裂爲東、西突厥,西突厥遷往中亞,後來信奉伊斯蘭教,先後爲波斯、蒙古人統治。十四世紀後半葉,居住在安納托利亞的突厥族(土耳其人)建立鄂圖曼帝國,於 1453 年攻陷拜占庭帝國,建都於伊斯坦堡。此處的度爾格即指十五世紀以降鄂圖曼帝國所屬的西亞地區。由於鄂圖曼帝國的統治者爲突厥族的土耳其人,故歐洲傳教士稱其爲度爾格。《職方外紀校釋》,頁 50。

③ "百爾西亞西北諸國皆爲度爾格所倂,内有國曰亞剌比亞。"《職方外紀校釋》,頁 48,50。《地緯》原書於此段之後,或因基於宗教因素的考量,删去《職方外紀》所記"中有大山名西乃。上古之世,天主垂訓下民,召一聖人美瑟於此山,則以十誡,著於石版,左版三戒,右版七戒,今所傳十誡是也"。亞剌比亞,譯自 Arabia,即今阿拉伯(Arab),源於阿拉伯語 arabah,係沙漠、平原之意,後爲阿拉伯半島和民族的通稱。利瑪竇《坤輿萬國全圖》作"曷剌比亞"。

④ "土産金銀極精,亦多寶石,地在二海之中,氣候常和,一歲再熟。有樹如橡栗,夜露墜其上,即凝爲蜜,晨取食之,極甘美。更産百物俱豐,自古稱爲福土。"《職方外紀校釋》,頁 48,51。二海:指地中海、紅海,或指地中海、阿拉伯海。有樹如橡栗,指海棗(*Phoenix dactylifera*),又稱椰棗、伊拉克蜜棗、無漏子、番棗、海棕、仙棗等,産於亞洲西南部及非洲北部沿海地區。

備糧糗，載兼旬之水，乘以駱駝。駝行甚疾，日可四五百里，一飲可度五六日。其腹容水甚多，容或乏水，則剖駝飲其腹中水。①

有鳥焉，其壽四五百歲，將死，聚香木爲陵，立其上，天氣亢熱，則搖尾燃火自焚，骨肉遺灰，化而爲虫，虫又化而爲鳥，傳不知其盡也，止此一鳥而已，名曰弗尼思之鳥。②

其西北舊有瑣奪馬，③其地有海焉，其長四百里，其廣百里，水味極鹹，性凝結，不生波浪，嘗湧大塊，如松脂，不能沉物。其色一

---

① "其地有沙海，廣二千餘里，沙乘大風如浪，行旅過之，偶爲所壓，倏忽上成丘山。凡欲渡者，須以羅經定方向，測道里，又須備糧糗及兼旬之水，乘以駱駝。駝行甚疾，可日馳四五百里，又耐渴，一飲可度五六日。其腹容水甚多，容或乏水，則剖駝飲其腹中水。"《職方外紀校釋》，頁48－49。沙海：即阿拉伯沙漠，包括數個相連之沙漠的總稱，幾乎遍布阿拉伯半島全境，爲世界上最大的沙質沙漠。

② "傳聞有鳥名弗尼思，其壽四五百歲，自覺將終，則聚乾香木一堆，立其上，待天甚熱，搖尾燃火自焚矣。骨肉遺灰變爲一蟲，蟲又變爲鳥，故天下止有一鳥而已。西國言人物奇異無兩者，謂之弗尼思云。"《職方外紀校釋》，頁49。弗尼思之鳥：即西方古代神話傳說中的一種鳥類，名喚 Phoenix，舊譯多比作中國的"鳳凰"，然因中西方關於此兩種傳說鳥類的內涵有所差別，故又譯作"不死鳥"。不死鳥最早可能來自埃及的貝努鳥(Bennu)，代表永生、復活，又被視爲太陽神 Ra、創世神 Atum 或冥神 Osiris 的靈魂。貝努鳥從聖樹火焰中創生的傳說，後來演變成爲希臘神話中每五百年自焚重生的不死鳥。

③ "其西北舊有瑣奪馬。"《職方外紀校釋》，頁49。《地緯》原書於此句之後，或因基於宗教因素的考量，刪去《職方外紀》所記"古極富厚，名於西土，因恣男色之罪，天主降之重罰，命天神下界，止導一聖德士名落得者及其家人出疆，遂降神火盡焚其國。至今小石遇火即燃，臭惡不可近。産一果如橘柚，形色鮮妍可玩，破之則臭煙而已"。瑣奪馬：即《聖經》(主要爲《創世記》)所言兩個爲天火(硫磺與火)所滅城市之一的所多瑪城(Sodom，又譯作索多瑪)，另一城爲蛾摩拉(Gomorrah)，二城皆位於死海東南部。據《聖經》所載，耶和華聞此二城因淫亂不堪而罪惡深重，遂派天使毀滅之。所多瑪與蛾摩拉是否實際存在於歷史上，一直有學術上的爭議。據1970 年代以來的考古發現，至少類似的城市確曾存在過。

日屢變，日照之爲五色醇光，不生水族，名曰死海。<sup>①</sup> 度爾格之西北，曰那多里亞之國。有山多瓊石，國人嘗往鑿之，至一石穴，見石人無算，皆昔時避亂之民，穴居於此，死後爲寒氣所凝，漸化爲石。<sup>②</sup>

其地西與歐邏巴界而隔一海，廣僅五里許。<sup>③</sup> 又有地名際刺，產異羊，織其毛極輕煖，入水不濡，處脂不染。<sup>④</sup> 有犬焉，好竊冠帶衣履之屬。有山生香木，過之則衣裾皆香。<sup>⑤</sup>

---

① "其地有一海，長四百里，廣百里，水味極鹹，性凝結，不生波浪，嘗湧大塊如松脂，不能沉物，雖用力按抑，不能入。曾有國王異之往觀，命人沉水試之，終不可入。海色一日屢變，日光炫耀，文成五色。因其不生水族，故名曰死海。"《職方外紀校釋》，頁49。死海(Dead Sea)：位於約旦與巴勒斯坦交界，爲世界上海拔最低的內陸湖泊，也是世界上最深和最鹹的鹹水湖。

② "度爾格之西北曰那多里亞國。有山多瓊石，國人嘗往鑿之，至一石穴，見石人無算，皆昔時避亂之民穴居於此，死後爲寒氣所凝，漸化爲石。"《職方外紀校釋》，頁49。那多里亞：即安納托利亞，又稱小亞細亞，今土耳其的亞洲部分。又安納托利亞中部卡帕多西亞(Cappadocia/Capadocia，土耳其語 Kapadokya，又譯作卡帕多細亞、卡帕達奇亞)，主要爲高原地形，數百萬年前，附近的三座火山爆發，致使當地布滿火山熔岩，經長年的侵蝕後，形成大量的山洞，洞中有許多拔地而起的岩石，即本篇所稱的石人。

③ "其地西界歐邏巴處，中隔一海，寬五里許。"《職方外紀校釋》，頁49–50，52。《地緯》原書於此段之後，删去《職方外紀》所記"昔有一王曰失爾塞者，造一跨海石梁，通連兩地，今爲風浪衝擊，亦崩頹矣"。此處所指爲馬爾馬拉海(Sea of Marmara)，又譯作馬摩拉海，係亞洲小亞細亞半島與歐洲巴爾幹半島之間的內海，將土耳其的亞洲部分與歐洲部分隔開。其東北端經博斯普魯斯海峽(Bosporus Strait)通往黑海(Black Sea)，西南端經達達尼爾海峽(Dardanelles Strait)通往愛琴海(Aegean Sea)。

④ "又有地名際刺，產異羊，羊之絨輕細無比，雨中衣之，略不沾濡，即漬以油，毫不污染也。"《職方外紀校釋》，頁50。際刺：金國平疑爲吉達(Jeddah/Jiddah/Jedda)，爲沙特阿拉伯紅海岸城市，曾爲古代東西方貿易中途港。《〈職方外紀〉補考》，頁115。吉達亦爲伊斯蘭信徒前往聖城麥加朝聖的主要入口。

⑤ "一種異犬，性好竊衣履巾帨之屬，稍不慎，輒爲竊匿矣。有山，生香木皆香，過之則香氣馥郁，襲人衣裾。"《職方外紀校釋》，頁50。

# 【23】 如德亞①

　　亞細亞之西，近地中海，有國焉，曰如德亞之國。其史能記載六千年之事之言。地土豐厚，烟火稠密。② 有享上帝之殿，黃金塗，

---

① 本篇名稱在《叙傳》所列目錄中為"如德亞志第二十三"，版心刻有"如德亞"、本篇頁碼及在全書中的頁碼。內容主要出自《職方外紀》卷一《如德亞》。如德亞：即西亞近地中海之巴勒斯坦(Palestine，希伯來語 Palestina)一帶，係天主教創立者耶穌誕生的地方，素被奉為天主教的聖地。傅汎際譯義、李之藻達辭的《寰有詮‧原天地之始》中云："或曰：天地圜體也，日行諸方遠近，四時各有不同，宜以何方為定？曰：定於如德亞也。此國，乃天主簡在之國；自古，知奉真主，遵真教，天主寵之，且為天主降誕，親授教之國，亦宜首享太陽之惠也。"《寰有詮》卷一，頁 22。《職方外紀》中以相幅大的篇幅陳述天主教的歷史發展與天主教國度的富庶安康，以及宣揚《聖經》中有關天堂地獄、靈魂不滅、為善去惡、天主審判與赦宥解罪等信條。在《職方外紀》問世之前，明代史籍概未專載"如德亞"。《地緯》原書本篇徵引《職方外紀》之際，大舉刪去其中關於天主教史及聖經教義的重點。又按：《天學初函》本以降的諸本《職方外紀》多於此標題以下有雙行小字："古名拂菻，又名大秦。唐貞觀中曾以經像來賓，有景教流行碑刻可考。"據謝方考訂，此段文字應為李之藻編《天學初函》時，由楊廷筠或李之藻所加，而據初刻本而成的日抄本、閩刻本、《墨海金壺》本則無此段文字，且此段文字亦有誤。《職方外紀校釋》，頁 55－56。而《地緯》本篇無此段文字，亦可為熊人霖所據為初刻本之旁證。

② "亞細亞之西，近地中海，有名邦曰如德亞。此天主開闢以後，肇生人類之邦。天下諸國載籍上古事蹟，近者千年，遠者三四千年而上，多茫昧不明，或異同無據，惟如德亞史書自初生人類至今將六千年，世代相傳，及分散時候，萬事萬物，造作原始，悉記無訛，諸邦推為宗國。地甚豐厚，人烟稠密，是天主生人最初賜此沃壤。"《職方外紀校釋》，頁 52,56。如德亞之國：今稱猶太(Judea/Judaea/Iudaea)，此處指古代希伯來人(Hebrews，又自稱以色列人 Israelites)居住的巴勒斯坦地區，據《聖經》記載，以色列人於公元前十一世紀曾在此建立以色列王國。公元前十世紀末，以色列王國一分為二，北為以色列(Israel)，南為猶大(Judea)。公元前 722 年，亞述人消滅了以色列。公元前 586 年，巴比倫人佔領了猶大，將大批猶太人虜至巴比倫。公元前 538 年，巴比倫被波斯消滅。之後波斯國王居魯士二世允許被虜的猶太人返回耶路撒冷(Jerusalem，希伯來語 Yerushaláyim)。公元前 281 年，塞琉古帝國統治了耶路撒冷。公元前 168 年至 143 年，猶太人起義，建立獨立的哈斯（**转下页**）

白玉砌,雜厠百寶爲飾,環奇異等,費凡三千萬萬。<sup>①</sup> 其人多賢知。<sup>②</sup> 如德亞之西有國名達馬斯谷,産絲罽、刀劍、丹靛、青靛之屬。城有二層,不基土石,大樹糾結,縝密無罅,峻不可攀。<sup>③</sup> 有藥焉,食之已百病,解百毒,名曰的黑亞加。<sup>④</sup>

---

（接上頁）蒙尼王朝。公元前 63 年,耶路撒冷被羅馬的龐培（Pompey,拉丁語 Gnaeus Pompeius Magnus, 前 106—前 28)占領,設立猶太行省,保留猶太人國王作爲傀儡。公元 70 與 132 年,爆發兩次反抗羅馬人的猶太人起義,均遭到羅馬軍隊的鎮壓。135 年,羅馬於圍城近四年後攻破耶路撒冷,並拆除了聖殿,且將所有猶太人驅逐出猶太行省,重新命名爲巴勒斯坦。此後直至第二次大戰結束之前,猶太人再未回到該地復國。再者,早期的基督教徒認爲耶和華於耶穌降生前 6 000 年(即約公元前 6000 年)創造了世界,《聖經》即爲創世以降的真實歷史紀録。

① “營造一天主大殿,皆金玉砌成,飾以珍寶,窮極美麗,其費以三十萬萬。”《職方外紀校釋》,頁 53。《地緯》原書於大殿費用誤將《職方外紀》的“三十萬萬”傳鈔爲“三千萬萬”。按:《地緯》原書於此處删除《職方外紀》中關於《聖經》所載希伯來人祖先亞伯拉罕(Abraham,希伯來語 Avraham,《職方外紀》作“亞把剌杭”),以及以色列王國名君大衛(David, 約前 1010—前 970 在位,《職方外紀》作“大味得”)與其子所羅門(Solomon,希伯來語 Shlomo, 約前 970—前 931 在位,《職方外紀》作“撒剌滿”)的事蹟,又於此段以下大舉删除《職方外紀》中關於《聖經》新舊約所載猶太教與天主教的信仰内容。

② “其人皆忠孝貞廉,男女爲聖爲賢。”《職方外紀校釋》,頁 54。

③ “如德亞之西有國名達馬斯谷,産絲綿、羢罽,刀劍、顔料極佳。城有二層,不用磚石,是一活樹糾結無隙,甚厚而高峻,不可攀登,天下所未有也。”《職方外紀校釋》,頁 55,57。達馬斯谷:即大馬士革(Damascus,阿拉伯語 Dimashq),今叙利亞(Syria,阿拉伯語 Sūriyā/Sūriyah)首都,於公元前十五世紀建城,爲世界上最古老並持續存在的城市之一。

④ “土人製一藥甚良,名的里亞加,能治百病,尤解諸毒。有試之者,先覓一毒蛇咬傷,毒發腫漲,乃以藥少許嚥之,無弗愈者,各國甚珍異之。”《職方外紀校釋》,頁 55。的黑亞加,《職方外紀》原作“的里亞加”。謝方云此爲“藥名,又作底也伽……在唐代已傳入中國。李時珍《本草綱目》……作底野加,謂爲豬膽所合成。……據羅馬白里内之記載,此藥構成有 600 種之多,能治百病,惟不能醫蝮蛇傷,後代有用没藥、蛇胆及鴉片者。此爲鴉片最早混在此藥輸入中國”。《職方外紀校釋》,頁 57‑58。另據金國平所考,應係譯自葡萄牙語 triaga 或 teriaga。《〈職方外紀〉補考》,頁 115。按:此藥爲一種解毒劑,於清代文獻中又譯作德力雅噶、德裡雅嘎、德裡亞格、德裡鴉噶、德利啞咖、德利亞噶、德哩啞嘎、得利雅噶等 （轉下頁）

# 【24】占城①

占城國,在雲南之東,真臘之北,安南之南,東北直廣東,而西
負海。秦時置林邑、象郡,漢隸日南郡,唐元和初寇驩愛,安南都
護張丹擊破之,棄林邑,走占城,因庚國號。國朝洪武中來朝,詔
封爲王,王其國。其地宜②稻,食稻與梹榔,以柳爲酒,常羞山羊、
水兕。國無蠶絲,以白氎布約身,首椎結而後垂髻,足跣[躡]皮
屨,婦人服飾容止,同于男子。其王披吉貝之衣,戴金華之冠,雜
厠七寶爲纓絡。國中出入,乘象與馬。俗以元日牽象遶宅行,徐
駈出郭,以達春氣。孟夏櫂舟爲水嬉,仲冬望爲冬至,季冬望以
木爲浮屠城下。王以下雜置衣物、香草浮屠上,燔而祀天。有山
在林邑,石皆赤色,至夜則金從石中飛出,狀若螢火,光景動人
民,是曰金山。有山臨林邑之浦,輸有罪論死者歸之,是曰不勞
之山。③

其王之來朝也,厥貢犀象、孔雀、犀角、象齒、孔尾、橘苞、烏

---

（接上頁）語。參見關雪玲:《康熙時期西洋醫學在清宮中傳播問題的再考察》,頁
470。

① 本篇名稱在《叙傳》所列目錄中爲"占城志第二十四",版心刻有"占城"、本篇頁碼
及在全書中的頁碼。内容主要取材自《大明一統志》卷九十《占城國》或明人四裔
著述。占城:又稱占婆(Champa)、占波、瞻波,今越南(Vietnam)中南部地區。黄省
曾著,謝方校注:《西洋朝貢典錄校注》,頁1。

② 宜:書中多刻作"亙"。

③ 《殊域周咨録》卷七《占城》云:"其山曰金山,在林邑故國,山石皆赤色,其中産金,
金夜則出飛,狀如螢火。曰不勞山,在林邑浦外,國人犯罪,送此山令自死。"(頁
267)

木、蘇木、花梨木、金銀香、奇楠、①澤身香、龍腦、薰衣之香,與其土
之降香、檀香,與其布,與其帨,與其縵,與其帕。

其它產有獅子山雞璃珺、朝霞大火珠大如卵,日午以艾籍之,輒
火出,若水晶、菩薩之石、薔薇之水、猛火之油得水愈熾、乳香、沉香、
丁香、茴香、胡椒、蓽蕟、吉貝之樹華若鵞毳,可作布、加白之藤、貝多
之葉、白氎之布、絲絞之布。②

## 【25】暹羅③

暹羅,在占城南,其先有暹國,有羅斛國,或曰暹故赤眉遺種
也。土瘠不宜稼,(印)[仰]給於羅斛。④ 元至正間,暹降於羅斛。

---

① 奇楠:《殊域周咨錄》卷七《占城》作"奇南",其下有一段按語:"奇南出在一山,酋長
差人禁民不得採取,犯者斷其手,則在彼處亦自貴重,宜中國以為珍也。其香甚清
遠,中國製以為帶,有直至百金者。但《星槎勝覽》作琪楠,潘賜使外國回,其王餽
之,載在誌,則作奇藍,此當是的。"(頁267)或作伽南香、奇楠香、迦蘭香,為馬來語
kamlambak的譯音,即沉香。《西洋朝貢典錄校注》,頁8。
② 《殊域周咨錄》卷七《占城》於"朝霞大火珠"下注云:"大如雞卵,狀類水晶,當午置
日中,以艾藉之,輒火出。"於"薔薇水"下注云:"灑衣,經歲香不歇。"於"猛火油"下
注云:"得水愈熾,國人用以水戰。"於"吉貝"下注云:"吉貝樹名,其萃盛時如鵝毳,
抽其緒紡之以作布,亦染成五色,織為班布。"(頁267)
③ 本篇名稱在《叙傳》所列目錄中為"暹羅志第二十五",版心刻有"暹羅",本篇頁碼
及在全書中的頁碼。內容主要取材自《大明一統志》卷九十《暹羅國》或明人四裔
著述。暹羅:即今泰國(Thailand)。
④ 《大明一統志》卷九十《暹羅國》云:"本暹與羅斛二國地。暹乃漢赤眉遺種,其國土
瘠,不宜耕藝。羅斛土田平衍而多稼,暹人歲仰給之。"(頁5537)《殊域周咨錄》卷
八《暹羅》云:"暹羅國在占城極南……本暹與羅斛二國之地。暹古名赤土,羅斛古
名婆羅剎也。暹國土瘠,不宜耕種。羅斛土田平衍而多稼,暹人歲仰給之。"(頁
278-279)《四夷館考》卷下《暹羅館》云:"暹羅國,本暹與羅斛二國。暹國土瘠,不
宜耕種;羅斛土衍腴,多獲,暹人歲仰給焉。"(頁19a)

明興,高帝即位,其王遣陪臣奉金葉表入賀,貢方物,受正朔。[1] 已遣王子來朝貢,上遣使賜璽書勞之,令帶漢印,其文曰暹邏國王之印。文帝時,復修歲事來貢,請量衡,從之,並賜金綺,及《古今列女傳》,[2]以其國中事無大小,咸取決女子也。

其貢物,生物,白象、六足龜;重物,寶石、珊瑚、金弧環。

布則苾布、油紅布、白纏頭布、紅撒哈刺布、[3]紅地絞節布、西

---

① 《大明一統志》卷九十《暹羅國》云:"至正間,暹始降於羅斛,而合為一國。本朝洪武初,暹羅斛國王參烈昭毗牙遣使臣奈思俚僑刺識悉替等朝貢,進金葉表,詔賜《大明曆》。"(頁5537)《殊域周咨録》卷八《暹羅》云:"至正間,暹降於羅斛,合為一國。本朝洪武初……暹羅斛國王參烈昭昆牙遂遣使入貢,進金葉表文,賜以《大統曆》。"(頁279)《四夷館考》卷下《暹羅館》云:"至正間,暹降於羅斛,合為一國。本朝洪武初……暹羅斛國王參烈照昆牙遣使李思俚僑刺識悉替奉金葉表朝貢,還賜《大統曆》。"(頁19a)

② 《大明一統志》卷九十《暹羅國》云:"永樂初,其國止稱暹羅國。其王昭禄群膺哆囉諦刺遣使奈必表貢方物,詔賜《古今列女傳》,且乞量衡為國中式,從之。"(頁5537)《四夷館考》卷下《暹羅館》云:"(永樂)四年,復貢方物,且乞量衡為式。詔賜《古今烈女傳》,給與量衡。"(頁19b)《古今列女傳》三卷,(明)解縉(1369—1415)等撰。解縉,字大紳,江西吉水人。洪武十一年(1388)進士,選庶起士,授江西道監察御史。歷官翰林學士、兼右春坊大學士。曾任《永樂大典》總纂官,著有《文毅集》等。《四庫全書總目》云:"先是,明洪武中,孝慈高皇后每聽女史讀書,至《列女傳》,謂宜加討論,因請太祖命儒臣考訂,未就。永樂元年(1403),成祖既追上高皇后尊諡冊寶,仁孝皇后因復以此書爲言,遂命縉及黃淮、胡廣、胡儼、楊榮、金幼孜、楊士奇、王洪、蔣驥、沈度等同加編輯。書成上進,帝自製序文,刊印頒行。上卷皆歷代后妃,中卷諸侯大夫妻,下卷士庶人妻。時仁孝皇后又作《貞烈事實》,以闡幽顯微,頗留意於風教。故諸臣編輯是書,稍爲經意,不似《五經四書大全》之潦草。所録事蹟,起自有虞,迄於元明。漢以前多本之劉向書,後代則略取各史《列女傳》,而以明初人附益之。去取頗見審慎,蓋在明代官書之中猶為善本。……黃虞稷《千頃堂書目》稱此書成於永樂元年十二月。今考成祖制序,實題九月朔旦。知虞稷未見原書,僅據傳聞著録矣。"(清)紀昀等:《四庫全書總目》卷五十八,頁5b-6b。

③ 撒哈刺:據馬建春所考,應即波斯語 saqalat 或 saqallat 的譯音,元明時期或作撒達刺欺、洒海刺、瑣哈刺,為一種毛織品,其原產地各歷史文獻的記載不一,分別有來自中亞(西域)、南亞阿拉伯半島、印度半島或東南亞島域之説。馬建春:《波斯錦·越諾布·納石失·撒達刺欺》,頁409-413。

洋布與諸廁狱設色之布，與其衾裯流蘇。

貨則藥物、香草、片腦、米腦、糠腦、腦油、腦柴。

齒則象，角則犀，羽毛則孔翠，介則䖀。

其方物，犀象、翠羽、蘇木賤如薪、羅斛香香氣極清而已。餘皆產於近地，或易之西南夷者，蓋《詩》稱淮夷貢元䖀、象齒，大略南金意也。①

其□産有白鼠、花錫，不以貢凡諸夷所貢，不盡方物，其餘貢物，多同，或中國有者，不盡錄。

其貿遷以海䖙子爲幣。② 暹人好樓居，樓皆栽檳榔，密置貫之，以藤爲固。男女皆椎髻，婚則破瓜而血其額。王者宮闕罘罳甚盛，首一幅布白色，而腰繫嵌絲之帨，加錦綺，乘象而行，或兩人舁之行。凡合暹與羅斛之地，可千里環羅大山，地氣溽熱。大抵喜浮屠，習水戰，而聲音頗與中國廣東侔。王世貞曰："今四夷酒，以暹邏爲第一。"③

① 語出《詩經・魯頌・泮水》云："憬彼淮夷，來獻其琛。元䖀象齒，大略南金。"原意指淮夷所獻之琛、元䖀、象齒、南金等，皆非其物產。暹邏貢物，多產於近地，或易之於西南夷，故以《詩經》典故稱之。
② 海䖙：為一種海貝類貝殼，主要產於印度洋馬爾代夫群島（Maldive Islands，又譯作馬爾代夫）。明代時期，暹羅、榜葛剌及中國雲南等地概以其代錢行使。向達校注：《西洋番國志》，頁 33；謝方校注：《西洋朝貢典錄校注》，頁 59。
③ 語出(明)顧起元(1565—1628)《客座贅語》卷九《酒》云："四夷入國朝來，所聞釀酒，朝鮮以秔為酒，女直嚼米為酒，韃靼別部安定、阿端二衛，以馬乳釀酒，占城以椰子為酒，渤泥亦以椰子為酒，拂菻國以蒲桃釀酒，緬甸有樹頭酒。惟暹羅以秔為酒，王弇州(王世貞，別號弇州山人)聞之人言，此為四夷第一。"陳稼禾點校：《客座贅語》，頁 305。

# 【26】安南志①

安南,故南交地。秦爲象郡,漢武帝平南越,置交趾、九真、日南三郡;唐改交州,至宋黎氏始自國焉,易李、陳者二姓。而我明高皇帝既平元,使學士張以寧等持璽書諭降之,自是職貢無闕。後王陳日焜爲其臣黎季犛所弒,季犛改國曰大虞,稱太上皇,使其子胡奃爲國主,詐稱陳氏絶無後,而奃其甥也,請權國事,文皇帝許之。俄而陳氏之孫天平者,間道緤老撾傳至京,愬其實,有詔切責胡奃。奃懼,上表請天平還國,封天平安南國王,胡奃爲順化郡公,使都督呂毅、黃中、大理卿薛嵓以兵五千護之國。伏兵起,殺天平及薛嵓,授表於境。事聞,上大怒,而會占城訴其吞併狀有指,乃拜成國公朱能爲征夷將軍,西平侯沐晟爲左副將軍,新城侯張輔爲右副將軍討之。成國公新城侯二十五將軍,將兩京、湖廣、浙江、福建、廣東、西軍,從廣西思明府進;西平侯十餘將軍,將四川、建昌、雲貴軍,從雲南臨安府進。及境,成國公薨,詔新城侯輔行大將軍事,兵躪坡壘、隘留二關而入,底富良江。西平侯亦破猛烈關,突宣光江口,出洮水,度富良江,與大軍會於三帶州。賊悉衆立柵屯守,師夜度,大破之,(楚)[焚]柵烟燄(屬)[漲]天,乘勝攻下西都,燒其宮室,前後斬首三萬七千級。又破賊艘於木丸江,斬萬餘級。又大破賊於鹹水關,江水爲赤。遂窮追季犛父子於奇羅海口,悉獲之。安南平,得户三百一十二萬,象、馬、牛、羊、舟、

---

① 本篇名稱在《叙傳》所列目録中爲"安南志第二十六",版心刻有"安南志"、本篇頁碼及在全書中的頁碼。内容主要根據王世貞《安南志》刪改增補而成。引見陳子龍等選輯:《明經世文編》,頁 3551－3554。安南:又名交阯,即今越南北部。

糧、器械無筭。①

捷聞,詔求陳王後,已絕,乃即其地立交趾布政司、都指揮司、按察司,爲府十七,州四十七,縣一百五十七,衛十一,守禦千户所三。②

論功,進封侯輔爲英國公、侯晟黔國公,餘爵賞有差。下季犛等獄繫弗誅。③

亡何,餘孽簡定作亂,僞稱日南王,既復僭號大越,改元興慶。黔國公討之不利,大臣死焉。英國公輔復爲大將,率兵討破擒之,并其黨陳希葛等,磔於京。踰年,而陳季擴復叛,季擴即簡定從子也,稱陳氏後以惑衆,其勢重於定。輔復率衆往討,轉戰連歲,始獲之。自輔之下交南,凡三獲僞王,威震西南夷中,遂留填其地。

---

① "安南,古交州地,至宋黎氏始自國焉,易李、陳者二姓。而我明高皇帝既平元,使學士張以寧等持璽書諭降之,自是職貢無闕。後王陳日焜爲其臣黎季犛所弑,季犛改國曰大虞,稱太上皇,使其子胡奆爲國主,詐稱陳氏絶無後,而奆其甥也,請權國事,文皇帝許之。俄而陳氏之孫天平者,間道緣老撾傳至京,愬其實,詔切責。胡奆懼,上表請天平還國,封天平安南國王,胡奆爲順化郡公,使都督吕毅、黄中、大理卿薛嵓以兵五千護之國。伏兵起,殺天平及薛嵓,授表於境。事聞,上大怒,而會占城訴其吞并狀有指,乃拜成國公朱能爲征夷將軍,西平侯沐晟爲左副將軍,新城侯張輔爲右副將軍,大發兵討之。成國公新城侯二十五將軍,將两京、荆、湖、閩、浙、廣東、西軍,從廣西思明府進;西平侯十餘將軍,將巴蜀、建昌、雲貴軍,從雲南臨安府進。及境,成國公薨,詔新城侯輔行大將軍事,兵躪坡壘、臨留二關而入,底富良江。西平侯亦破猛烈關,突宣光江口,出洮水,度富良江,與大軍會于三帶州。賊悉衆立柵屯守,師夜度,大破之,焚柵烟燄漲天,乘勝攻下西都,燒其宮室,前後斬首三萬七千級。又破賊艘於木丸江,斬萬餘級。又大破賊於鹹水關,江水爲赤。遂窮追季犛父子於奇羅海口,悉獲之。安南平,得户三百一十二萬,象、馬、牛、羊、舟、糧、器械無筭。"《安南志》,頁 3551 - 3552。

② "捷聞,詔求陳王後,已絕,乃即其地立交趾布政司、都指揮司、按察司,爲府十七,州四十七,縣一百五十七,衛十一,守禦千户所三。"《安南志》,頁 3552。

③ "論功,進封侯輔爲英國公,侯晟黔國公,餘爵賞有差,下季犛等獄,繫弗誅。"《安南志》,頁 3552。

而尚書黃福,掌布、按二司事,有威惠,衆脅息莫敢動。①

　　尋召輔歸,福亦以久得代。而中貴人馬騏者,貪而煩苛,失衆心,黎利遂乘之反。初捕之,不勝,以爲土巡簡,不奉命;復討之,不勝,所攻没郡邑十數,特詔赦之,爲升華知府。利攻剽自如,命成山侯王通佩將印,發二廣兵四萬并鎮兵討之,凡十餘戰,勝負略相當。利益盛,遂前逼交州,通告急詔安遠侯柳升,以精兵七萬往掎角平賊。升勇而輕,自以千騎爲前鋒,敗利兵,遂前追之,伏發橋壞,升中劍死。大軍聞之,逆自潰。成山侯懼不敢出,乃與利約和,以交阯棄之,引兵還。利於是送還安遠侯將印,文武吏四百七十人,兵萬三千一百七十名,馬千二百匹,進代身金銀、香象、布帛謝罪,且乞封。而宣宗用大學士士奇、榮筞,遣禮部左侍郎李琦、工部右侍郎羅汝敬等,持璽書赦利,且推求陳氏後立之。利詭陳氏已絶,凡再往返,始遣禮部右侍郎章敞、右通政徐琦,册爲權署安南國事。利遣使入謝,解歲金五萬兩,然已改元順天,帝其國中矣。②

---

① "亡何,餘孽簡定作亂,僞稱日南王,既復僭號大越,改元興慶。黔國公討之不利,大臣死焉。英國公輔復爲大將,率兵討破擒之,并其黨陳希葛等,磔於京。踰年,而陳季擴復叛,季擴即簡定從子也,稱陳氏後以惑衆,其勢重於定。輔復率衆往討,轉戰連歲,始獲之。自輔之下交南,凡三獲僞王,威震西南夷中,遂留填其地。而尚書黃福,掌布、按二司事,有威惠,衆脅息莫敢動。"《安南志》,頁3552。

② "尋召輔歸,福亦以久得代。而中貴人馬騏者,貪而煩苛,失衆心,黎利遂乘之反。初捕之,不勝,以爲土巡簡,不奉命;復討之,不勝,所攻没郡邑十數,特詔赦之,爲升華知府。利攻剽自如,命成山侯王通佩將印,發二廣兵四萬并鎮兵討之,凡十餘數戰,勝負略相當。利益盛,遂前逼交州,通告急詔安遠侯柳升,以精兵七萬往掎角平賊。升勇而輕,自以千騎爲前鋒,敗利兵,遂前追之,伏發橋壞,升中劍死。大軍聞之,逆自潰。成山侯懼不敢出,乃與利約和,以交阯棄之,引兵還。利於是送還安遠侯將印,文武官吏四百十七人,兵萬三千一百七十名,馬千二百匹,進代身金銀、香象、布帛謝罪,且乞封。而宣宗用大學士士奇、榮策,遣禮部左侍郎李琦、工部右侍郎羅汝敬等,持璽書赦利,且推求陳氏後立之。利詭陳氏已絶,凡再逬返,始遣禮部右侍郎章敞、右通政徐琦,册爲權署安南國事。利遣使入謝,解歲金五萬兩,然已改元順天,帝其國中矣。"《安南志》,頁3552。大學士士奇、榮:指楊士奇(1364—1444)及楊榮(1371—1440)。

　　宣德癸丑(1433)，利死，子麟立，一名龍，遣使告哀，以代身金人來，册權署國事。正德丙辰，復遣僞國公阮叔惠來求封，許之，遣兵部左侍郎李郁、左通政蔡亨，持節册爲安南國王，賜駝紐金印，以方物入謝。久之麟死，子濬嗣，一名基隆，請册，朝貢不絶。天順己卯(1459)，庶兄琮弑之自立。明年，頭目黎壽域等起兵殺琮，而立濬弟灝，一名思誠，請册。成化初，與鎮安土官守岑宗紹相攻，爲岑氏所敗。占城王茶全攻其化州，灝自率兵救之，占城退走，乘勝逐北，抵其都，破虜王茶全以歸。①

　　弘治丁巳(1497)，灝死，子暉嗣，一名鏳，請册。甲子(1504)，暉死，子敬嗣，未踰年而死，遺命立其弟誼，請册。誼立四年，死於弑，其頭目黎廣度、黎垌、鄭江等，表曰：誼寵信母黨阮种、阮伯勝等。正德四年(1509)十一月二十六日，阮种等遷誼別宅，逼令(日)[自]盡，欲立阮伯勝。本月二十八日，臣等與國人共聲其黨與盡伏誅。臣等竊見故國王黎灝，弟子故臣黎珆之弟三子黎賙，堪任國事，乞賜襲封王爵，詔許之。②

------

① “宣德癸丑，利死，子麟立，一名龍，僭號紹平，僞謚利爲太祖高皇帝，遣使告哀，以代身金人來，册權署國事。正德丙辰，復遣僞國公阮叔惠來求封，許之，遣兵部左侍郎李郁、左通政蔡亨，持節册爲安南國王，賜駝紐金印，以方物入謝，麟復改號大寶。久之死，子濬嗣，一名基隆，僭號太和，僞謚麟爲太宗文皇帝，請册，朝貢不絶。天順己卯，爲庶兄琮所弑自立，僭號天典。明年，頭目黎壽域等起兵殺琮，而立濬弟灝，一名思誠，僭號光順，請册。成化初，與鎮安土官守岑宗紹相攻，爲岑氏所敗。占城王茶全攻其化州，灝自帥兵救之，占城退走，乘勝逐北，抵其都，破虜王茶全以歸。”《安南志》，頁 3552-3553。
② “弘治丁巳，灝死，子暉嗣，一名鏳，僭號景統，僞謚灝爲聖宗純皇帝，請册。甲子，暉死，子敬嗣，僭號泰貞，未踰年而死，遺命立其弟誼，僭號端慶，僞謚敬爲肅宗欽皇帝，請册。誼立四年，死於弑，其頭目黎廣度、黎垌、鄭江等，表誼寵信母黨阮种、阮伯勝等。……正德四年十一月二十六日，阮种等遷誼別宅，逼令自盡，欲立阮伯勝。本月二十八日，臣等與國人共聲其黨與盡伏誅。臣等竊見故國王黎灝，弟子故臣黎珆之第三子黎賙，堪任國事，乞賜襲封王爵，詔許之。”《安南志》，頁 3553。

　　晭，一名(瑩)[瀅]。初，灝生二子，長即暉，次子玿，一名鑌，僞封錦江王。暉生敬、誼，玿生灝、晭，誼被害時，玿與灝俱先死，故國人立晭，而灝之子僞沱陽王譓及弟廡以兄子不得立。灝妻鄭綏女，譓妻鄭惟(産)[鏟]女。是時鄭宗强且握兵權於其國，立晭，非其意也。晭又多行不義，疑忌同姓大臣，國人惡之。正德丙子(1516)春，鄭惟産、鄭綏，與其黨陳(貞)[真]弑晭。諒山都將陳暠，自稱陳氏後，與其子弁以諒山之甲逼交州，攻殺鄭惟産自立，爲陳貞所攻，退走諒山。鄭綏等共立譓，一名椅，遣陳貞攻陳暠於諒山。暠病死，其大臣阮弘裕等討弑晭之罪，攻鄭氏，鄭綏及其子惟僚等奔高平。是時國兵柄未有所屬，而莫登庸陰懷不軌，諷群臣推己典兵，諸軍道俱聽節制。既得志，漸除譓左右，易所親信防守之，而退居其國之海陽府。黎譓潛起兵攻登庸，反爲所敗，出奔清華，依鄭綏，登庸乃僞立廡，時嘉靖元年(1522)也。至六年(1527)，又酖廡，并其母殺之而自立。是時譓尚據清華、義安、順化、廣南四道，其舊臣不服登庸者，分據險阻，爲之聲援。登庸立其子莫方瀛居守僞都，自稱爲太上皇，率兵以拒譓，奪清華據之。黎譓敗走乂安，又追至乂安；黎譓敗走葵州，又追至葵州；黎譓走入哀牢國，哀牢即老撾也。以嘉靖九年(1530)九月憤悒死，子寧甫七歲，故臣黎峒、鄭江、黎畲、鄭惟峻等共立之，居於清化府之水州漆馬江，與老撾隔界，有兵馬三千，及本州兵五千。登庸屢遣兵攻之，而老撾時爲援，不能克。①

---

① "晭，一名瀅，僭號洪順，追諡誼爲厲愍王。初，灝生二子，長即暉，次子玿，一名鑌，僞封錦江王。暉生敬、誼，玿生灝、晭，誼被害時，玿與灝俱先死，故國人立晭，而灝之子僞沱陽王譓、及弟廡以兄子不得立。灝妻鄭綏女，譓妻鄭惟鏟女。是時鄭宗强且握兵權於其國，立晭，非其意也。晭既立，僞尊父玿爲德宗建皇帝，然多行不義，疑忌同姓大臣，國人惡之。正德丙子春，鄭惟鏟、鄭綏，與其黨陳真弑（转下页）

登庸者，荊門人，世業漁，以武舉爲陳暠參督，後自拔歸黎譓，累戰功，封武川伯，鎮海陽。以重賂賂譓左右，得入柄軍政，加太傅，封仁國公，遂至篡奪，僞國號曰大越，改元明德。三年，令其子方瀛襲僞位，僭號大正云。而鄭惟僚者，以黎寧命來請兵。上欲討之，與武定侯郭勛議不合，內閣輔臣夏言等承上旨，乃下兵部議，以咸寧侯仇鸞爲大將，尚書毛伯溫爲監督，與兩廣總督侍郎蔡經等，合廣東、西、雲南漢土兵，分二道入討，進止咸取伯溫，咸寧弗與也。時參政翁萬達多籌善兵，能探伺情僞，伯溫、經咸仗之，乃聚兵，使以聲恫喝登庸，而誘使歸順。登庸於是爲降表請罪，獻諸州侵地，及代身金人以自贖。伯溫等爲壇，兩軍相聚，而使三司以禮服升壇。登庸脫帽徒跣，伏壇下，萬達稱詔赦之，具其事上聞。詔改安南國爲都統司，從二品銀印，以登庸爲都統使，班師，伯溫等加秩有差。然登庸狡，知中國厭兵，一謝外，貢使不復至，而帝其國自如也。久之，登庸與子方瀛相繼死；孫福海嗣位，又

---

（接上頁）賵。諒山都將陳暠，自稱陳氏後，與其子弁以諒山之甲逼交州，攻殺鄭惟鑌自立，僞號天應，爲陳眞所攻，退走諒山。鄭綏等共立譓，一名椅，僭號光紹，僞尊灝為哲宗明皇帝，諡賙曰靈隱王，追諡詣為威帝，遣陳眞攻陳暠于諒山。暠病死，其大臣阮弘裕等討弒賙之罪，攻鄭氏，鄭綏及其子惟代、惟俊奔清華，惟鑌子惟僚等奔高平。是時國兵柄未有所屬，莫登庸陰懷不軌，諷群臣推己典兵，諸軍道俱聽節制。既得志，漸除譓左右，易所親信防守之，而退居其國之海陽府。黎譓潛起兵攻登庸，反爲所敗，出奔清華，依鄭綏，登庸乃僞立廙，僭號統元，追諡賙為襄翼帝，時嘉靖元年也。至六年，又酖廙，并其母殺之而自立，僞諡廙曰恭皇帝。是時譓尚據清華、乂安、順化、廣南四道，其舊臣不服登庸者，分據險阻，爲之聲援。登庸立其子莫方瀛居守僞都，自稱爲太上皇，率兵以拒譓，奪清華據之。黎譓敗走乂安，又追至乂安；黎譓敗走葵州，又追至葵州；黎譓走入哀牢國，哀牢即老撾也。以嘉靖九年九月憤悒死，子寧甫七歲，故臣黎峒、鄭江、黎畬、鄭惟峻等共立之，居於清化府之水州漆馬江，與老撾隔界，有兵馬三千，及本州兵五千。登庸屢遣兵攻之，而老撾時爲援，不能克。”《安南志》，頁 3553－3554。

死;子幼,方六歲,大臣阮敬等專權,國復亂矣。[①]

安南之勾漏山、浪泊、銅鼓、銅柱,[②]最名。其方物白雉、羚羊、九真之麟、勾漏丹砂最名。[③] 俗椎髻、剪髮,善水好浴,平居不冠,款客以進檳榔爲恭。[④] 漢以前,以佃漁爲業,民未知耕,九真守任延教之樹藝,至今稻禾茂茂,沃野千里,延之遺也。

## 【27】則意蘭[⑤]以下皆海島

印弟亞之南,有島曰則意蘭,在赤道北四度。其人自幼以環

---

① "登庸者,荊門人,世業漁,以武舉爲陳暠參督,後自拔歸黎譓,累戰功,封武川伯,鎮海陽。以重賂譓左右,得入柄軍政,加太傅,封仁國公,遂至篡奪,僞國號曰大越,改元明德。三年,令其子方瀛襲僞位,僭號大正云。而鄭惟僚者,以黎寧命來請兵。上欲討之,與武定侯郭勛議不合,内閣輔臣夏言等承上旨,乃下兵部議,以咸寧侯仇鸞爲大將,尚書毛伯溫爲監督,與兩廣總督侍郎蔡經等,合廣東、西、雲南漢土兵,分二道入討,進止咸取伯溫,咸寧弗與也。時參政翁萬達多籌善兵,能探伺情僞,伯溫、經咸仗之,乃聚兵,使以聲恫喝登庸,而誘使歸順。登庸於是爲降表請罪,獻諸州侵地,及代身金人以自贖。伯溫等爲壇,兩軍相聚,而使三司以禮服升壇。登庸脱帽徒跣,伏壇下,萬達稱詔赦之,具其事上聞。詔改安南國爲都統司,從二品銀印,以登庸爲都統使,班師,伯溫等加秩有差。然登庸狡,知中國厭兵,一謝外,貢使不復至,而帝其國自如也。久之,登庸與子方瀛相繼死;孫福海嗣位,又死;子幼,方六歲,大臣阮敬等專權,國復亂矣。"《安南志》,頁3554。
② 《殊域周咨録》卷六《安南》於"勾漏山"下注云:"在石室縣。"於"浪泊"下注云:"在交州府東關縣,一名西湖。"(頁240,242)
③ 《殊域周咨録》卷六《安南》於"白雉"下注云:"周成王時,越裳氏來獻。漢武帝時,日南、九真貢。"於"丹砂"下注云:"昔葛洪欲煉丹,求爲勾漏令。"於"羚羊角"下注云:"高石山出,一角而中實,極堅,能碎金剛石。"(頁241)
④ 《大明一統志》卷九十《安南》記其風俗云:"椎髻、剪髮。好浴善水。平居不冠。待客以檳榔。"(頁5523)
⑤ 本篇名稱在《叙傳》所列目録中爲"則意蘭志第二十七",版心刻有"則意蘭"。本篇頁碼及在全書中的頁碼。内容主要出自《職方外紀》卷一《則意蘭》。則意蘭:即今斯里蘭卡(Sri Lanka),爲南亞最大島嶼國家。斯里蘭卡之名來自梵語古名Simhalauipa,意爲馴獅人。《漢書·地理志》作已程不國,(晉)法顯《佛國（转下页）

繫耳,漸垂至肩而止。海中多珍珠,河中生猫睛、昔泥、紅金剛石,
山多桂,多香木,亦產水晶。① 其室屋頗類中國,傳爲中國之移徙
者也。② 西有小島,總稱馬兒地襪,皆人所居。海中生一椰樹,實
甚小,足以療百病。③

---

(接上頁)記》(另名《法顯傳》)作師子國,(唐)姚思廉《梁書》作獅子國,(唐)義淨《大
唐西域求法高僧傳》作師子國、執師子國、師子洲。見王邦維校注:《大唐西域求法
高僧傳校注》,頁 70,注 6。以上名稱皆譯自梵文 Sihala,意即獅子。(唐)玄奘、辯
機《大唐西域記》卷十一作僧伽羅,爲俗語 Simghala 的音譯。此外,亦名銅色國、私
訶羅、寶渚、寶洲、堀闍洲、婆羅洲、慢陀洲、楞伽等。古阿拉伯語稱斯里蘭卡作
Sirandib 或 Silan,(宋)周去非《嶺外代答》、(宋)趙汝适《諸蕃志》音譯爲"細蘭",又
作"細輪疊",(明)馬歡《瀛涯勝覽》作"錫蘭國",(明)費信《星槎勝覽》、李賢等《大明
一統志》作"錫蘭山國"。西歐稱 Ceylon,即來自古阿拉伯語。則意蘭一名,或譯自
葡萄牙語 Ceilão,意即珍珠;以該地盛産珍珠,故名。見金國平:《〈職方外紀〉補
考》,頁 117 - 118。關於斯里蘭卡名稱的歷史沿革,參見(唐)玄奘、辯機著,季羨林
等校注:《大唐西域記校注》,頁 866 - 867,注 1。按:本篇所載國家與《荒服諸小國》
之"錫蘭山"條所指重複。

① "印第亞之南,有島曰則意蘭,離赤道北四度。人自幼以環繫耳,漸垂至肩而止。
海中多珍珠,江河生猫睛、昔泥、紅金剛石等。山多桂皮、香木,亦産水晶。"《職方
外紀校釋》,頁 58。斯里蘭卡古來即盛産寶石。(宋)趙汝适《諸蕃志》卷上《細蘭
國》云:"屋宇悉用猫兒睛及青紅寶珠、瑪瑙、雜寶粧飾……花實并葉則以猫兒睛、
青紅寶珠等爲之。……産猫兒睛、紅玻瓈、腦、青紅寶珠。"同書卷下《猫兒睛》云:
"猫兒睛狀如母指大,即小石也,瑩潔明透如猫兒睛,故名。"楊博文注引《石雅》云:
"猫睛以質別之,蓋有三焉。……一即金綠寶石之具幻光者,世率稱金綠猫睛或曰
東方猫睛。一曰錫蘭猫睛,亦曰波光石,色微綠,然世之珍品,亦屬於第三者,以其
質堅而色美也。"楊博文校釋:《諸蕃志校釋》,頁 51 - 52,203。
② "相傳爲中國人所居,今房屋殿宇亦頗相類。"《職方外紀校釋》,頁 58。葡萄牙編年
史家戈雷亞(Gaspar Correia,約 1496—1563)所著《印度傳奇》(Lendas da Índia)
中有類似的記載:"因爲這是華人在古里時的住所。如前所述,在印度幾乎到處可
見。當地人稱此地爲 Chinacota,意即華人碉堡。"引見金國平:《〈職方外紀〉補考》,
頁 115。
③ "西有小島,總稱馬兒地襪不下數千,悉爲人所居。海中生一椰樹,其實甚小,可療
諸病。"《職方外紀校釋》,頁 58。馬兒地襪,即今馬爾代夫群島(Maldive Islands)。
元人汪大淵《島夷誌略》中稱之爲"北溜",日本學者藤田豐八《島夷誌略校注》認為
"北溜"應為馬爾代夫都會"馬累"(Male)的譯音。蘇繼廎校釋:《島夷誌略 (轉下頁)

# 【28】爪哇①

占城以南，三佛齊以東，是曰爪哇之國，離赤道南十度，②古稱闍婆，③稱蒲家龍，④元時始受今稱。其所隸有蘇吉丹、⑤打板、打

---

（接上頁）校釋》，頁 264 - 265。明永樂年間鄭和下西洋，亦曾至此。隨鄭和下西洋的翻譯官馬歡於所著《瀛涯勝覽》中稱之為"溜山國"，列有專條。見馮承鈞校注：《瀛涯勝覽校注》，頁 50 - 52。

① 本篇名稱在《敘傳》所列目錄中為"爪哇志第二十八"，版心刻有"爪哇"，本篇頁碼及在全書中的頁碼。內容主要取材自《職方外紀》卷一《爪哇》及明人四裔著述。爪哇：即今印度尼西亞的爪哇(Java，印尼語 Jawa)島，《職方外紀》稱"爪哇大小有二"，大爪哇指爪哇島東部及中部，小爪哇指爪哇島西部。(南朝宋)范曄《後漢書》作"葉調"，為古代爪哇島梵文名 Yavadvipa 的譯音。《法顯傳》作"耶婆提"，亦譯自 Yavadvipa。(南朝梁)沈約《宋書》、(隋)虞世南《北堂書鈔》、(唐)李延壽《北史》《南史》等書的"呵羅單"，或謂即《爪哇史頌》中 Karitan 一名的譯音，此名所指為何，說法甚多，亦有指爪哇島或兼指蘇門答臘島。兩《唐書》的"訶陵"及南北朝至唐朝的"闍婆"，其所指亦同呵羅單。參見陳佳榮、謝方、陸峻嶺編：《古代南海地名匯釋》。宋代時，爪哇島分為東、中、西三國，後東爪哇統一爪哇島，勢力擴展到巴哩島、渤林邦，並和蘇門答臘島上的三佛齊國交戰，兵敗，國王被殺。三佛齊勢力擴展入爪哇島。十三世紀時，爪哇島上信訶沙里國崛起，並將三佛齊逐出爪哇，此後國王克塔納伽拉(Kertanagara)的女婿克塔拉娑薩(Kertarajasa)創立滿者伯夷(爪哇語 Madjapahit，馬來語 Majapahit，即《元史》所稱"麻偌巴歇"，《島夷誌略》作"門遮把逸")王朝(1293—1527)，以布蘭塔斯(Brantas)河下游的滿者伯夷城為首都(位於今蘇臘巴亞 Surabaya 西南)，成為印尼古史上顯赫的王朝，曾擊敗元朝遠征爪哇的海軍。鄭和船隊曾至爪哇，應即大爪哇。十六世紀時，穆斯林王國取代滿者伯夷在西部島嶼的地位，該王朝遂轉移到東面的巴厘島。1545 年，葡萄牙人抵達西爪哇的萬丹(Bantan)後，使其成為全島的重心。(明)張燮(1574—1640)《東西洋考》卷三《西洋列國考》所記"下港"即萬丹，為爪哇的政經中心，西方人稱之為小爪哇。《職方外紀校釋》，頁 61。另參見蘇繼廎校釋：《島夷誌略校釋》，頁 161 - 163。

② "爪哇大小有二，俱在蘇門答剌東南，離赤道南十度。"《職方外紀校釋》，頁 61。

③ 闍婆：為梵名 Yavadvipa 的略稱，《後漢書·西南夷傳》作"葉調"，東晉法顯《佛國記》作"耶婆提"。蘇繼廎校釋：《島夷誌略校釋》，頁 161 - 162；謝方校注：《西洋朝貢典錄校注》，頁 18。

'網底①諸國。其東,東王治之;其西,西王治之。② 洪武三年(1370),王遣陪臣奉金葉表,貢方物、黑奴三百人。十三年(1380),復遣使朝貢。永樂二年(1404),東王復遣使朝貢,求漢印,比外藩,與之。③

五年(1406),西王急擊破東王,我舟之道東王城下者,百七十人死焉。西王懼,遣使叩頭請罪。上以夷狄治兵相攻殺,詿誤殺中國人,不欲勤兵萬里之外,而漢法殺人者死,令入黃金六萬兩自贖。西王乃入萬金也,禮官請令益入金如詔,上曰:"朕利金耶! 令遠人知畏耳。"蠲其金,諭以中國威德廣大之意,更加賞賜。④ 十

---

④ 蒲家龍:名稱出自爪哇島的北加浪岸(Pekalongan),《嶺外代答》《四夷館考》作"莆家龍",又作北膠浪、把拿路曷。

⑤ 蘇吉丹:或作思吉港。《東西洋考》卷四《西洋列國考·思吉港》云:"思吉港者,蘇吉丹之訛也,為爪哇屬國。"(頁 83)據謝方所考,即今印尼東爪哇梭羅河(Sols River)下游一帶。《東西洋考》,頁 280,301。

① 打網底:《大明一統志》《四夷館考》作"打網底勿",《殊域周咨錄·爪哇》作"網底勿"。

② 《四夷館考》卷上《爪哇》云:"其國分東、西二王。"(頁 20a)滿者伯夷王朝最强盛的時期,為哈奄烏禄(Hayam Wuruk, 1350—1389 在位)統治之時,其生前指定庶子維拉布米(Virabumi)為東爪哇的統治者,之後維拉布米逐漸割據自重,最終於1401 年爆發約三年的內戰。此處所指東王,應即統治東爪哇的維拉布米,西王則為滿者伯夷王朝。

③ 《四夷館考》卷上《爪哇》云:"洪武三年,王昔里八達剌遣八的古必奉金葉表,貢方物及黑奴三百人。……十三年,王八達巴那務遣阿烈彝列時奉金葉表朝貢。……永樂三年,其國東王遣使朝貢,請印,與之。"(頁 20a-b)

④ 《殊域周咨錄》卷八《爪哇》云:"既而西王與東王相戰,遂殺東王(字令達哈)。時我使人舟過東王城,被西王殺我百七十人。西王遣使言東王不當立,已擊滅之矣。降詔初責。五年,西王都馬板上表請罪,願償黃金六萬兩……六年……上曰:'遠人欲其畏罪則已,豈利其金耶! 且既能知過,所負金悉免之。'仍遣使齎勒諭意,賜鈔幣而還。"(頁 293-294)《四夷館考》卷上《爪哇》云:"五年,西王都馬板與東王戰,滅東王。時我舟過東王城,西王殺我百七十人。西王懼,遣亞烈加恩謝罪,剌詰責西王,令償死者黃金六萬兩。已而,遣人貢萬兩,禮官請索如數。上曰:'朕利金耶! 令遠人知畏耳。'蠲其金,賜鈔幣,諭之。"(頁 20b)

六年(1417)，西王獻白鸚鵡。正統八年(1443)，著令甲，三年一貢。①

爪哇國分四(卿)[鄉]。② 嘗有人遊其國者，言初至杜板，(董)[僅]千家，流寓多閩、越、東粵之人。③ 又東行半日，有村，中國流寓者成聚，是曰新村，故廝之村也，亦有千餘家。與海舶市，頗饒給。村中推豪長者爲之長。④ 東從新村登舟，折而南，半日抵淡水港，漾舸行二十里，而遠至蘇魯馬益，亦有千餘家。其人雜華夷，有洲焉，茂木冠之，中有猱長尾。⑤ 又八十里，舍舟，行半日，至王

---

① 《殊域周咨録》卷八《爪哇》云："十六年，西王遣使獻白鸚鵡。……(正統)八年，令其國三年一貢。"(頁294)《四夷館考》卷上《爪哇》云："十六年，西王楊惟西沙遣人獻白鸚鵡。正統八年，令三年一貢。"(頁20b)

② 《地緯》原書作"四卿"，應為四鄉，即以下所述杜板、新村、蘇魯馬益、王都四處。

③ 《殊域周咨録》卷八《爪哇》云："其國四鄉。初至杜板，僅千家，二酋主之，皆廣東、漳、泉人，流寓最久。"(頁294)《四夷館考》卷上《爪哇》云："其國四卿，初至杜板，僅千家，二酋王之。流寓多廣東、漳、泉人。"(頁20b)杜板：位於今東爪哇格雷石(Gresik)西北，譯自爪哇語Turban，又譯"賭班"，《諸蕃志》作"打板"，《島夷誌略》作"杜瓶"，今譯"廚閩"。參見蘇繼廎校釋：《島夷誌略校釋》，頁170。

④ 《殊域周咨録》卷八《爪哇》云："又東行半日，至廝村，中國人客此成聚落，遂名新村，約千餘家，村主廣東人。番舶至此互市。"(頁294)《四夷館考》卷上《爪哇》云："又東行半日，至廝村，中國人客此成聚落，遂名新村，約千餘家，村主廣東人。番舶至此互市，金寶充溢，大富饒。"(頁20b)新村，今譯格雷西(爪哇語Geiresik)，為滿者伯夷王朝爪哇北部的重要商港。《瀛涯勝覽·爪哇國》云番名為"革兒昔"，因中國人來墾殖，遂名"新村"，又作"廝村"(或源自粵語)；另作吉力石、錦石，為Geresik的譯音。《西洋朝貢典錄校注》，頁20。

⑤ 《殊域周咨録》卷八《爪哇》云："又南水行可半日，至淡水港乘小艇，行二十餘里至蘇魯馬，亦有千餘家，半中國人。港旁大洲，林木蔚茂，有長尾猱數萬。"(頁294)《四夷館考》卷上《爪哇》云："又南水行可半日，至淡水港乘小艇，行二十餘里至蘇魯馬益，亦有千餘家，半中國人。港旁大洲，林木蔚茂，有長尾猱數萬。"(頁20b-21a)蘇魯馬益：或作蘇魯馬，即今東爪哇北岸布蘭塔斯河入海處的蘇臘巴亞(Surabaya)，滿者伯夷王朝時即為爪哇的重要商港至今。《瀛涯勝覽·爪哇國》云番名"蘇兒把牙"，當地華人稱作"泗水"。另有"泗里貓""四里木"等名。猱長尾：或作長尾猱，即食蟹獼猴(*Macaca fascicularis*)，也稱菲律賓獼猴、長尾獼 （轉下頁）

都,都城不過三百家。①

王被髮戴金葉冠,帶帨當心,腰束錦,舟七首,跣足,席地坐,乘象與牛。② 其民有名字無姓氏,面目鶩黑,男子被髮,女子椎髻。尚氣敢鬭,信鬼祠事,喜食虺蛇、螻蟻、蚯蚓,寢食與(大)[犬]爲友。③ 是多金銀,多珠。無馬騾,有犀角、象齒、玳瑁、吉貝、青鹽。鳥有綠鳩、采鳩,鳥倒掛者鸚鵡,白者、綠者、赤者。獸有白猿、白鹿。④

---

(接上頁)猴,主要分布於香港、印度尼西亞、寮國、越南、馬來西亞、菲律賓等東南亞區域,活動範圍包括原始森林、次生林、紅樹林以及其他一些靠近水域的森林地區。

① 《殊域周咨録》卷八《爪哇》云:"又水行八十里,至漳沽登岸。西南陸行半日,至王所居,僅二、三百家。"(頁294-295)《四夷館考》卷上《爪哇》云:"又水行八十里,至漳沽登岸。西南陸行半日,至王所居滿者伯夷,僅二三百家。"(頁21a)王都:即滿者伯夷城。滿者伯夷之名,源自印度教所奉神樹,稱為Majapahit的一種木蘋果(又稱木橘)樹(Aegle marmelos)。

② 《四夷館考》卷上《爪哇》云:"王蓬頭,項金葉冠胸,索嵌絲帨,腰束錦綺,佩短刀,跣足,跨象或乘牛。"(頁21a)

③ 《四夷館考》卷上《爪哇》云:"土人有名無姓,尚氣好鬭,顔色黝黑,猱頭赤腳。信鬼。坐卧倚榻,飲食無匙箸,啖蛇蟻蟲蚓,與犬同寢食。"(頁21a)《地緯》原書"犬"字原作"大",語義不明。《殊域周咨録》卷八《爪哇》云當地土人"與犬同寢食"(頁295),《四夷館考》亦同,據改之。

④ 關於爪哇的土產,《殊域周咨録》卷八《爪哇》云:"金、銀、珍珠番名没爹蝦羅、犀角番名低蜜、象牙番名象羅、玳瑁、沉香、茴香、青鹽不假煎煮,日曬而成、檀香樹與葉似荔枝、龍腦香、丁香番名香為崑燉盧林、蓽澄茄其藤蔓衍,春花夏實,花白而實黑、木瓜、椰子、蕉子、甘蔗、芋、檳榔、胡椒樹如葡萄,以竹木為棚架,三月花,四月實,五月收采曬乾、硫黄、紅花、蘇木、桄榔木、吉貝,絞布有綉絲紋、雜色絲紋、裝劍、藤簟、白鸚鵡能馴言語歌曲、孔雀、倒掛鳥身形如雀而羽五色,日間聞好香則收而藏之羽翼間,夜則張尾翼而倒掛以放香、猴。"(頁296)《四夷館考》卷上《爪哇》云:"產金、珠、銀、犀角、象牙、玳瑁、青鹽、檳榔、椒香、蘇木、桄榔木、吉貝、倒掛鳥、綵鳩、紅、綠、白鸚鵡、白鹿、白猿猴。"(頁21b)《職方外紀》卷一《爪哇》云:"多象,無馬騾,僅產香料、蘇木、象牙之屬。"(頁61)

西人①曰：爪哇以胡椒及布爲幣。② 諸國每爭白象，即治兵相攻擊。白象者，爪哇之所貴寶也，其所在國，則長齊盟。③

# 【29】滿剌加④

滿剌加，在占城南海中，直蘇門答剌之東北，當赤道下，春秋二分，日當人首。⑤ 其地舊稱五嶼，隸暹羅，從古不通聲教。明興，文皇帝即位之三年(1405)，其君長遣使奉金葉表朝貢，願內附，比藩臣。七年(1409)，上遣中使賫璽書王印，封之，王滿剌加國。⑥九年(1411)，嗣王(卒)[率]妃及王子從官，朝闕下。上御奉天門

---

① 西人：應指耶穌會士艾儒略。
② “不用錢，以胡椒及布爲貨幣。”《職方外紀校釋》，頁 61。此外，如《瀛涯勝覽》云爪哇“中國歷代銅錢通行使用”(頁 18)，《殊域周咨録》謂其“市用中國古錢，衡量倍於中國”(頁 295)，《四夷館考》亦同(卷上，頁 21a)。
③ “諸國每爭白象，即治兵相攻擊爭白象者。白象所在，即爲盟主也。”《職方外紀校釋》，頁 61。古代東南亞國家視白象爲祥瑞之獸，以至於成爲爭奪的對象。今泰國使用三色旗前，即以白象旗爲國旗。
④ 本篇名稱在《叙傳》所列目録中爲“滿剌加志第二十九”，版心刻有“滿剌加”、本篇頁碼及在全書中的頁碼。内容主要取材自《職方外紀》卷一《蘇門答剌》及明人四裔著述。滿剌加(Malacca)：《東西洋考》作“麻六甲”，爲十四至十六世紀馬來半島上控制馬六甲海峽的王國，亦爲南太平洋與印度洋海上貿易的中繼站，今馬來西亞馬六甲州。《職方外紀校釋》，頁 59 - 60。
⑤ “其東北滿剌加國，地不甚廣，而爲海商輻輳之地，正居赤道下，春秋二分正當於人頂。”《職方外紀校釋》，頁 59。
⑥ 《殊域周咨録》卷八《滿剌加》云：“本朝永樂三年，其王西利八兒速剌遣使奉金葉表文朝貢，賜王綵緞襲衣。七年，命中官鄭和等持詔封爲滿剌加國王。”(頁 287)《四夷館考》卷上《滿剌加》云：“永樂三年，王西利入兒速剌遣使奉金葉表朝貢，言願內附爲屬郡，效職貢。七年，太監鄭和充册封使賜印，誥錦綺，封爲滿剌加國。”(頁 22a)《東西洋考》卷四《西洋列國考·麻六甲》云：“永樂三年，酋西利八兒速剌遣使上表，願內附，爲屬郡，效職貢。七年，上命中使鄭和封爲滿剌加國王，賜銀印、冠服，從此不復隸暹羅矣。”(頁 66)

宴王,賜王以下有差。十二年(1414),王母朝。① 宣德九年(1434),王來朝。正統以後,數遣倍臣朝貢不絕。②

其貢物,以番僮、金母鶴頂、金弧環、玄熊、玄猿、白鹿、鎖袱與哈烈梭服同、③撒哈剌、④番錫、番鹽、白芯布、薑黄布、撒都細布與其它所産。

其所産,多犀角、象齒、玳瑁,多珊瑚,多錫布、胡椒、蘇木,多硫黄。草木之實,終歲不絕。其王首素帛,衣青衣,履皮履。俗愿樸,不事生産,彈弦嬉戲而已。⑤

民舍類暹羅,刳木爲舟,以泳以漁。海中有獸焉,介而四足,高四尺,利牙怒張,見則齧人,是曰鼈龍。⑥ 山中有虎焉,形小於常

---

① 《殊域周咨録》卷八《滿剌加》云:"九年,嗣王拜里蘇剌,率其妻子、陪臣五百四十餘人來貢廣州……上御奉天門宴勞之,別宴王妃及陪臣等。……十二年,王母來朝。"(頁287-288)《四夷館考》卷上《滿剌加》云:"九年,嗣王拜里迷蘇剌率其妃及子五百四十人來朝。上御奉天門宴王,賜玉帶、羽儀、鞍馬、金銀、錢鈔、錦綺、王妃冠服,子姪儌從,賞各有差。……十二年,王母來朝貢。"(頁22a)《東西洋考》卷四《西洋列國考·麻六甲》云:"九年,嗣王拜里迷蘇剌率其妻子及陪臣五百四十人來朝。……上御奉天門宴王,賜玉帶、羽儀、鞍馬、金、銀、錢鈔、錦綺、王妃冠服,其下賞賚各有差。……十二年,王母來朝。"(頁66-67)如據前引各書的記載,《地緯》原書"嗣王卒"應改爲"嗣王率"。

② 《四夷館考》卷上《滿剌加》云:"宣德九年,王復來朝貢,賜亦厚。正統十年後,數遣使來朝貢。"(頁22a)《東西洋考》卷四《西洋列國考·麻六甲》云:"宣德九年,王復至,後先賜予甚厚。其後貢使不絕。"(頁67)

③ 《殊域周咨録》卷八《滿剌加》於"鎖袱"下注云:"哈烈亦産,一名梭服,鳥毳爲之,紋如紈綺。"(頁290)另見本書《哈烈》篇之"瑣伏"注。

④ 撒哈剌:即一種毛織物,見本書《暹羅》篇之"撒哈剌"注。

⑤ 《四夷館考》卷上《滿剌加》云:"王白帛纏首,衣青花袍,躡皮履,乘轎。俗淳樸。"(頁22b)"産象及胡椒,多佳果木,終歲不絕,人良善,不事業,或彈琵琶閒游而已。"《職方外紀校釋》,頁59。

⑥ 《殊域周咨録》卷八《滿剌加》云:"按別誌云:滿剌加國海旁之人,亦能刳木爲舟以取魚。然海中有所謂鼈龍者,高四尺,四足,身負鱗甲,露長牙,遇人即嚙,嚙即死,漁人甚畏其害。"(頁290)《四夷館考》卷上《滿剌加》云:"刳木爲舟,泛海(**轉下頁**)

虎,而色黑,能貌人形入市。① 其國中有大山焉,永樂中,御製碑文,封爲鎭國西山。②

# 【30】三佛齊③

　　三佛齊,在東南海中,一曰渤淋,一曰舊港,本南蠻別種。有地十五州,西距滿剌加,東距爪哇,故其初臣服于爪哇。④ 明洪武中,數朝貢。十年(1377),封嗣君爲三佛齊國王,賜銀印駝紐、黃金塗,比於外藩。以其國爲番舶之湊也,故閩越、東越,賈椎髻者多居

---

（接上頁）而漁。旁海人畏鼉龍,鼉龍高四尺,四足,身負鱗甲,露長牙,遇人即嚙,嚙即死。"(頁22b)《東西洋考》卷四《西洋列國考‧麻六甲》云:"古稱旁海人畏鼉龍。鼉龍高四尺,四足,身負鱗甲,露長牙,遇人則嚙,無不立死。"(頁67)鼉龍:即鱷魚。

① 《殊域周咨録》卷八《滿剌加》云:"又山有黑虎,視虎差小,能變人形,白晝群入于市,人有覺其為虎者,乃擒殺之。"(頁290)《四夷館考》卷上《滿剌加》云:"山有黑虎,視虎差小,或變人形,白晝群入市,覺者擒殺之。"(頁22b)《東西洋考》卷四《西洋列國考‧麻六甲》云:"山有黑虎,虎差小,或變人形,白晝入市,覺者擒殺之。"(頁67)

② 《大明一統志》卷九十《滿剌加國》於"鎭國山"下注云:"永樂中,詔封其國之西山為鎭國山,御製碑文賜之,勒石其上。"(頁5544)《東西洋考》卷四《西洋列國考‧麻六甲》於"鎭國山"下注云:"永樂中,詔封其國之西山為鎭國山,御製碑文賜之,勒石其上。"(頁68)

③ 本篇名稱在《叙傳》所列目録中為"三佛齊志第三十",版心刻有"三佛齊"、本篇頁碼及在全書中的頁碼。内容主要取材自明人四裔著述。三佛齊:為阿拉伯語Zabadj、爪哇語Samboja的譯音,原係十至十三世紀建都於馬來半島南端的南海古國,後遷至渤淋邦(或作佛林邦),即今印尼蘇門答臘的巨港(舊港,Palembang)。鄭和下西洋時,當地屬於爪哇滿者伯夷王朝。(明)鞏珍著,向達校注:《西洋番國志》,頁11;謝方校注:《西洋朝貢典録校注》,頁33。

④ 《皇明四夷考》卷上《三佛齊》云:"三佛齊,即舊港,又名渤淋,在東南海中,本南蠻別種。初隸爪哇,有地十五州,東距爪哇,西距滿剌加。"(頁41-42)《東西洋考》卷三《西洋列國考‧舊港》云:"舊港,古三佛齊國也。初名干陀利,又名渤淋,在東南海中,本南渤淋別種。"(頁59)

之,或官其地。而土人以沃壤宜稼,鮮衣婾食,身澤薌膏,居桓博塞以遊。然亦尚氣敢死,習水戰,而亦有萬金良藥,刀箭不能入。[1] 其方物有猫睛、阿魏、没藥、血結。[2] 有鳥曰鶴頂,似鳧而頂骨厚寸餘,表信衷禮,可削爲器。有火雞,領距似鶴,而形大過之,鋭注,利爪,戴禮被仁,是食炭。有獸曰神鹿,形若封豕,而蹄三岐。[3]

# 【31】浡泥[4]

浡泥者,故闍婆屬國也,[5]在西南海中,當赤道下,[6]統十四州。[7]

---

[1] 《殊域周咨録》卷八《三佛齊》云:"其國在海中,扼諸番舟車往來之咽喉……故諸國之商舶輻輳。……土沃倍于他壤。……其米穀盛而多貿金也,民故富饒。……用香油塗身。……民習水陸戰,臨敵敢死,服藥,兵刃不能傷擊。"(頁300)

[2] 《殊域周咨録》卷八《三佛齊》於"猫睛石"(《地緯》作"猫睛")下注云:"細蘭國出,瑩潔明透,如貓眼睛。"於"阿魏"下注云:"樹不甚高,土人納竹筒于樹梢,脂滿其中,冬月破筒取脂,即阿魏也。或曰其脂最毒,人不敢近,每採時繫羊樹下,自遠射之,脂之毒著于羊,羊斃即為魏。"於"没藥"下注云:"樹高大如松,皮厚一、二寸,採時掘樹下為坎,用斧伐其皮,脂流于坎,旬餘取之。"於"血竭"(《地緯》作"血結")下注云:"樹略同没藥,採亦如之。"(頁300-301)

[3] 《殊域周咨録》卷八《三佛齊》云:"鶴頂鳥大于鴨,腦骨厚寸餘,外黃內赤,鮮麗可愛。火雞大于鶴,頸足亦似鶴,軟紅冠,鋭嘴,毛如青羊色,爪甚利,傷人腹致死,食炭。神鹿大如巨豕,高可三尺,短毛喙,蹄三跲。"(頁301)以上原文另見於《皇明四夷考》卷上《三佛齊》,頁43。鶴頂:為鶴頂鳥的頭蓋骨。火雞:即鶴鴕,又名食火雞,原產於東南亞熱帶林區與澳洲等地,體如鶴而長喙,似鴕鳥而小。神鹿:或即貘(tapir)。《西洋朝貢典録校注》,頁32,35。

[4] 本篇名稱在《叙傳》所列目録中為"浡泥志第三十一",版心刻有"浡泥"、本篇頁碼及在全書中的頁碼。部分內容取材自《職方外紀》卷一《渤泥》《大明一統志》卷九十《浡泥國》或明人四裔著述。浡泥:馬來語稱Borneo,舊譯婆羅洲,浡泥亦其譯音,又作渤泥、勃泥。(唐)樊綽《蠻書》(成於863年)卷六作"勃泥"。原指加里曼丹(印尼語Kalimantan)島北部的汶萊(或作文萊,今汶萊達魯薩蘭國Negara Brunei Darussalam),今指加里曼丹島,分屬汶萊、馬來西亞、印度尼西亞三國。《職方外紀校釋》,頁62。

[5] 闍婆:為爪哇古稱。

洪武中,其長遣使貢象齒、吉貝、玳瑁、片腦、香木、鶴頂諸方物。片腦以然火,沉水中,至燼不滅。<sup>①</sup>永樂中,封其長爲浡泥國王,王率妃及子來朝貢。王薨,王子嗣王也,請封其國之後山,章上威德。上親臨,制封其山曰:長寧鎮國之山。<sup>②</sup>浡泥國以板爲城,厥田上上,而習俗奢。<sup>③</sup>有獸若羊焉、若鹿焉,名曰把雜爾之獸。其腹中有石,已百病。石一斤,值白金百斤,其王以此居四方之利。<sup>④</sup>

---

⑥ "渤泥島在赤道下。"艾儒略原著,謝方校釋:《職方外紀校釋》,頁62。

⑦ 《大明一統志》卷九十《浡泥國》云:"本闍婆屬國,在西南大海中,所統十四州。"(頁5549)《皇明四夷考》卷下《浡泥》云:"浡泥,本闍婆屬國,在西南大海中,統十四州。"(頁70)

① "出片腦極佳,以燃火沉水中,火不滅,直焚至盡。"《職方外紀校釋》,頁62。片腦:即龍腦的極品。《殊域周咨錄》卷八《浡泥》於"片腦"下注云:"樹如杉檜,取者必齋沐而往,其成片似梅花者爲上,其次有金腳、速腦、米腦、蒼腦、札聚腦。又一種如油,名腦油。"(頁304)

② 《大明一統志》卷九十《浡泥國》云:"永樂三年,詔遣使封浡泥國麻那惹加那乃爲王,給印符誥命。六年,率其妻子來朝,卒於南京會同館,詔謚恭順,賜葬南京城南石子岡,命其子遐旺襲封歸國。"又於"長寧鎮國山"下注云:"永樂六年,國王麻那惹加那乃上言蒙恩封王爵,境土皆屬職方。國有後山,乞封表爲一方之鎮。王卒,其子遐旺復上爲請,遂封爲長寧鎮國山。御製碑文,刻石其上。"(頁5549-5550)《皇明四夷考》卷下《浡泥》云:"永樂三年,遣使封其國主陳邪惹加那乃爲浡泥國王,賜印符誥幣。六年,王率其妃及子來朝,遣使迎勞之福建,至南京,王上金表,獻珍物,妃箋獻中宮、東宮,上宴王奉天門。是年,王卒於會同館,謚恭順,葬石子岡,樹碑立祠,有司春秋祀,封其子遐旺嗣,賜玉帶、金、銀、綺、幣、器皿,使送歸國。遐旺請封其國後山,賜名長寧鎮國,上爲文刻石。"(頁70-71)《東西洋考》卷三《西洋列國考·大泥》於"長寧鎮國山"下注云:"永樂六年,國王麻耶惹加那乃上言,蒙恩封王爵,境上皆屬職方,國有後山,乞表爲一方之鎮。王卒,子遐旺復上爲請。封爲長寧鎮國山,御製碑文,刻石其上。"(頁57)

③ 《皇明四夷考》卷下《浡泥》云:"俗以板爲城……原田豐利,習尚奢侈。"(頁71)

④ "有獸似羊似鹿,名把雜爾,其腹中生一石,能療百病,西客極貴重之,可至百換,國王藉以爲利。"《職方外紀校釋》,頁62。謝方注云:"腹中結石,能治病,疑即牛黃之類。"牛黃即牛科動物的膽囊結石。另據金國平所考,把雜爾應爲葡萄牙語Bezoar的譯音,漢語作婆娑、婆薩,爲一種藥用胃石。《〈職方外紀〉補考》,頁116。另參見董少新:《〈印度香藥談〉與中西醫藥文化交流》,頁104。

# 【32】蘇門答剌①

　　自滿剌加乘風行，五日至蘇門答剌，一曰須文達那，地可十餘度，跨赤道。至濕熱，他國人至其國者多病。其地產金、銀、銅、鐵、錫、桂、椒、龍腦及染人之材。②

　　其山有油泉可然。其旁有國焉，曰阿魯之國，③曰那孤禿之國，④曰黎伐之國。⑤　其國無城郭，地磽确，五穀少，而以其爲西洋

---

① 本篇名稱在《叙傳》所列目録中爲"蘇門答剌第三十二"，版心刻有"蘇門答剌"、本篇頁碼及在全書中的頁碼。内容主要取材自《職方外紀》卷一《蘇門答剌》及明人四裔著述。蘇門答剌：今印度尼西亞的蘇門答臘島(Sumatra，源於梵語 Samudra，其義爲海)，原指十六世紀以前該島北部的王國，後來泛指全島。《島夷誌略》作"須文答剌""須文答剌"，《元史》作"蘇木都剌""速木都剌"，《皇明四夷考》《東西洋考》又作"蘇文達那"。《職方外紀校釋》，頁 59－60。另參見蘇繼廎校釋：《島夷誌略校釋》，頁 241－243。

② "蘇門答剌地廣十餘度，跨於赤道之中。至濕熱，他國人至者多病。君長不一。其地產金甚多，向稱金島，亦產銅、鐵、錫及諸色染料。有大山，有油泉，可取爲油。多沉香、龍腦、金銀香、椒、桂。"《職方外紀校釋》，頁 59，60。桂：即肉桂。椒：即胡椒。龍腦：梵文 karpura，即羯布羅香樹的樹脂。

③ 阿魯：又作啞魯、阿路。據謝方所考，阿魯爲 Aru 的譯音，古代蘇門答臘島上一小城邦，位於今印尼北蘇門答臘巴魯蒙河(Burumon River)河口。《西洋朝貢典録校注》，頁 62－63。

④ 那孤禿：應係那孤兒之誤寫。據學者所考，明代史籍中的那孤兒爲 Nagore 的譯音，即《諸蕃志》的"拔沓"，《島夷誌略》的"花面"，爲古代蘇門答臘拔沓族(Battaks)所建國家，位於今洛克肖馬韋西方。華人因其國人有鯨面之俗，故名之爲花面。參見蘇繼廎校釋：《島夷誌略校釋》，頁 234－237；謝方校注：《西洋朝貢典録校注》，頁 67。

⑤ 黎伐：《瀛涯勝覽》《西洋番國志》《西洋朝貢典録》作"黎代"，爲 Lide 的譯音，係古代那孤兒西側一小邦。《西洋朝貢典録校注》，頁 67。《皇明四夷考》卷下《黎伐》云："黎伐，小國，南連大山，北際海，西距南泥里，東南連那孤兒。居民一二千家，推一人爲首領。隸蘇門答剌，言語服用，與蘇門答剌同。山多野犀。"(頁 80)

賈舶寄徑也,民用富饒。

洪武中來貢,永樂中(巳)[已]來貢,天子下璽書,封其王,(巳)[已]復來貢。① 會其王與花面王戰死,子幼,不能復讐,王妻憤曰:"孰殺花面王者哉！人盡夫也。"國中相視,莫敢先發,有漁翁乃心竊喜自負,賈勇,先士卒,急擊殺花面王,故王妻遂身從漁翁,漁翁遂王也。貢方物請命,而故王養子罜曰:"必我也當王者。"遂殺漁翁,漁翁子當嗣者,奔峭山,時時治兵相攻擊,欲復讐。會鄭監奉詔諭海上諸夷,遂(禽)[擒]故王養子,詣闕下。而漁翁之子嗣王,唧恩貢方物,宣德以來,朝貢不絕。花面王者,那孤兒之國之王也,國小(堇)[僅]比千家之邑,而人皆犛其面,散花文。②

---

① 《殊域周咨錄》卷九《蘇門答剌》云:"本朝洪武間,遣使奉金葉表,貢馬及方物,改名蘇門答剌。永樂三年,酋長宰奴阿必丁遣中使尹慶入貢。封為蘇門答剌國王,給與印誥。"(頁309)《東西洋考》卷四《西洋列國考·啞齊》云:"入明,始稱蘇門答剌。洪武初,國王奉金葉表,貢馬及方物。永樂三年,王鎖丹罕難阿必鎮遣使入貢。詔封為蘇門答剌國王,賜印誥、金幣。五年,再使來貢。"(頁71-72)啞齊:今印尼蘇門答臘島西北部亞齊(Atjeh)一帶。謝方點校:《東西洋考》,頁285。

② 《殊域周咨錄》卷九《蘇門答剌》有一段類似的按語:"按別誌,永樂五年,國王與花面王戰敗,中矢死。子弱不能復讐,其妻發憤令於國曰:'能復此讐者,我以為夫,與共國事。'有漁翁聞之,率衆攻殺花面王。王妻遂從漁翁。永樂七年,漁翁王來貢。上喜,厚賜之。十年,遣使至其國。故王假子率部衆殺漁翁王。其子蘇幹剌率衆奔於哨山,時時相侵欲復讐。十一年,太監鄭和擒假子送京伏法。漁翁王子感激,貢方物甚夥。花面王者,即那孤兒王也,國小,僅比大村,祇千餘家。人皆犛面,以故號'花面'。"(頁310)《東西洋考》卷四《西洋列國考·啞齊》云:"已而王與花面王戰,中流矢死。子弱,不任嘗膽,其妃飲泣,令於國曰:'能復讐者,我與為夫,共國事。'有漁翁聞之,率衆殺花面王。妃遂從漁翁。久之,故王假子率所部殺漁翁王,王子蘇幹剌以衆奔峭山。十一年,中貴人鄭和擒假子,俘至京伏法。漁翁王子感激聖天子威靈,條進方物甚夥。宣德中,貢使頻至。"(頁72)又《瀛涯勝覽》記"那孤兒國",《星槎勝覽》記"花面國"。

# 【33】蘇禄①

　　蘇禄之國，在東南海中。氣候恒熱，人鮮粒食，捕魚鰕、螺蛤爲糧，釀蔗漿爲酒，紙竹布爲衣，皂縵紒髮。②

　　三王治之，東王王東，西王王西，峒王王峒中，而東王最尊。③永樂十五年(1417)，東王卒，二王朝闕下，貢玳瑁及徑寸良珠青白色而圓，上大加賞賜，已封東王長子嗣王。十九年(1421)，復遣使入貢。④

---

① 本篇名稱在《叙傳》所列目録中爲"蘇禄志第三十三"，版心刻有"蘇禄"、本篇頁碼及在全書中的頁碼。内容主要取材自明人四裔著述。蘇禄：今菲律賓西南部蘇禄群島(Sulu Archipelago)。十四世紀後期，蘇禄蘇丹國創建，曾與明清帝國及馬來西亞、印尼建立起貿易關係。十六世紀以降，先後爲西班牙、英國占領。第二次世界大戰之後，被劃爲菲律賓領土。

② 《皇明四夷考》卷下《蘇禄》云："蘇禄，在東南海中。人鮮粒食，食魚蝦螺蛤。短髮，纏皂縵。煮海爲鹽，釀蔗爲酒，織竹布爲業。氣候常熱。"(頁75－76)《殊域周咨録》卷九《蘇禄》云："民食沙糊、魚蝦、螺蛤。煮海爲鹽，釀蔗爲酒，織竹布爲業。氣候半熱。"(頁316)竹布：即焦布，由芭蕉莖部纖維所織成。《西洋朝貢典録校注》，頁46。

③ 《皇明四夷考》卷下《蘇禄》云："三王者，東王最尊，西、峒二王副之。"(頁76)《殊域周咨録》卷九《蘇禄》云："其國分爲東西，別有一洞，共三洞王，俱不相統屬。或云東王最尊，西洞、別洞二王副之。"(頁314)

④ 《皇明四夷考》卷下《蘇禄》云："永樂十五年，其國東王巴都葛叭答剌、西王巴都葛叭蘇哩、峒王都葛巴剌卜各率其妻子、頭目來朝，貢珍珠、玳瑁諸物。……歸次德州，卒……遣使封其長子都麻含爲蘇禄國東王。十九年，遣使來貢。"(頁76)《殊域周咨録》卷九《蘇禄》云："本朝永樂十五年，東國王巴叭答剌、西國王巴都葛叭蘇哩、別洞王叭都葛巴剌卜各率其妻子、酋長來朝，貢珍珠、玳瑁諸物。……東王歸次德州，卒……遣使封其長子都麻含爲蘇禄國東王。……十九年，復來貢方物。"(頁314－316)《東西洋考》卷五《東洋列國考·蘇禄》云："永樂十五年，其國東王巴都葛叭答剌、西王巴都葛叭蘇哩、峒王巴都葛叭刺卜各率其妻子、酋目來朝，并貢方物。……還次德州，東王以疾殂於驛亭……遣使册其子都麻含爲蘇禄國東王。十九年，遣使來貢。"(頁96)據此，關於蘇禄各國王朝貢與東王去世的時間先後，《地緯》原書或有誤記。

## 【34】真臘①

真臘國,在東海中,其自訃曰甘孛智。漢成帝時來貢,隋時復來。或曰故扶南屬也,唐神龍中并扶南,而國二分,爰有水陸真臘之號南水北陸,後復合爲一。宋宣和初,封爲真臘國王。慶元中,破占城,占城王屬之,故其國亦稱占臘。然其後亦偶大,爲兄弟之邦,時相饋問。元時,(遺)[遣]人往招,留執不來。元貞中,復招之,始受令。以西夷經譯甘孛智之音,名曰澉浦。澉浦有屬郡九十,或曰有數屬國。我大明皇帝之御寓也,②真臘王表賀,貢方物,受正朔先是以十月爲歲首,當置閏則歸餘於九月,(巳)[已]貢象及它方物。景皇帝以來數貢。

其俗上東王宮,官署皆東面。都城石砌五門,而東面者二。郡城,木城也,亦東面。王瓦屋,大臣止以瓦蓋廟及寢,庶人皆茅屋,寺觀亦許瓦蓋。王白蓋,沃金操劍,履象而行,以金浮圖庋金人前馬,行遊近地,則以宮人舁小金輿。臣朱蓋,以中國紅綃爲之,長曳地。王及國人皆椎髻而袒裼徒跣,(董)[僅]以布圍腰。王純華大臣散疎華文,群臣則兩頭散華文,民間獨婦人得要布,如群臣之布。王冠黃金之冠如金剛所冠者,項大珠之纓,手金鐲釧弧環,廁寶石,如猫之目中珠。國中婦人,皆得帶鐲釧弧環,而無金花、銀鑷、簪鈚之餙。③ 王以朱草血手足掌,民間婦人亦得血掌。

---

① 本篇名稱在《叙傳》所列目録中為"真臘志第三十四",版心刻有"真臘"、本篇頁碼及在全書中的頁碼。内容主要取材自傳統四裔著述。真臘:即今柬埔寨(Camboja)及越南南部地區,或據 Camboja 音譯為甘孛智、甘破蔗等名。參見張燮著,謝方點校:《東西洋考》卷三《西洋列國考·柬埔寨》,頁 48-49。

② 御寓:即御宇,統治天下之意。

③ 餙:同"飾"。

故元時，王日再朝，近三日一朝。朝時，先盪螺聲，則見二宮人捲簾，而王仗劍立，群臣合掌稽首，階下者三。螺聲抑，群臣乃舉首，徐奏事。王坐獅子皮上稱決此地無獅，以此皮爲傳寶，宮人乃垂簾罷朝。國中呼儒者爲班詰，繇班詰入仕者，爲異等。苧姑者，僧也，髡而肉食，經以貝葉黑文，無比丘尼。八思者，道士也，男女皆有爲之者，首赤白布，而祠一石觀中無神像，祠石如社石。其國之音聲字母，頗似蒙古人。書記以粉白畫革，旁行而前濕皮以粉條書之，字如回鶻，自後向前。其刑重者，坑之西門外，次肉刑，次罰金。盜聽李者不伏，則爇沸膏，令手之盜也，即肉糜爛，卒不敢手；非盜者，即手之如初今中國亦有行此法者，沸油洒法水，令人内手其中，卒得盜者蹤跡主名，蓋亦陰陽專散之理，余知之而不欲盡言也。訟不決者，坐之小石浮圖上數日，曲者卒發病伏辜，直者即無恙，號曰天獄。國中一日數浴池中，而俗頗淫，故往往病癩。娶妻之家不息燭，女子十歲即嫁，先嫁，言之官司，給燭刻期，其家以厚幣迎僧道祓之，謂之陣毯。富者以七歲、九歲，貧者十一歲，無不陣毯者矣。婦人既早嫁，且任貿易，力作。産子以鹽斂其牝，一日餘，即出浴池中，①作業如常，不避風日，以故未三十輒衰老。而宮人及貴戚第中人，亦有美好者。以暑故，終不任衣。每群從出遊，見其築脂刻玉，胸乳菽發，妍姿耀艷，姍姍若神女之來矣。其喪制無服，男子髡而婦人剪顙髮爲孝。別有野人，其□者，自賣爲人奴。有言語嗜欲不通者，群行山中，擊石火，（亨）[烹]禽獸自給。國中又時有非男非女之人。此方天氣酷熱，然自四月至九月，午後恒雨，稍解鬱蒸；十月至三月，則恒暘矣。一歲可數種，無菽麥。然民既不

---

① （元）周達觀《真臘風土記》云："番婦産後，即作熱飯，拌之以鹽，納於陰户。凡一晝而除之。"夏鼐校注：《真臘風土記校注》，頁105。

衣,而地中它產豐殖,賈椎髻民又便,故中國篙工楫師,駕大舶往者,及暹人往者多家焉。

土產萬年蛤、不夜珠,光彩皆若月,照人無妍,嫗皆美艷。象齒以殺象得者爲上,犀角以白而斑者爲上,翡翠時求魚水上,羅者以木葉蔽身,以其物爲媒而犏之。蠟生於細腰,取之古樹上,色正惟黃。降神香,其外蓋白木,削去數寸,乃得。金顏華者,樹脂也,視之欲其荼白。畫黃者,樹脂也,劊樹,使脂滴下,來年恣所取。篤耨香者,樹脂也,樹若檜,老而脂自其皮出。婆田羅之樹,華實皆似棗。詗畢佗之樹,榆葉而林禽花,實則李。紫梗草也,寄生樹枝間。芰荷春華,橘實同,而味不能爲良。鰕,大一斤許。吐哺魚,大二斤許。美人酒,於美人口中含而造之,一宿而成。又有朋芽酒。海無鹺禁,而山中有一種石,製器,則鹹不必鹽。其所(卬)[仰]給於中國,最欲得者,金、銀、輕綃、錫、瓷、鐵釜、銅盤、檀麝、芳芷以合香澤,男女並以膏身、桐液梳、簀鍼也。其地距中國番禺十日程。

## 【35】佛郎機[①]

佛郎機,居海島中,與爪哇國直,初名喃勃利國,後更今名。

---

[①] 本篇名稱在《叙傳》所列目錄中爲"佛郎機志第三十五",版心刻有"佛郎機"、本篇頁碼及在全書中的頁碼。內容主要出自熊明遇《島人傳‧佛郎機》(收於熊人霖編:《文直行書》文卷十三,頁20a‐22a)。明代後期相關的文獻記載,可參見《殊域周咨錄》卷九《佛郎機》,頁320‐325。佛郎機:爲十六、十七世紀中國人對葡萄牙與西班牙的稱呼,即Franks的譯音,漢譯來自波斯語的Farang或Firangi,今譯作法蘭克。法蘭克原爲五世紀入侵高盧的部落,後於其地建立法蘭克王國。中世紀歐洲十字軍東征,以法蘭克人爲主力,後來東方的伊斯蘭國家遂概稱西歐人爲法蘭克,即佛郎機。《職方外紀》作"拂郎察"、"拂郎機"。明代晚期,葡萄牙、(轉下頁)

爪哇在真臘之南,自占城駛舟二十日夜,可達。佛郎機人善用銃,大可摧木石,細能擊雀。前代不通中國,史無載。我朝正德十四年(1519),佛郎機大酋弑其主,遣必加丹末三十餘人,入貢,乞封。①

　　有火者亞三,本中國人,性黠慧,亡命彼國久。至南京時,武宗南巡,亞三因江彬謁,上喜而留之。隨至北京,見典屬國長揖不拜,詐稱滿剌加國使人朝見,欲位諸夷上,主事梁焯訊得其詐狀笞之,頗不慹服。其舶蓄有徒,維廣州澳口求市,布政吳廷舉聞於朝,議以爲非故事,格不行,遂退泊東莞南,蓋屋樹柵而居,恃火銃以自固。復陰出買食小兒,廣之惡少,競掠小兒趨之,一兒售金錢厚倍,所食無筭,居二三年不去。亞三在京師,與(囘囘)[回回]寫亦虎僊俱怙江彬勢,行悖亂。② 武宗晏駕,皇太后懿旨誅彬,並亞

------

(接上頁)西班牙人首先東來,明人遂沿穆斯林舊例稱呼之。參見張維華:《明史佛郎機呂宋和蘭意大里亞四傳注釋》,頁5-7。本篇所言佛郎機係指葡萄牙人,相關的史實內容,另可參閱本書《以西把尼亞》《拂郎察》二篇。

① “佛郎機,居海島中,與爪哇國直,初名喃勃利國,後更今名。爪哇在真臘之南,自占城駛舟二十日夜,可達。計佛郎機與爪哇、真臘隔叢海中道里,大約相同。又聞爪哇、佛郎機俱嗜食人。善用銃,大可摧木石,細能擊雀。前代不通中國,史無載。我朝正德十四年,佛郎機大酋弑其主,遣必加丹末三十餘人,入貢,乞封。”《島人傳·佛郎機》,頁20a-b。喃勃利國:據十四世紀《爪哇史頌》(*Nagarakretagama*, *Nagarakrtagama or Desawarnana*,約作於1365年)所記蘇門答剌北部古國名 Lamuri 的譯音,《馬來紀年》(*Sejarah Melayu or Malay Annals*,約作於1612年)作 Lambri,故地在今班達亞齊(Banda-Aceh)一帶。中國古代載籍又作藍里、藍無里、南巫里、南無里、喃哩、蘭無里、南無力、南浮里、那沒黎、南泥里、喃勃利、喃渤利、南泥利、南勃利、南渤利、南浮利、南渤里、南孛里。陳佳榮:《〈大德南海志〉中的東南亞地名考釋》,頁303-320。另參見蘇繼廎校釋:《島夷誌略校釋》,頁261-263。喃勃利與佛郎機非爲一國,蓋明代人士不明葡萄牙所在位置,以其攻奪滿剌加地,遂以爲其地近之,故附會爲喃勃利。

② “有火者亞三,本中國人,性黠慧,亡命彼國久。至南京時,武宗南巡,亞三因江彬謁,上喜而留之。隨至北京,見典屬國長揖不拜,詐稱滿剌加國使人朝見,(轉下頁)

三、虎僊盡誅,論適。①

又滿剌加訴佛郎機奪國仇殺,於是御史言佛郎機大酋,悖亂
弑主,其貢使掠食小兒,慘虐亡道,當誅。② 所與蓋屋工匠,及闌出
財物者,以私通外夷坐。詔悉如御史言,命撫按檄備倭官軍,斥餘

---

(接上頁)欲位諸番上,主事梁焯訊得其詐狀笞之,頗不愁服。其舶蓄有徒,維廣州
灣口求市,布政吳廷舉聞於朝,議以為非故事,格不行,遂退泊東莞南,蓋屋樹柵而
居,恃火銃以自固。復陰出買食小兒,廣之惡少年,競掠小兒趨之,一兒售金錢厚
倍,所食無筭,居二三年不去。亞三在京師,與回回寫亦虎仙俱怙江彬勢,行悖
亂。"《島人傳‧佛郎機》,頁 20b‐21a。火者亞三:明人著述或有稱火者亞三為葡
萄牙使臣,亦簡稱亞三。"火者"之義甚多,與此處有關者三:一為波斯文 Khwaja
音譯,又譯作"和卓""和加""霍劄"等,意為"顯貴"或"富有者",係伊斯蘭教中對聖
裔和學者的尊稱,亦為中亞地區伊斯蘭教上層貴族之稱呼。二為泛指受閹的僕
役。如《明史‧太祖紀二》云:"閩、粵豪家毋閹人子為火者,犯者抵罪。"三為回回
人之官稱,如《元史‧札八兒火者傳》云:"火者其官稱也。"此處的火者亞三,其舉
措行止似非屬第一義。(明)何喬遠《名山藏‧王亨記‧滿剌加篇》云:"佛郎機有
使者曰亞三,能通蕃漢。"又嚴從簡《殊域周咨錄》卷九《佛郎機》云:"有火者亞三,
本華人也,從役彼國久,至南京,性頗點慧。"(頁 320)張維華據此以及西人所載葡
使姓名 Tomé Pires 分析,認為火者亞三的行事有類於通事,"似為葡使舌人之回回
人名",然不能確知其究為葡使抑或其通事。張維華:《明史佛郎機呂宋和闌意大
里亞四傳注釋》,頁 14‐16。不過,史載亞三為華人,如本書及前引《殊域周咨錄》,
另據《明史‧佛郎機傳》云:"亞三下吏,自言本華人,為番人所使"(卷三百二十五,
頁 8431),故張維華以回回人為通事說,仍有疑義,學界多有異論。金國平、吳志良
據明人張本《五湖漫聞》所載並比對史文,考察出亞三應為東洞庭人海商傅永紀。
見金國平、吳志良:《"火者亞三"漢名及籍貫考》;金國平、吳志良:《"火者亞三"生
平考略:傳說與事實》,頁 226‐244。不過,此說仍有學者反對,認為亞三應為閩、
粵人氏,幼年時因當地風俗而遭閹割,待日後送入宮中,但未能如願,後輾轉赴南
洋謀生。見林碩:《南洋華僑火者亞三的三重謎》,頁 78‐81+94;林碩:《南洋華僑
火者亞三新考》,頁 67‐74。總而言之,學界一般認為火者亞三應為通事而非葡
使,或為閹人,多認為其係華人而非回回人,至於其確切出身則未有定論。

① "武宗晏駕,皇太后懿旨誅彬,並亞三、虎仙盡誅,論適。"《島人傳‧佛郎機》,頁
21a。此處所記,史文亦有異説,學界討論可參閱上注引林碩二文。

② "又滿剌加訴佛郎機奪國仇殺,於是御史言佛郎機大酋,悖亂弑主,其貢使掠食小
兒,慘虐亡道,當誅。"《島人傳‧佛郎機》,頁 21a。葡萄牙人奪取滿剌加地,事在明
武宗正德六年(1511)七或八月。

黨,彼猶據險逆戰,以銃擊敗我軍。海道汪鋐募善泅者,鑿其舟,遂悉禽之。仍詔絕佛郎機進貢,並遏各國海商市舶,繇是番舶趨閩之漳州、廣東大匱。嘉靖中,從都御史林富之請,除其禁,番舶復至。[①]

初,鋐之攻佛郎機也,苦無如彼銃何。適白沙巡簡何儒,偵知彼中有廣人楊三、戴明者,亡命其國久,盡諳鑄銃制藥之法,遂陰部勒我人往,佯以賣酒米爲名,漸與楊三、戴明通,諭之向化,設重餌。楊三等悅,定約夜遁歸。鋐即令如式鑄造,用以取捷,因奏頒其式於各邊,造以禦戎,即以其國名,名佛郎機云。後佛郎機雖絕貢,猶請附歐邏人至廣買。[②]而廣東後所得紅彝砲,視佛郎機大再倍焉。

## 【36】西洋古里國[③]

古里國,在西南海中,或曰西洋諸夷之會也。自柯支北行,三

---

① "所與盖屋工匠,及闌出財物者,以私通外裔坐。詔悉如御史言,命撫按檄備倭官軍,斥餘黨,彼猶據險逆戰,以銃擊敗我軍。海道汪鋐募善泅者,鑿其舟,遂悉禽之。仍詔絕佛郎機進貢,並遏各國海商市舶,由是番舶趨閩之漳州、廣東大匱。嘉靖中,從都御史林富之請,除其禁,番舶復至。"《皇人傳·佛郎機》,頁21a-b。

② "初,鋐之攻佛郎機也,苦無如彼銃何。適白沙巡簡何儒,闌知彼中有廣人楊三、戴明者,亡命其國久,盡諳鑄銃製藥之法,遂陰部勒我人往,佯以賣酒米爲名,漸與楊三、戴明通,諭之向化,設重餌。楊等悅,定約夜遁歸。鋐即令如式鑄造,用以取捷,因奏頒其式於各邊,造以禦戎,即以其國名,名佛郎機云。後佛郎機雖絕貢,往往附他番舶至廣買,人能識之。"《皇人傳·佛郎機》,頁21b-22a。

③ 本篇名稱在《叙傳》所列目録中爲"西洋古里國志第三十六",版心刻有"西洋古里國"、本篇頁碼及在全書中的頁碼。内容主要取材自《大明一統志》卷九十《西洋古里國》或明人四裔著述。古里國:位於南亞次大陸西南部的一個古代王國,曾爲馬拉巴爾地區的一部分,今印度西南部喀拉拉邦的科澤科德(Kozhikode, Calicut)一帶,爲古代印度洋海上的交通要衝。宋時稱作南毗國(Namburi),元時稱 (转下页)

日可至,去中國蓋數萬里云。[①] 永樂元年(1403),其使受命來貢駿馬。五年(1407),上遣中人賜王璽書、幣帛,陪臣皆授爵賞。[②] 其王尚浮屠言,敬象與牛,常以女之子嗣王,女無子則傳弟,無弟傳賢。[③] 俗淳樸,市中行者讓路,道中遺不拾。海上爲市,鑄金銀爲幣。絃銅絲於葫蘆上爲樂器,與謌聲相和。[④]

　　穀有麥。鳥有孔雀、白鳩。布有撬黎,撬黎,得之其鄰坎夷巴

---

(接上頁)作古里佛,又作篦阿抹、馬刺里,明時稱作古里,又作西洋古里國,《皇明四夷考》作"古俚"。參見蘇繼廎校釋:《島夷誌略校釋》,頁 327‑328,注 1。在摩洛哥旅行家伊本·白圖泰(ibn Battuta, 1304—1377)的游紀中稱作卡里卡特(Kalicut),有時也作公雞堡壘(Cock Fort)。明成祖永樂三年(1405)、五年(1407),鄭和率船隊兩次下西洋,便曾到此地。明宣宗宣德八年(1433),鄭和最後一次下西洋途中,於此地去世。

① 《大明一統志》卷九十《西洋古里國》云:"其國乃西洋諸番之會。"(頁 5554)《皇明四夷考》卷下《古俚》云:"古俚大國,西洋諸番之會。去中國十萬里,西濱海,南距柯枝。自柯枝海行,可三日至。"(頁 69)柯支:或作柯枝,即今柯欽(Cochin),在小葛蘭北部,位於印度西南沿海佩里亞爾(Periyar)河口南岸,瀕臨阿拉伯海東南側,係世界著名的香料出口港。《西洋朝貢典錄校注》,頁 94。

② 《大明一統志》卷九十《西洋古里國》云:"本朝永樂元年,國王馬那必加剌滿遣其臣馬戌來朝,貢馬,自是朝貢不絕。"(頁 5554)《皇明四夷考》卷下《古俚》云:"永樂元年,王馬那必加剌滿遣馬戌朝貢馬。五年,遣太監鄭和賜王誥幣,陞賞其將領有差。"(頁 69)

③ 《皇明四夷考》卷下《古俚》云:"王好浮屠,敬象牛。老不傳子,傳外孫,否則傳弟。無外孫、弟,傳善行人。"(頁 69)《殊域周咨錄》卷八《瑣里　古里》云:"其國古里王好浮屠,敬象牛。老不傳子,傳外孫,否則傳弟。無外孫、弟,傳善行人。"(頁 308)

④ 《大明一統志》卷九十《西洋古里國》云:"海濱為市,以通貿易。行者讓路,道不拾遺。"(頁 5554)《皇明四夷考》卷下《古俚》云:"俗尚信義,行者讓路,道不拾遺。海濱為市,通諸番。用金銀錢。以葫蘆為樂器,紅銅絲為絃,歌聲相協,鏗鏘可聽。"(頁 69‑70)《殊域周咨錄》卷八《瑣里　古里》云:"俗尚信義,行者讓路,道不拾遺。海濱為市,通諸番。用金銀錢。以葫蘆為樂器,紅銅絲為弦,歌聲相協,鏗鏘可聽。"(頁 308)葫蘆絃銅絲:據謝方所考,"為印度一種彈撥樂器,今名維納(vinu)。有金屬弦七根,其中四根演奏旋律,三根作伴奏用。"《西洋朝貢典錄校注》,頁 101。謌:同"歌"。

之國者,①幅廣四尺有咫,所謂西洋布也。悦廣五尺,錯五色絲,散華文。② 其奇物有五色鴉鶻石。嘗以鴉鶻石,雜厠珠寶贅之,鏤金絲花鑷爲帶焉,以貢。

## 【37】榜葛剌③

榜葛剌,在西海中,④或曰即東印度也。永樂中朝貢,貢麒麟。⑤ 其國十有二月爲歲,不置閏。四時恒熱,一歲再熟。十二而稅,範銀錢爲幣。男子髡而首白布,帶悦,躡皮履。其技巧百工器械,陰陽醫卜,頗如中國。⑥

有人焉,衣斑文之衣,縈華文之悦,舟琥珀、珊瑚珠,纓臂帶

---

① 坎夷巴:《瀛涯勝覽》《西洋番國志》作"坎巴夷(美)",《西洋朝貢典録》作"坎巴夷替",爲 koyampadi 的譯音,今坎貝(Cambay)。《西洋朝貢典録校注》,頁98。

② 《皇明四夷考》卷下《古俚》云:"西洋布,曰撬黎,本出鄰國坎夷巴,匹闊四尺五寸,色絲間花,悦闊五尺。"(頁70)《瀛涯勝覽·古里國》云:"西洋布,本國名撬黎布,出於鄰境坎巴夷等處,每疋闊四尺五寸,長二丈五尺。"

③ 本篇名稱在《叙傳》所列目録中爲"榜葛剌志第三十七",版心刻有"榜葛剌"、本篇頁碼及在全書中的頁碼。内容主要取材自明人四裔著述。榜葛剌:爲孟加拉語 Bangala(Bangal)的譯音,即今孟加拉人民共和國(People's Republic of Bangladesh)與印度西孟加拉邦(West Bengal)一帶,境内地形主要爲恒河三角洲。(南朝宋)范曄《後漢書》作"磐啓國",《諸蕃志》作"鵬茄囉",《島夷誌略》作"朋加剌",《瀛涯勝覽》《星槎勝覽》《西洋朝貢典録》作"榜葛剌",《四夷館考》作"榜葛蘭"。《島夷誌略校釋》,頁332-333;《西洋朝貢典録校注》,頁85。

④ 明清之際,通常以加里曼丹島(Kalimantan,又稱婆羅洲 Borneo)以西至東北非沿岸爲西洋,即此處之西海。

⑤ 《殊域周咨録》卷十一《榜葛剌》云:"按永樂中,其麒麟之貢四至。"(頁386)《四夷館考》卷下《西天國》云:"榜葛蘭者,即西天東印度也。……(永樂)十二年,王賽弗丁遣人奉金葉表,獻麒麟。"(頁16b)

⑥ 《四夷館考》卷下《西天館》云:"男祝髪,白布纏頭,圓領長衣,束綵悦,躡皮履。市用銀錢……氣候常熱如夏。賦十二。……陰陽醫卜、百工技藝,大類中國。……歷有十二月,無閏。……人好耕殖,一年二熟。"(頁16b-17a)

釧。國有宴享,若方社州閭之會,其人則舞而歌,上卮酒爲壽。生得猛虎,則以鐵繩繫之,行市中,入人家,解繩坐虎於庭,袒裼暴之,怒虎而鬪。虎輒不勝,輒鬪輒仆,乃以手撩虎鬚,探虎口,徐繫虎,請曰:乃公勞矣。幸賜錢,得錢牽虎去,曰奈何,虎饑甚,不能行也。人即以生物予之,乃去,是曰根肖速魯奈奈之人。①

有錦焉,其廣度四尺,其厚度寸而少半,面後背毳,是曰兆羅之錦(亦曰驀里驀勒)。有白樹皮之布,絶膩滑,拊不留手。有赤緑撒哈剌,②有鑌鐵,有柳茭酒。③

## 【38】吕宋④

吕宋者,海中之小島也,一曰佛郎機之屬夷。其去倭奴遠,至

---

① 《四夷館考》卷下《西天館》云:"有衣黑白花衫,縈帨,佩珊瑚、琥珀,纓絡繫臂,硝子鐲釧,歌舞侑酒者,曰根肖速魯奈奈,蓋優人也。能作百戲,以鐵索繫虎,行市中,入人家,解索,坐虎於庭,裸而搏虎;虎怒交撲,仆虎數回乃已。或手投入虎喉,虎亦不傷。戲已,仍繫之家,人爭以肉啖虎勞戲者。"(頁 16b)《四夷館考》《地緯》原書作"根肖速魯奈奈",據《瀛涯勝覽》《西洋朝貢典録》所記,蓋衍一奈字。根肖速魯奈(surna,嗩吶之意):即樂工、優人。

② 撒哈剌:即一種毛織物,見本書《暹羅》篇之"撒哈剌"注。

③ 《四夷館考》卷下《西天館》云:"産鑌鐵、翠羽、瑠璃、駝馬、桑、漆樹、絲綿尤多……布數種,有闊四、五尺者,驀黑驀勒,闊四尺,背面皆毳絨,厚可五分,即兜羅錦也。白樹皮布,膩滑光潤,如鹿皮。椰茭為酒。"(頁 17a)驀黑驀勒:《地緯》原書將"黑"字誤寫為"里",應係 mahmal 的譯音,其意為絨。兜羅:梵語 tulā,其意為錦。《瀛涯勝覽・榜葛剌國》云:"驀黑驀勒,闊四尺,長二丈餘,背面皆起絨頭,厚四五分,即兜羅錦也。"馮承鈞校注:《瀛涯勝覽校注》,頁 61。另參見向達校注:《西洋番國志》,頁 40。

④ 本篇名稱在《叙傳》所列目録中為"吕宋志第三十八",版心刻有"吕宋"、本篇頁碼及在全書中的頁碼。內容主要出自熊明遇《島人傳・吕宋》(收於熊人霖編:《文直行書》文卷十三,頁 22a－23a)。吕宋:今菲律賓吕宋島(Luzon Island),此名稱見於《大明一統志》卷九十。《地緯》原書及明代文獻中的吕宋,概指當時占領吕宋島的西班牙人。參見張維華:《明史佛郎機吕宋和蘭意大里亞四傳注釋》,頁 73－74。

中國稍近,而以小故不通貢獻,歷代無可考。自增設海澄縣,於是海舶繇月港出洋,始有至其島者矣。<sup>①</sup> 攷我朝永樂三年(1405),其國遣臣隔察老入朝貢方物後,遂無聞焉。其島之平衍可居處,延袤四十餘里,廣不及十里,盧舍櫛比,生齒蕃,地土腴,出黃金。閩、廣之百工技藝,咸往趨之,受廛作業,與其土著雜。而中國之商賈者,操大舶,日夜裝載之綺、繒、絲、絮、瓷、飴諸食貨往市,視呂宋幾如歸焉。官予之符引,榷其贏以輸軍興者,歲四萬。蓋其島居琉球、日本之南,爲海舶要會,其人復黠慧,遂爲各番互市,牙儈商舶競主焉。閩中駔藉言充餉市利壓冬,其羈旅爲家者,不啻萬數,所以呂宋有大明之街。<sup>②</sup>

萬曆三十年(1605),奸民張嶷倡金穴之説,疏請至彼採金。至勤朝廷遣官勘視,彼怵以爲我將略地,遂密告佛郎機國王,必殲我人而後快。因厚直買我羈旅者佩刀,買且盡,即一夜屠殺我商民數萬,無生還者。我亦以爲萬里之外殺者多姦闌,不復發兵興

---

① "呂宋者,海中之小島也,一曰佛郎機之屬國。其去倭奴遠,至中國稍近,而以小故不通貢獻,歷代無可考。自增設海澄縣,於是海舶由月港出洋,始有至其島者矣。"《島人傳·呂宋》,頁22a。海澄縣:明世宗嘉靖四十五年(1566)析龍溪縣的靖海館及漳浦縣部分地區而置,轄屬福建省漳州府。1960年,與龍溪縣合并為龍海縣,為其治下海澄鎮。

② "考我朝永樂三年,其國遣臣隔察老入朝貢方物後,遂無聞焉。其島之平衍可居處,延袤百十餘里,廣不數十里,盧舍櫛比,生齒蕃,地土腴,出黃金。閩、廣之百工技藝,咸往趨之,受廛作業,與其土著雜。而中國之商賈者,操大舶,日夜裝我之綺、繒、絲、絮、陶器、飴糖諸食貨往市,視呂宋幾如歸焉。官予之符引,榷其贏以輸軍興者,歲四萬。蓋其島居琉球、日本之南,爲海舶要會,其人復黠慧,遂爲各番互市,牙儈商舶競主焉。閩中駔藉言充餉市利壓冬,其羈旅爲家者,不啻萬數,所以呂宋有大明之街。"《島人傳·呂宋》,頁22a-b。據《大明一統志》卷九十《呂宋國》云:"本朝永樂三年,國王遣其臣隔察老來朝,并貢方物。"(頁5561)

擊,閉海道莫通。①

　　一二年隔絶器物,諸夷失互市,彼如黑子著面,不能操奇贏,輒大困。而閩人不得奸闌出,財物亦遂告詘。今稍稍復通,互市如故,前事漫漫不錄矣。區區小島,不啻邾莒之賦,大都海中夷仰給機利之塲,非亂我者也。②

　　或曰呂宋產鷹,鷹有王,王飛則衆鷹皆從;若得禽獸,則取其睛而先薦于其王。③

## 【39】馬路古④

　　呂宋之南,有馬路古。無五穀,磨木爲粉圓之,名曰沙谷之

---

① "萬曆三十年,奸民張嶷倡金穴之説,疏請至彼採金。至勤朝廷遣官勘視,彼怵以爲我將略地,遂密告佛狼機國王,必殲我而後快。因厚直買我羈旅者佩刀,買且盡,即一夜屠殺我商民數萬,無生還者。我亦以爲萬里之外殺者多奸,閩不復發兵興擊,閉海道莫通。"《島人傳・呂宋》,頁 22b - 23a。此處所述應爲 1603 年馬尼拉大屠殺,該事件的始末及其影響,可參閱張彬村:《美洲白銀與婦女貞節:1603 年馬尼拉大屠殺的前因與後果》,頁 295 - 326。關於張嶷倡金穴之説的相關考證,參閱張維華:《明史佛郎機呂宋和蘭意大里亞四傳注釋》,頁 90 - 96。

② "一二年隔絶器物,諸夷失互市,彼如黑子着面,不能操奇贏,輒大困。而閩人不得奸闌出,財物亦遂告詘。今稍稍復通,互市如故,前事漫漫不錄矣。區區小島,不啻邾莒之賦,大都海中民仰給機利之塲,非亂我者也。"《島人傳・呂宋》,頁 23a。邾莒:爲先秦春秋時期二小國名,位於今山東省。

③ 呂宋產鷹的內容,取材自《職方外紀》卷一《呂宋》云:"其地產一鷹,有鷹王,飛則衆鷹從之;或得禽獸,俟鷹王先取其睛,然後群鷹方啖其肉。"謝方認爲,此説法疑由西班牙人自北美洲傳來,又云鷹王即美洲最大的禿鷲( vulture ),又稱王鷲(*Sarcoramphus papa*)。《職方外紀校釋》,頁 62,138。然而,王鷲的棲息地主要在中、南美洲,故或爲廣布於北美洲的紅頭美洲鷲(Cathartes aura)。

④ 本篇名稱在《叙傳》所列目錄中爲"馬路古志第三十九",版心刻有"馬路古"、本篇頁碼及在全書中的頁碼。內容主要出自《職方外紀》卷一《馬路古》。馬路古:即今印度尼西亞馬魯古群島( Moluccas Islands 或 Moluccas,馬來語 Malika,印尼語 Kepulauan Maluku),又譯作摩鹿加群島,以產丁香聞名於世,故又稱之（轉下頁）

米，性寒。而它所產丁香、胡椒，最熱，辟濕，與水若酒同貯，旋即吸盡。其下不植草，土人欲除草萊，折其枝插地，樹立生，草立槁矣。[1] 有異羊，牝牡皆有乳。有大龜，介可爲盾以禦敵。[2]

## 【40】倭奴[3]

倭奴者，揚州之東，島夷也。《禹貢》曰："島夷卉服。其篚織貝；其包橘、柚，錫貢。"《漢書》曰："倭奴居樂浪海中。"《隋書》曰："倭在新羅、百濟東南三千里。"杜氏《通典》紀三韓："一曰馬韓，一曰辰韓，一曰弁辰。弁辰在辰韓之南，其南與倭接。"則倭於朝鮮最徑云。[4]

---

（接上頁）為香料群島（Spice Islands），或被稱為東印度群島。《諸蕃志》作"勿奴孤"，《大德南海志》作"文魯古"，《島夷誌略》作"文老古"，《東西洋考》《明史》作"美洛居"。《職方外紀校釋》，頁 63。另參閱《島夷誌略校釋》，頁 205－207。

[1] 草立槁矣：《地緯》原書作"稿"，《職方外紀校釋》據《守山閣藏書》本、《墨海》本改正閩本與《四庫》本之誤，此處因之。

[2] "呂宋之南，有馬路古，無五穀，出沙谷米，是一木磨粉而成。產丁香、胡椒二樹，天下絕無，惟本處折枝插地即活，性最熱，祛濕氣，與水酒同貯，旋即吸乾。樹旁不生他草，土人欲除草萊，惟折其枝插地，草立槁矣。又產異羊，牝牡皆有乳。有大龜，一殼可容一人，或用爲盾以禦敵。"《職方外紀校釋》，頁 63，64。沙谷米：馬來語 Sagu，今稱西米。大龜：即海龜。

[3] 本篇名稱在《叙傳》所列目錄中為"倭奴志第四十"，版心刻有"倭奴"、本篇頁碼及在全書中的頁碼。內容主要出自熊明遇《島人傳·日本》（收於熊人霖編：《文直行書》文卷十三，頁 31a－41b）。明代後期相關的文獻記載，可參見《東西洋考》卷六《外紀考·日本》，頁 109－127。

[4] "日本者，揚州之東，島民也。《禹貢》曰：'島人卉服。其篚織貝；其包橘、柚，錫貢。'《隋書》曰：'倭在新羅、百濟東南三千里。'杜氏《通典》紀三韓：'一曰馬韓，一曰辰韓，一曰弁辰。弁辰在辰韓之南，其南與倭接。'則於朝鮮最徑云。"《島人傳·日本》，頁 31a。《禹貢》之說，出自《尚書·虞夏書·禹貢》云："島夷卉服。厥篚織貝；厥包橘、柚，錫貢。""其"又作"厥"，同義。卉服，編草為服，即草服也。織貝，以貝織成之物。包，謂以包盛之，即包裹也。錫，獻也，錫貢，即進貢。屈萬里注譯：（轉下頁）

古來以魚鼈蓄之，不甚通中國。自漢武帝東拔濊貉、朝鮮
以爲郡，驛通二十餘國，倭奴始入貢。光武中元二年(57)、安
帝永初元年(107)，皆入貢。靈獻之季，倭亂無主，有卑彌呼
者，女子也，善妖術，長而不夫，衆共立之。魏正始初，詔使至
倭，假以爵命，又與狗奴國相攻，魏復馳檄諭之，無何。卑彌呼
死，其宗男嗣，國人擾亂不服，復立卑彌呼宗女，國遂定，稱女
王國。後復立男王，並受中國爵命，歷魏、晉、宋、齊、梁、陳，皆
入貢。①

　大業初，致國書詞嫚，煬帝怒，欲於遼東之役，遂征之，不果。
唐貞觀五年(631)，四夷來朝，顏師古作《王會圖》，倭亦與焉。高
宗咸亨中，方更號日本，時時附新羅使，入貢長安。元年開元、天
寶間，屢入貢。貞元中，有貢使願留中國受經，久之新羅道梗，始
縋海道至明州。宋雍熙後，累朝皆至。熙寧後，皆以僧至。蓋彼

（接上頁）《尚書今注今譯》，頁36。《漢書》之說，出自班固等《漢書》卷二十八下《地
理志》云："樂浪海中有倭人。"（頁1658）按：此條未見於《島人傳·日本》中，係熊人
霖自行增補的內容。《隋書》之說，出自(唐)魏徵等《隋書》卷八十一《倭國傳》云：
"倭國，在百濟、新羅東南，水陸三千里。"（頁1825）杜氏《通典》之說，出自(唐)杜佑
(735—812)《通典》卷一百八十五《邊防一》云："一曰馬韓，一曰辰韓，一曰弁
辰。……弁辰在辰韓之南……其南與倭接。"（頁4987）
①　"古來以魚鼈蓄之，不甚通中國。自漢武帝東拔濊貉、朝鮮以爲郡，驛通二十餘國，
倭羅始入貢。光武中元二年、安帝永初元年，皆入貢。靈獻之季，倭亂無主，有卑
彌呼者，女子也，善妖術，長而不夫，衆共立之。魏正始初，詔使至倭，假以爵命，又
與狗猠國相攻，魏復馳檄諭之，無何。卑彌呼死，其宗男嗣，國人擾亂不服，復立卑
彌呼宗女，國遂定，稱女王國。後復立男王，並受中國爵命，歷魏、晉、宋、齊、梁、陳，
皆入貢。"《島人傳·日本》，頁31a-b。又《殊域周咨錄》卷二《日本國》云："至桓靈
時，國亂無主，有一女子名卑彌呼者，年長不嫁人，以妖術惑衆，共立之爲主，法甚
嚴峻，在位數年死。其宗男嗣，國人不服，更相誅殺。復立卑彌呼宗女壹與，國遂
定，時稱女王國。後復立男王，並受中國爵命。歷魏、晉、宋、齊、梁、陳皆來貢。"（頁
50）

國人皆嚴事僧,故僧率知詩書。①

元世祖立,倭以其沙漠起,不受招。至元三年(1266)、四年、五年、六年、十年、十一年、十二年(1275),遣使,皆不報。十七年(1280),殺使者杜世忠。十八年(1281),命將范文虎、阿塔海以舟師十萬往,至平互島五龍山,悉沉於風,返者三人。終元之世,不復至。②

國朝洪武二年(1369),入貢,其王良懷遣僧祖來進表箋貢馬。四年(1371),遣行人趙秩宣諭,陪臣隨秩入貢,尋復擾海澨,遣僧祖闡無逸往宣揚威德,王復奉表入貢。十二年(1379)、十三年、十四年、十五年(1382),並入貢。③

十六年(1382),絕之,以通胡惟庸謀逆也。初,明州備倭指揮林賢,亡命日本,惟庸將爲亂,遣人取賢。賢將精兵四百,與僧如瑤來獻巨燭,中藏火藥兵具,事覺,磔賢於市。是時國制草昧,以包荒四夷爲量,雖侵叛靡常,而指揮翁德、靖海(候)[侯]吳禎稍稍懲艾之,未能甚得志也。惟命湯和按行海上,相度要害,築城堡戍

---

① "大業初,致國書詞嫚,煬帝怒,欲于遼東之役遂征之,不果。唐貞觀伍年,四裔來朝,顏師古作《王會圖》,倭亦與焉。高宗咸亨中,方更號日本,時時附新羅使,入貢長安。元年開元、天寶間,屢入貢。貞元中,有貢使願留中國受經,久之新羅道梗,始由海道至明州。宋雍熙後,累朝皆至。熙寧後,皆以僧至。盖彼國人皆嚴事僧,故僧率知詩書。"《島人傳·日本》,頁31b。

② "元世祖立,倭恃其絕遠,竟不受招。至元三年、四年、五年、六年、十年、十一年、十二年,遣使,皆不報。十七年,殺使者杜世忠。十八年,命將范文虎、阿塔海以舟師十萬往,至平互島五龍山,悉沉于風,返者三人。終元之世,不復至。"《島人傳·日本》,頁31b-32a。

③ "國朝洪武二年,入貢,其王良懷遣僧祖來進表箋貢馬。四年,遣行人趙秩宣諭,陪臣隨秩入貢,尋復擾海澨,遣僧祖闡無逸往宣揚威德,王復奉表入貢。十二年、十三年、十四年、十五年,並入貢。"《島人傳·日本》,頁32a。

之,嚴禁奸闌入海,稍獲寧謐。①

　　永樂二年(1404),入貢,時太監鄭和督水軍十萬,宣諭海外納款,獻內犯賊二十餘人,命治以彼法,盡置高俎蒸殺之,降勒褒獎,給勘合百道定以十年一貢,船限二艘,人限二百。(巳)[已]復入寇,平江伯陳瑄率眾追至朝鮮,焚其舟殆盡。(巳)[已]又復入寇,都督劉江大敗之於望海堝。先是,諜者言南方夜有火光。翌日,倭數千,繇馬雄島魚貫而上。江令徐剛伏兵山下,令姜隆率兵潛焚其船,甕歸路。既而賊至,伏兵起,賊大潰,奔櫻桃園。江圍之,開西一壁以縱之,賊果奔西一壁,伏兵夾擊,無得脫者。②

　　宣德元年(1426)、七年(1432)、十年(1435),並入貢,亦定以船三艘,人三百,然不能盡從。正統四年(1439),陷大嵩所昌國衛,官寺民舍一空,發塚墓,束縛嬰兒,以沸湯澆之,視其啼號,宛轉為樂;覆射孕婦,男女剖視以行酒,暴骨如莽。備倭將吏,以失機論死者三十六人。③

―――――――――

① "十六年,絕之,以通胡惟庸謀逆也。初,明州備倭指揮林賢,亡命日本,惟庸將為亂,遣人取賢。賢將精兵四百,與僧如瑤來獻巨燭,中藏火藥兵具,事覺,磔賢于市。是時國制草昧,以包荒四裔為量,雖侵叛靡常,而指揮翁德、靖海(候)[侯]吳禎稍稍懲艾之,未能甚得志也。惟命湯和按行海上,相度要害,築城堡戍之,嚴禁奸闌入海,稍獲寧謐。"《島人傳・日本》,頁32a-b。

② "永樂二年,入貢,時太監鄭和督水軍十萬,宣諭海外,故納款、獻內犯賊二十餘人,命治以彼法,盡置高俎蒸殺之,降勒褒獎,給勘合百道定以十年一貢,船限二艘,人限二百。已復入寇,平江伯陳瑄率眾追至朝鮮,焚其舟殆盡。已又復入寇,都督劉江大敗之於望海堝。先是,諜者言南方夜有火光。翌日,倭數千,由馬雄島魚貫而上。江令徐剛伏兵山下,令姜隆率兵潛焚其船,甕歸路。既而賊至,伏兵起,賊大潰,奔櫻桃園。江圍之,開西一壁以縱之,賊果奔西一壁,伏兵夾擊,無得脫者。"《島人傳・日本》,頁32b-33a。

③ "宣德元年、七年、十年,並入貢,亦定以船三艘,人三百,然不能盡從。正統四年,陷大嵩所昌國衛,官寺民舍一空,發塚墓,束縛嬰兒,以沸湯澆之,視其啼號,宛轉為樂;覆射孕婦,男女剖視以行酒,暴骨如莽。備倭將吏,以失機論死者三十六人。"《島人傳・日本》,頁33a。

正統七年(1442)，貢船至九艘、人千餘。時議謂其觀光萬里之外，不録其罪。①

天順二年(1458)，入貢。成化二年(1466)，僞貢，都指揮張翥辨其奸貢不果。弘治中，鄞人朱縞，以少姣，爲貢使略買去，其王悦而女之。貢使者壽蒦，沿途爲暴，至濟寧强市物貨，至殺人塵中，坐解官童釧、魏政罪，戍譯事林春。正德四年(1509)，入貢，以前鄞人朱縞更名宋素卿爲使，事露，賂劉瑾解脱。②

嘉靖初，彼國各道爭貢，素卿復來，與同貢人宗設忿爭仇殺，事聞，復賂監舶中使賴恩左右之。故事夷使至，以先後爲序，賴恩受素卿賂先素卿，宗設大怒，相仇殺，掠寧波、紹興，守臣棄城，賊以日本之國號，封我東庫，執指揮劉錦、袁進以去。巡按御史以聞，禮部仍右素卿，以給事御史言，乃下素卿獄，論死。於是廷議請定十年一貢之例，舟三艘，人三百，非是却不受。③

十九年(1540)，我罪人李光頭二十七年，爲盧鐺所禽，許棟二十七年，爲吳川所禽從閩中獄解脱，勾倭巢於雙嶼港，黨有葉宗滿、謝和輩，出没諸番，煽動海上郡國，都御史朱紈討平之。二十六年

---

① "正統七年，貢船至九艘、人千餘。時議謂其觀光萬里之外，不録其罪。"《島人傳・日本》，頁33a。

② "天順二年，入貢。成化二年，僞貢，都指揮張翥辨其奸貢不果。弘治中，鄞人朱縞，以少姣，爲貢使略買去，其王悦而女之。貢使者壽蒦，沿途爲暴，至濟寧强市物貨，至殺人塵中，坐解官童釧、魏政罪，戍譯事林春。正德四年，入貢，以前鄞人朱縞更名宋素卿爲使，事露，賂劉瑾解脱。"《島人傳・日本》，頁33a-b。悦：書中刻作"悦"。

③ "嘉靖初，彼國各道爭貢，素卿復來，與同貢人宗設忿爭仇殺，事聞，復賂監舶中使賴恩左右之。故事夷使至，以先後爲序，賴恩受素卿賂先素卿，宗設大怒，相讐殺，掠寧波、紹興，守臣棄城，賊以日本之國號，封我東庫，執指揮劉錦、袁進以去。巡按御史以聞，禮部仍右素卿，以給事御史言，乃下素卿獄，論死。于是廷議請定十年一貢之例，舟三艘，人三百，非是却不受。"《島人傳・日本》，頁33b。

(1547)，入貢，以非期，發外澳停泊，至次年而後納之，自是無復貢者。①

　　三十一年(1552)，王直先爲許棟部下，棟滅，直始興勾倭寇烈港。直，歙人。生時，母汪媼夢弧矢星入懷，(巳)[已]而大雪，草木皆冰。長任俠好施，尚信義，趨人之急。惡少年方廷助、葉宗滿、徐惟學、謝和，皆歸慕之，相與入海，連巨舶販賣硝磺、絲綿、違禁諸器物，往來互市，於日本、暹羅、西洋諸國，訾累鉅萬。番夷君長以下，並信服之，稱爲五峰舶主。廣有賊首陳思盼者，不入直黨，直掩殺之，併其衆。繇是海上之寇，非受直節制，不能存。直於是威名籍甚，尋招集亡命，據薩摩洲之松浦，僭稱徽王，置官屬三十六島之夷，咸受節度，時時遣部下剽攻沿海諸郡國，東南騷然。②

　　總督胡宗憲欲撫之，乃出其母妻子於金華獄，豐衣美食，好室屋以奉之，俾與直相聞。隨遣諸生蔣洲、陳可願往爲遊説，其子澄亦囓指書血以報，曰：幕府長者，惟願一見阿父，以有詞於

① "十九年，我罪人李光頭二十七年，爲盧鏜所禽、許棟二十七年，爲吳川所禽從閩中獄解脫，勾倭巢於雙嶼港，黨有葉宗滿、謝和輩，出没諸番，煽動海上郡國，都御史朱紈討平之。二十六年，入貢，以非期，發外灣停泊，至次年而後納之，自是無復貢者。"《島人傳·日本》，頁33b-34a。
② "三十一年，汪直先爲許棟部下，棟滅，直始興勾倭寇烈港。直，歙人。生時，母汪媼夢弧矢星入懷，已而大雪，草木皆冰。長任俠好施，尚信義，趨人之急。惡少年方廷助、葉宗滿、徐惟學、謝和，皆歸慕之，相與入海，連巨舶販賣硝磺、絲綿、違禁諸器物，往來互市，於日本、暹羅、西洋諸國，訾累鉅萬。番夷君長以下，並信服之，稱爲五峰舶主。廣有賊首陳思盼者，不入直黨，直掩殺之，併其衆。由是海上之寇，非受直節制，不能存。直于是威名籍甚，尋招集亡命，據薩摩洲之松浦，僭稱徽王，置官屬三十六島之夷，咸受節度，時時遣部下剽攻沿海諸郡國，東南騷然。"《島人傳·日本》，頁34a-b。王直：《島人傳》《明史》作"汪直"，明代鄭若曾(1503—1570)《籌海圖編》、嘉靖《浙江通志》轉錄的田汝成《王直傳》、嚴從簡《殊域周咨録》、張燮《東西洋考》則稱"王直"。爲當時著名的海商與海盜(倭寇)首領，生於安徽徽州歙縣桂林，又名五峰，號五峰船主，自號徽王。嘉靖三十八年(1559)，爲明世宗下詔處死。

朝保無他。諸遊説者亦百方,直嘆曰:“當王者不死,沛公不見羽鴻門乎?”遂詣軍門,宗憲置之獄,欲上書請赦直,令自效。朝議斬直於市,大非宗憲意,時嘉靖三十六年(1557)十一月也。①

於時海中群盜,有金子老者、有許朝光者、有蕭顯者、有林碧川者、有徐碧溪者,聲名皆出直下,而蕭顯最大。陷黄巖則林碧川爲主首,陷上海則蕭顯爲主首。(巳)[已]寧波有毛海峰者、有徐元亮者,(巳)[已]漳州有沈南山者、李華山者,(巳)[已]泉州有洪朝堅者,(巳)[已]有鄧文俊者、張月湖者、蔡未山者、王萬山者、陳太公者,皆勾倭入寇。蕭顯爲盧鏜所破,戮於慈溪。林碧川爲任錦所破,禽於大陳山。(巳)[已]顯之後,有鄭宗興者、何亞八者、徐銓者、方武者,聲名又出顯下,都御史鮑象賢破之。②

乙卯(1555),倭以薩摩、肥前、肥後、津州、對馬島之衆入寇,以我人徐海王直之黨爲軍鋒冠,陳東薩摩州王之弟,掌書記酋也,其部下多薩摩、葉明輔焉,嘉、湖、蘇、松間,大肆攻剽,總督張經破之於王江涇。經開府嘉興調思州瓦氏兵,土司永順各兵尚未集,趙文

① “總督胡宗憲欲撫之,乃出其母妻子於金華獄,豐衣美食,好室屋以奉之,俾與直相聞。隨遣諸生蔣洲、陳可願往爲遊説,其子澄亦囓指書血以報,曰:幕府長者,唯願一見阿父,以有詞於朝保無他。諸遊説者亦百方,直嘆曰:‘當王者不死,沛公不見羽鴻門乎?’遂詣軍門,宗憲置之獄,欲上書請赦直,令自效。朝議斬直於市,大非宗憲意,時嘉靖三十六年十一月也。”《島人傳·日本》,頁34b。

② “于時海中群盜,有金子老者、有許朝光者、有蕭顯者、有林碧川者、有徐碧溪者,聲名皆出直下,而蕭顯最大。陷黄巖則林碧川爲主首,陷上海則蕭顯爲主首。已寧波有毛海峰者、有徐元亮者,已漳州有沈南山者、李華山者,已泉州有洪朝堅者,已有鄧文俊者、張月湖者、蔡未山者、王萬山者、陳太公者,皆勾倭入寇。蕭顯爲盧鏜所破,戮於慈溪。林碧川爲任錦所破,禽於大陳山。已顯之後,有鄭宗興者、何亞八者、徐銓者、方武者,聲名又出顯下,都御史鮑象賢破之。”《島人傳·日本》,頁34b-35a。

華屢趨戰,經以兵機貴密,刻師期不之泄也,文華遂劾經養寇,詔逮問。時經已與賊大戰王江涇,斬首一千九百八十有奇。至京列狀自理,文華持之,竟就論。①

丙辰(1556),倭攻乍浦,胡宗憲以計離其黨,徐海就禽。沈家庄之役,徐海、陳東合兵,勢甚銳。宗憲度未可與交鋒,乃厚遺海,所以啗海者,方故萬端,海始傾心。而陳東快快病海之賣己,往攻桐鄉,海微使人語桐鄉令曰:"我已歸胡公,但慎防陳東耳。"東至,則城中有備,不能入,遂愈益發憤恨海。宗憲知賊交已攜,復啗海縛葉麻以獻。宗憲又密勞問麻獄中曰:"爾不負海,而海負爾,必我也知之。何不移書陳東,使殺海以報。"麻遂欣然作書,宗憲得書,不予東,故佯以予海曰:"麻無故通東書,謀必有奸,汝宜防之。"海啓書見書中語,盛感激,誓縛東自效,海遂多方誘東。宗憲仍使海與東耦居沈家庄,設間,令其自鬭,遂乘亂急擊,誅捕殆盡。②

———————

① "乙卯,倭以薩摩、肥前、肥後、津州、對馬島之衆入寇,以我人徐海王直之黨爲軍鋒冠,陳東薩摩州王之弟,掌書記,酋也,其部下多薩摩、葉明輔焉,嘉、湖、蘇、松間,大肆攻剽,總督張經破之於王江涇。經開府嘉興調思州瓦氏兵,土司永順各兵尚未集,趙文華屢趨戰,經以兵機貴密,刻師期不之泄也,文華遂劾經養寇,詔逮問。時經已與賊大戰王江涇,斬首一千九百八十有奇。至京列狀自理,文華持之,竟就論。"《島人傳·日本》,頁35a-b。

② "丙辰,倭攻乍浦,胡宗憲以計離其黨,徐海就禽。沈家庄之役,徐海、陳東合兵,勢甚銳。宗憲度未可與交鋒,乃厚遺海,所以啗海者,方故萬端,海始傾心。而陳東快快病海之賣己,往攻桐鄉,海微使人語桐鄉令曰:'我已歸胡公,但慎防陳東耳。'東至,則城中有備,不能入,遂愈益發憤恨海。宗憲知賊交已攜,復啗海縛葉麻以獻。宗憲又密勞問麻獄中曰:'爾不負海,而海負爾,必我也知之。何不移書陳東,使殺海以報。'麻遂欣然作書,宗憲得書,不予東,故佯以予海曰:'麻無故通東書,謀必有奸,汝宜防之。'海啓書見書中語,盛感激,誓縛東自效,海遂多方誘東。宗憲仍使海與東耦居沈家庄,設間,令其自鬭,遂乘亂急擊,誅捕殆盡。"《島人傳·日本》,頁35b-36a。

(巳)[已]又有洪澤珍者攻福寧，陷福安，皆此賊通番臣寇也，俗稱洪老。其黨洪嚴山者入安東，陷福清，攻興化、惠安、泉州府、許西池者犯廣東揭陽等處者、蕭雲峰者、張璉者二賊，閩、廣會剿始平、吳平者劫惠州，攻朝陽者、曾一本者犯高雷，入五羊，殺參將繆印，閩、廣會剿遁去、林道乾者以萬曆元年起，敗於南澳，餘黨爲林鳳所併、林鳳者，皆閩、廣間人，先後勾倭起事。[①]

始嘉靖戊午(1558)，終萬曆乙亥(1575)，十八年間，攻福寧，陷福安，陷寧德，圍松溪，攻長樂，陷福清，攻惠安，陷興化，犯饒平，圍揭陽，攻平和，劫海豐，陷玄鍾，犯高雷，焚五羊，奪呂宋。先後折衝禦侮之臣，則有張翰、李遂、劉燾、譚倫、劉堯誨、殷正茂；而爪牙之將，則戚繼光、俞大猷、劉顯最著也。今閩中樓船三萬師，尚猶有戚之遺教云。[②]

萬曆二十年(1592)，倭酋平秀吉大入朝鮮，朝鮮王棄王京，走平壤，李氏之社幾屋，陪臣痛哭乞援。朝議以其累世恭順，視遼東如股肱郡也，發師數萬佐之。其將則劉綎、麻貴、李如松、董一元、

---

① “已又有洪澤珍者攻福寧，陷福安，皆此賊通番臣寇也，俗稱洪老。其黨洪嚴山者入安東，陷福清，攻興化、惠安、泉州府、許西池者犯廣東揭揚等處者、蕭雲峰者、張璉者二賊，閩、廣會剿始平、吳平者劫惠州，攻朝陽者、曾一本者犯高雷，入五羊，殺參將繆印，閩、廣會剿遁去、林道乾者以萬曆元年起，敗於南灣，餘黨爲林鳳所併、林鳳者，皆閩、廣間人，先後勾倭起事。”《島人傳・日本》，頁36a-b。

② “始嘉靖戊午，終萬曆乙亥，十八年間，攻福寧，陷福安，陷寧德，圍松溪，攻長樂，陷福清，攻惠安，陷興化，犯饒平，圍揭陽，攻平和，劫海豐，陷玄鍾，犯高雷，焚五羊，奪呂宋。先後折衝禦侮之臣，則有張翰、李遂、劉燾、譚倫、劉堯誨、殷正茂；而爪牙之將，則戚繼光、俞大猷、劉顯最著也。今閩中樓船三萬師，尚猶有戚之遺教云。”《島人傳・日本》，頁36b。

陳璘,糜少府金錢七百萬。① 諸經略文臣,不皆大將才,竟不能得
其要領,士、馬、物故無算,朝鮮人復苦兵矣,至今有倭梳兵篦之
謠。幸平秀吉病死,乃班師。朝鮮亦漸自爲葆就。②

　　近又併琉球而擄其王,旋釋之。琉球,故我之封貢海外藩,其
立新王,我必遣給專[事]行人齎璽書,置大舶航海,往返費鉅萬。
今廢置繇倭,而琉球乞貢者,大抵奉倭奴之指云。③

　　按倭奴世世王姓,徐福裝童男女入海求神僊,止大島中,亦屬
倭奴人,又名之曰徐倭,自爲種,非其大者。聞大倭王居邪馬臺,
亦云耶摩維關東道,又曰國初居日向之筑紫宮,後徙山城,日向偏
西南,山城其國之適中也。文武僚吏,皆世其官,有德仁義禮智
信,大小十二等,及軍尼伊尼翼諸名。其路,經高麗,繇對馬島乘
風一二日達;經琉球,繇薩摩洲七日達。貢使之入,必經博多,歷
五島,以操舟長年,俱在博多。故貢舶返則徑收長門,以権司在長
門故也。④

---

① “萬曆二十年,倭酋平秀吉大入朝鮮,朝鮮王棄王京,走平壤,李氏之社幾屋,陪臣
痛哭乞援。朝議以其累世恭順,視遼東如股肱郡也,發師數萬佐之。其將則劉綖、
麻貴、李如松、董一元、陳璘,糜少府金錢七百萬。”《島人傳·日本》,頁36b。劉綖
(1558—1619):《明史》作“劉綎”,為明萬曆年間的傑出將領,南征北討,戰功彪炳,
官至總兵官、都督同知等職。《明史》卷二百四十七《列傳·劉綎》,頁6389-6396。
② “諸經略文臣,不皆大將才,竟不能得其要領,士、馬、物故無算,朝鮮人復苦兵矣,
至今有倭梳兵篦之謠。幸平秀吉病死,乃班師。朝鮮亦漸自爲葆就。”《島人傳·
日本》,頁36b-37a。葆就:謂保衛城池,修成郡縣。葆,通“保”。司馬遷《史記》卷
一百十六《西南夷列傳》云:“上罷西夷,獨置南夷、夜郎兩縣一都尉,稍令犍為自葆
就。”張守節《正義》云:“令犍為自葆守,而漸修成其郡縣也。”(頁2995)
③ “近又併琉球而擄其王,旋釋之。琉球,故我之封貢海外藩,其立新王,我必遣給
事、行人齎璽書,置大舶航海,往返費鉅萬。今廢置由倭,即琉球每歲有乞貢之舶,
大抵奉日本之指云。”《島人傳·日本》,頁37a。
④ “按日本世世王姓,徐福裝童男女入海求神仙,止大島中,亦屬倭奴人,又名之曰徐
倭,自爲種,非其大者。聞大倭王居邪馬臺,亦云耶摩維關東道,又曰國初居日向
之筑紫宮,後徙山城,日向偏西南,山城其國之適中也。文武僚吏,皆世（转下页）

其入犯則視其風,東北風競趨閩越,南風競則趨遼陽。東北風以清明爲候,能積一二月不變;五月南風競,盜之趨倭者復視焉。霜降後東北風亦競,故海上有春大汛、冬小汛之防,海風波泊天浴日。舶舟視旁羅之針,置羅處甚幽密,惟開小扃直舵門,燈長燃,不分晝夜。[①] 夜五更,晝五更,合晝夜十二辰,爲十更,其針路悉有譜[②]太倉港口開船,用單乙針,一更船平。吳淞江,用單乙針及乙卯針,一更平。寶山到南匯嘴,用乙辰針,出港口,打水六七丈,沙泥地,是正路。[③] 三更見茶山,自此用坤申及丁未針,行三更,船直至大小七山,灘

---

(接上頁)其官,有德仁義禮智信,大小十二等,及軍尼伊尼翼諸名。其路,經高麗,由對馬島乘風一二日達;經琉球,由薩摩洲七日達。貢使之入,必經博多,歷五島,以操舟長年,俱在博多。故貢舶返則徑收長門,以權司在長門故也。"《島人傳‧日本》,頁37a-b。

① "其入犯則視其風,東北風競趨閩越,南風競則趨遼陽。東北風以清明爲候,能積一二月不變;五月南風競,盜之趨倭者復視焉。霜降後東北風亦競,故海上有春大汛、冬小汛之防,海風波泊天浴日。舶舟視旁羅之針,置羅處甚幽密,惟開小扃直舵門,燈長燃,不分晝夜。"《島人傳‧日本》,頁37b。旁羅:測天度的器具。(明)楊慎《丹鉛總錄‧天文‧旁羅》云:"旁羅乃測天度之器,如今之堪地羅也。"

② "夜五更,晝五更,合晝夜十二辰,爲十更,其針路悉有譜。"《島人傳‧日本》,頁37b-38a。海上航程一般以"更"來表述,大致分一晝夜爲十更,一更爲六十里。由於受風力與風向等諸多因素的影響,"更"數往往只作參考,尚需以天文、地文、潮流等知識加以補充或補正。針路之名,最早見於明代刊刻的元代書籍《海道經》中,即航線。自元代以後,羅盤(指南針)成爲海上導航的主要儀器。在羅盤的指引下,從甲地到乙地的某一航線上有不同地點的航行方向,將這些航向連續成線,並繪於紙上,即所謂"針路"。記錄針路的書籍則稱爲針經,亦名針譜、針路簿等。又按:《島人傳‧日本》《地緯‧倭奴》原書以下關於舟船行至日本的針路說明,應係出自鄭若曾撰《籌海圖編》卷二上《使倭針經圖說》,鄭若曾指出太倉往日本針路,可見於《渡海方程》與《海道針經》,該針路"乃歷代以來及本朝國初中國使臣入番之故道也"。李致忠點校:《籌海圖編》,頁158-161。另收於鄭若曾:《鄭開陽雜著》卷四,頁43b-49b。

③ "太倉港口開船,用單乙針,一更船平。吳淞江。用單乙針及乙卯針,一更平。寶山到南匯嘴,用乙辰針,出港口,打水六、七丈,沙泥地,是正路。"《島人傳‧日本》,頁38a。太倉:隸屬於江蘇,明代時期當地爲海舶發船要地。寶山:今上(轉下頁)

山在東北邊。灘山下,水深七八托,用單丁及丁午針,三更船至霍山。霍山,用單午針,至西後門。西後門,用巽巳針,三更船至茅山。茅山,用辰巳針,取廟州門,船從門下過行,取升羅嶼。升羅嶼,用丁未針,經綺頭山,出雙嶼港。雙嶼港,用丙午針,三更船至孝順洋及亂礁洋。亂礁洋,水深八九托,取九山以行。九山,用單卯針,二十七更過洋,至日本港口。又有從烏沙門開洋,七日即到日本。若陳錢山至日本,用辰針。[①] 福建往者,梅花東外山開船,單用辰針、乙辰針或用辰巽針,十更船取小琉球套北過船,見雞籠嶼及梅花瓶、彭嘉山。繇彭嘉山北邊過船,遇正南風,用乙卯針,或用單卯針,或用單乙針;西南風,用單卯針;東南風,用乙卯針,十更船取釣魚嶼北邊過。十更船,南風用單卯針,或用乙卯針,四更船至黃麻嶼北邊過船,便是赤嶼。五更船,南風用甲卯針,東風用單乙針,十更船至赤坑嶼。北邊過船,南風用單卯及甲寅針,西南風用艮寅針,東南風用甲卯針,十五更船至古米山。[②] 北邊過船,有礁宜避。南

---

（接上頁）海寶山。向達校注:《兩種海道針經》,頁 215,237。單乙針:即航行方向對準羅盤上的乙字。航向對準羅盤上某一字之正中,即稱之為"單針",又稱"丹針"。乙卯針:即航行方向對準羅盤上的乙、卯二字之間。航向對準羅盤上兩字之間的縫隙,即稱之為"縫針"。

① "三更見茶山,自此用坤申及丁未針,行三更,船直至大小七山,灘山在東北邊。灘山下,水深七八托,用單丁及丁午針,三更船至霍山。霍山,用單午針,至西後門。西後門,用巽巳針,三更船至茅山。茅山,用辰巳針,取廟州門,船從門下行過,取升羅嶼。升羅嶼,用丁未針,經綺頭山,出雙嶼港。雙嶼港,用丙午針,三更船至孝順洋及亂礁洋。亂礁洋,水深八九托,取九山以行。九山,用單卯針,二十七更過洋,至日本港口。又有從烏沙門開洋,七日即到日本。若陳錢山至日本,用艮針。"《島人傳·日本》,頁 38a。茶山:位於浙江嵊泗列島陳錢島附近。灘山:屬浙江,又作灘滸山、灘虎山。雙嶼:位於浙江寧波霩所崎頭港外。孝順洋:位於浙江舟山群島六橫島南象山港外。亂礁洋:位於浙江定海六橫島東南孝順洋之東。九山:位於浙江舟山南六橫島南海中。向達校注:《兩種海道針經》,頁 208,228,246－247,260,271,275。

② "福建往者,梅花東外山開船,單用辰針、乙辰針或用辰巽針,十更船取小琉球套北過船,見雞籠嶼及梅花瓶、彭嘉山。由彭嘉山北邊過船,遇正南風,用乙卯針,或用單卯針,或用單乙針;西南風,用單卯針;東南風,用乙卯針,十更船取釣（转下页）

風用單卯針及甲寅針，五更船至馬岊山。南風用甲卯或甲寅針，五更船至大琉球郎霸港舶船。郎霸港外開船，用單子針，四更船取離倚嶼外過船。南風單癸針，三更船取熱壁山。南風用單癸針，四更船取硫黃山。南風用丑癸針，五更船取田嘉山。又南風用丑癸針，三更半船取夢如刺山。南風用單癸針及丑癸針，三更船取大羅山。用單癸針，二更半船取萬者通七島山西邊過船。萬者通七島山，用單寅針，五更船取野顧七山島。野顧七山島，用巽寅針，二更半船但爾山。用艮寅針，四更船取亞甫山。亞甫山平港口，其水望東流甚急。離此山用艮寅針，十更船取亞慈理美妙山。若不見此山，用單艮針，二更船又艮寅針，五更船取烏佳眉山。烏佳，用單癸針，三更船；若船開時，用單子針，一更船至而是麻山。而是麻山南邊有沉礁，名套礁，東北邊過船，用單丑針，一更船是正路。却用單子針，四更船取大門山中。大門山中大門山房西邊門過船，用單丑針，三更船取兵褲山港。循本港，直入日本國都。[1] 近漳人走倭精熟

---

（接上頁）魚嶼北邊過。十更船，南風用單卯針，或用乙卯針，四更船至黃麻嶼北邊過船，便是赤嶼。五更船，南風用甲卯針，東南風用單乙針，十更船至赤坑嶼。北邊過船，南風用單卯及甲寅針，西南風用艮寅針，東南風用甲卯針，十五更船至古米山。《島人傳·日本》，頁38a。梅花：位於福建閩江口長樂，明代於此地置梅花所，屬鎮東衛。雞籠嶼：位於臺灣北部基隆外海。梅花瓶：又作花瓶嶼，位於臺灣基隆東北外海。彭嘉山：又作彭家山、彭佳山，位於基隆東北外海，與花瓶嶼同為臺灣往琉球必經之地。釣魚嶼：又名釣魚島、釣魚臺，位於基隆東北外海。黃麻嶼：又作黃尾嶼，位於基隆東北外海。赤嶼、赤坑嶼：又作赤坎嶼，位於釣魚嶼東部。古米山：又作枯美山，即琉球沖繩群島的久米島。向達校注：《兩種海道針經》，頁230,235,240,251,253,256,259,271-272。

[1] "北邊過船，有礁宜避。南風用單卯針及甲寅針，五更船至馬岊山。南風用甲卯或甲寅針，五更船至大琉球郎霸港舶船。郎霸港外開船，用單子針，四更船取離倚嶼外過船。南風單癸針，三更船取熱壁山。南風用單癸針，四更船取硫黃山。南風用丑癸針，五更船取田嘉山。又南風用丑癸針，三更半船取夢如刺山。南風用單癸針及丑癸針，三更船取大羅山。用單癸針，二更半船取萬者通七島山西邊過船。萬者通七島山，用單寅針，五更船取野顧七島山。野顧山，用巽寅針，二更半船但尔山。用艮寅針，四更船取亞甫山。亞甫山平港口，其水望東流甚急。離此山用艮寅針，十更船取亞慈理美妙山。若不見此山，用單艮針，二更船又艮寅（转下頁）

者,能不繇譜,取道甚徑也。其國分五畿七道,道以統州,州以統
郡。曰山城,曰太和,曰河內,曰和泉,曰攝津,此爲五畿,視中國
直隸;曰東海,曰東山,曰北陸,曰山陰,曰山陽,曰南海,曰西海,
是爲七道,視中國省;七道所統之州六十一,視中國郡。要皆陁
陾,合其畿道,視中國滇、黔而已。東北近毛人國界,南近琉球界,
西北近朝鮮界,西南近浙、閩界,西近淮、揚界。[②]

　　國家於朝鮮、琉球不斬封爵羈屬之,無它故,亦漢博望通烏孫
之意,所以斷倭奴左右臂也。[③] 自關白殘破朝鮮之後,而琉球復

---

（接上頁）針,五更船取烏佳眉山。烏佳眉山,用單癸針,三更船;若船開時,用單子
針,一更船至而是麻山。而是麻山南邊有沉礁,名套礁,東北邊過船,用單丑針,一
更船是正路。却用單子針,四更船取大門山中。大門山傍西邊門過船,用單丑針,
三更船取兵褲山港。循本港,直入日本國都。”《島人傳·日本》,頁38a‐b。馬岊
山:又作馬齒山,即位於琉球那霸西面的慶良間列島。郆霸港:又作豪（濠）霸港,
即琉球那霸港。離倚嶼:又作椅山、移山,即琉球沖繩群島中之伊江島。熱壁山:
一作葉壁山,即琉球沖繩群島中之伊平屋島。硫黃山:又作流橫山,即琉球沖永良
部島。田嘉山:又作田家地山,即琉球北方奄美大島中德之島。夢如刺山:應爲夢
加刺山、夢加利山,即琉球奄美大島中之計品麻島。大羅山:即琉球奄美大島北之
吐噶拉島。萬者通七島山:又作萬者通七坵山,即琉球奄美大島北之寶七島。野
顧山:又作野古島、野故山,即琉球奄美大島北之屋久島。但爾山:又作旦午山,即
日本タネガ島。亞甫山:又作啞甫利山,位於日本、琉球之間。亞慈理美妙山:又
作啞慈子里美山,或即日本四國之足摺岬。而是麻山:又作而麻山、包而是麻山,
或即日本紀伊水道之路島。套礁:或作長礁。兵褲山港:又作兵庫港,位於日本攝
津附近。向達校注:《兩種海道針經》,頁212,218,221,226‐227,237,248,250,
253,256‐257,260‐262,264。以上所述福建往琉球、日本的針路航線,另可參見
十六世紀成書的《順風相送》,收於《兩種海道針經》,頁95‐98。

② “近漳人走倭精熟者,能不由譜,取道甚徑也。其國分五畿七道,道以統州,州以統
郡。曰山城,曰太和,曰河內,曰和泉,曰攝津,此爲五畿,視中國直隸;曰東海,曰東
山,曰比陸,曰山陰,曰山陽,曰南海,曰西海,是爲七道,視中國省;七道所統之州六
十一,視中國郡。要皆陁陾,合其畿道,視中國滇、黔而已。東北近毛人國界,南近琉
球界,西比近朝鮮界,西南近浙、閩界,西近淮、揚界。”《島人傳·日本》,頁38b‐39a。

③ “國家於朝鮮、琉球不斬封爵羈屬之,無它故,亦漢博望通烏孫之意,所以斷倭羅左
右臂也。”《島人傳·日本》,頁39a。博望:指博望侯張騫,事指西漢武帝（轉下頁）

爲併，即二國皆仰其鼻息矣。近家康掩平秀賴而有其地，秀賴僅以一旅自保。今家康物故，俱相率叛去，謀爲關白子興復。所擁家康子者，第長岐一島耳。①

其土産黃金、白金、琥珀、水晶、硫黃、白珠、青玉、蘇木、胡椒、細絹、毳叚、細布、漆器、屏扇、犀象、刀劍、鎧甲馬，而刀爲最。上者名上庫刀，故山城國盛時，盡括其國各島名匠，閉局中，鑄造，不問歲月，其間號寧久者最佳。又有設機刀，出長門，號兼常者佳。次者名備前刀，以有血槽者佳。人各佩刀一，長者曰佩刀，刀上復置短刀，一以便雜事，曰小刀。長尺者曰解手刀，大而長柄者曰先導，鞘而皮室者曰大制。聞之海上人，凡倭生子，輒多具鐵，置怒灘中。俟子長，則取水中鐵製刀。鐵星以水磨濯去，獨存精鋼，故能水斷蛟龍，陸截犀象，然亦不常有也。②

其舟則遜中國遠甚，以鐵片聯巨木罅中，無油，艌法僅以草窒，費工多而形式瘁，難仰攻。今若易然者，皆掠我商賈舟，而奸

---

（接上頁）元狩四年（前119）張騫第二次出使西域，欲聯通烏孫以制衡匈奴。

① “自閣白殘破朝鮮之後，而琉球復爲所併，即二國皆仰其鼻息矣。近家康掩平秀賴而有其地，秀賴僅以一旅自保。今家康物故，俱相率叛去，謀爲關白子興復。所擁家康子者，第長岐一島耳。”《島人傳·日本》，頁39a－b。關白：即豐臣秀吉，見本書《朝鮮》篇“關白”注。家康：即德川家康。平秀賴：即豐臣秀賴。

② “其土産黃金、白金、琥珀、水晶、硫黃、白珠、青玉、蘇木、胡椒、細絹、毳叚、細布、漆器、屏扇、犀象、刀劍、鎧甲馬，而刀爲最。上者名上庫刀，故山城國盛時，盡括其國各島名匠，閉局中，鑄造，不問歲月，其間號寧久者最佳。又有設機刀，出長門，號兼常者佳。次者名備前刀，以有血漕者佳。人各配刀一，長者曰佩刀，刀上復置短刀，一以便雜事，曰小刀。長尺者曰解手刀，大而長樑者曰先導，鞘而皮室者曰大制。聞之海上人，凡倭生子，輒多具鐵，置怒灘中。俟子長，則取水中鐵製刀。鐵星以水磨濯去，獨存精鋼，故能水斷蛟龍，陸截犀象，然亦不常有也。”《島人傳·日本》，頁39b。關於日本刀的類似描述，另可見於《籌海圖編》卷二下《倭刀》，頁203－204；《鄭開陽雜著》卷四《倭刀》，頁38a－39b。

人鬻番，并船鬻之耳。[①]

至於食貨所仰需中國者，衣之類，吳絲、答布、純綿、帛絮、紬錦、繡袷、龍文衣被、紅線香囊；器之類，針釜、鐵鍊、磁器、木漆器、古文錢、小食筐筥；貨之類，白粉、水銀、藥物、氈毯、馬背氊；文之類，古書、古名字、名畫；食之類，醯醬。餘無所需。吳絲大售，儋師古曰："儋，人擔之也。"至五十兩。[②] 其俗髡首裸裎，畏寒，冬月非上褚衣不燠，故純棉大售，儋至二百兩。紅線用餙甲胄刀劍，帶畫書帶大售，儋至七十兩。香囊十枚七十兩，百針七兩，鐵釜具一兩，錢貴古千文至四兩，開元、永樂二錢，後新錢不貴也。名畫貴小。《五經》貴《書》《禮》，不知貴《詩》《易》《春秋》；《四書》貴《論語》《學》《庸》，不知貴《孟子》。外典貴佛經，賤道經。最貴醫書，得即購之，毋問直。藥貴苓甘草也，芎川芎也大售，儋至五十兩。素木鐵器，及木器漆者，磁器畫丹青者，合其制則貴，不合不貴也。[③]

---

① "其舟則遜中國遠甚，以鐵片聯巨木鏄中，無油，舣法僅以草窒，費工多而形式痺，難仰攻。今若易然者，皆掠我商賈舟，而奸人鬻番，并船鬻之耳。"《島人傳·日本》，頁 40a。

② "至於食貨所仰需中國者，衣之類，吳絲、答布、純綿、帛絮、紬錦、繡袷、龍文衣被、紅線香囊；器之類，針釜、鐵鍊、磁器、木漆器、古文錢、小食筐筥；貨之類，白粉、水銀、藥物、氈毯、馬背氊；文之類，古書、古名字、名畫；食之類，醯醬。餘無所需。吳絲大售，儋師古曰：'儋，人儋之也。'至五十兩。"《島人傳·日本》，頁 40a。"儋，人(擔)[儋]之也"，語出顏師古《漢書注》，見《漢書》卷九十一《列傳·貨殖傳》，頁 3687。

③ "其俗髡首裸裎，畏寒，冬月非上褚衣不燠，故純棉大售，儋至二百兩。紅線用餙甲胄刀劍，帶畫書帶大售，儋至七十兩。香囊千枚七十兩，百針七兩，鐵釜具一兩，錢貴古千文至四兩，開元、永樂二錢，後新錢不貴也。名畫貴小。《五經》貴《書》《禮》，賤《詩》《易》《春秋》；《四書》貴《論語》《學》《庸》，賤《孟子》。外典貴佛經，賤道經。最貴醫書，得即購之，毋問直。藥貴苓甘草也，芎川芎也大售，儋至五十兩。素木鐵器，及木器漆者，磁器畫丹青者，合其制則貴，不合不貴也。"《島人傳·日本》，頁 40a-b。《籌海圖編》卷二下《古書》云："《五經》則重《書》《禮》，而忽《易》《詩》《春秋》。《四書》則重《論語》《學》《庸》，而惡《孟子》。重佛經，無道經。若古醫（轉下頁）

　　其性殄悍,子生十歲,便教之走箭舞刀,讀書取記姓名而已,以戰死爲榮。行兵習巧術數,作蝴蝶陣,揮扇爲號,一人揮扇,衆人舞刀。又作長蛇陣,前耀百脚旗,以次魚麗而行,最強爲鋒,最強爲殿,吹螺爲號。其入寇攻剽,必火閭屋示威,氣焰燭天。直酒食,必令我人先嘗。行城衢,避委巷,避堞路,行必列而長,緩步而整,故戰數十里莫能近。對陣先以一二人跳盪蹲伏,空我之矢石,必伺人先動而後入。又善爲誘兵以包敵,戰酣,忽四面伏起突陣後,擄得我人輒髠鉗如其人。忿鷙好殺,形容健捷若猿猱,故我兵莫能當。①

　　然非我人爲之囮,則大海爲限,彼亦以絶遠不樂往。②

　　今閩中人視其國如歸市,羈旅所聚,名唐街。且長養以兒子,至紛不可治。馹與盜往來如織,彼亦歲遣千人,從外洋市我畬絲。而海禁愈厲,愈爲奸人開户,乃海上所斬捕稱倭者,率非亂倭,大都皆商倭。彼又貪漢物不已,恐自是利害之數,有非常法所能操馭者。度外事,是在豪傑名將哉!是在豪傑名將哉!③

---

　　(接上頁)書,每見必買,重醫故也。"(頁200)另見於《鄭開陽雜著》卷四《古書》,頁34b。

① "其性殄悍,子生十歲,便教之走箭舞刀,讀書取記姓名而已,以戰死爲榮。行兵習巧術數,作蝴蝶陣,揮扇爲號,一人揮扇,衆人舞刀。又作長蛇陣,前耀百脚旗,以次魚麗而行,最強爲鋒,最強爲殿,吹螺爲號。其入寇攻剽,必火閭屋示威,氣焰燭天。值酒食,必令我人先嘗。行城衢,避委巷,避堞路,行必单列而長,緩步而整,故占数十里莫能近。對陣先以一二人跳盪蹲伏,空我之矢石,必伺人先動而後入。又善爲誘兵以包敵,戰酣,忽四面伏起突陣後,擄得我人輒髠鉗如其人。忿鷙好殺,形容健捷若猿猱,故我兵莫能當。"《島人傳·日本》,頁40b-41a。關於倭人戰技的類似描述,另可見於《籌海圖編》卷二下《寇術》,頁204-206;《鄭開陽雜著》卷四《寇術》,頁40a-43a。

② "然非我人爲之囮,則大海爲限,彼亦以絶遠不樂往。"《島人傳·日本》,頁41a。

③ "今閩中人視其國如歸市,羈旅所聚,名唐街。且長養以兒子,至紛不可治。馹與盜往來如織,彼亦歲遣千人,從外洋市我畬絲。而海禁愈厲,愈爲奸人開户,乃海上所斬捕稱倭者,率非亂倭,大都皆商倭。彼又貪漢物不已,恐自是利害之数,有非常法所能操馭者。度外事,是在豪傑名將哉!是在豪傑名將哉!"《島人傳·日本》,頁41a-b。

## 【41】琉球①

　　琉球者,《通典》稱爲流求,居大島中,當建安郡。東浮海更彭湖最徑,七日可達。土多山洞,出黃金、硫磺(馬)[焉]。宜桑麻,無賦斂,人佚樂。見載志者,其王姓歡斯,名渴剌兜,不知其繇來。有國代數,漢晉以前,俱不通中國。隋大業中,令羽騎尉朱寬入海,訪求殊俗,始至其境。言語侏離,魋結,蠻夷服,不能譯。掠一人以返,②得金荆榴數十斤,金色而繡理,香氣勝蘭,以爲枕及几。③復遣武賁郎將陳稜率兵蹈海,虜其男女五百人,因令窺中國廣大。然去我遠,而海中皆鹽水,舟數敗,自唐迄宋俱不能臣使也,元遣使招之不至。④

　　國朝洪武初,其國揃剟爲三王:中山王、山南王、山北王,並遣使朝貢。後中山王吞并二山,自來朝闕下,詔許王子陪臣子來遊

---

① 本篇名稱在《叙傳》所列目錄中為"琉球志第四十一",版心刻有"琉球"、本篇頁碼及在全書中的頁碼。內容主要出自熊明遇《島人傳·琉球》(收於熊人霖編:《文直行書》文卷十三,頁28b-30b)。琉球:即今琉球群島。

② "琉球者,《通典》稱爲流求,居大島中,當建安郡。東浮海更彭湖最徑,七日可達。土多山洞,董董出黃金、硫磺(馬)[焉]。宜桑麻,無賦斂,人佚樂。見載志者,其王姓歡斯,名渴剌兜,不知其由來。有國代數,漢晉以前,俱不通中國。隋大業中,令羽騎尉朱寬入海,訪求殊俗,始至其境。言語朱離,魋結,蠻戎服,不能譯,掠一人以返。"《島人傳·琉球》,頁28b。魋結:亦作"魋髻",結成椎形的髻。

③ "得金荆榴數十斤,金色而繡理,香氣勝蘭,以爲枕及几",此段不見於《島人傳·琉球》中,應係熊人霖取自(宋)李昉(925—996)等編《太平廣記》卷四百八十二《留仇國》引(唐)張鷟(658?—730)《朝野僉載》云:"又得金荆榴數十斤,木色如真金,密緻而文彩盤蠥,有如美錦。甚香極精,可以為枕及案面,雖沉檀不能及。"李昉等編:《太平廣記》,頁3973-3974。

④ "復遣武賁郎將陳稜率兵蹈海,鹵其男女五百人,因令窺中國廣大。然去我遠,而海之鹽水中,數敗,自唐迄宋俱不能臣使也。元遣使招之不至。"《島人傳·琉球》,頁28b-29a。

太學,令得觀孔子禮器。永樂至今,凡新王嗣國,必介海上吏,踧請于典屬國曰:鄙遠蠻夷,欲安竊王號,聊以自榮,敢不以聞於天王哉!天子憫其絶遠,國初先至,爲蠻夷望,必御書加璽,遣給事中一人,持節,行人貳之,從福建造艦治裝,多齎糧兵弩甚設,三年乃成行。諸所需檣帆良材不常有,槎道鑿空成,靡敝財力。從官以下,多負漢物與市,使者亦瞿瞿於蛟龍之宮。初亦有擁轊車以行者,甚不樂往。其國之元舅若大夫充使臣返者,皆褒衣博帶,乘傳擁輿,燿閩、越間,齎送驛騷。萬曆中,廷臣議曰:區區絶島,不宜輕易策遣近臣、勞苦吏士萬里之外,請自是以後朝典頒海上郡國,命彼使北嚮稽首裝而還,中外翕然稱便。①

　　無何爲倭奴所輮,執其王以去,尋醳之,長琉球如故。其間歲以貢爲名,艤舶海喙求入京朝者,大都以財物役,不且爲倭奴耳目,屢議欲卻之。②

　　其風俗,男子髻於首之右,有職者簪金簪一。漢人之裔,則髻於首中,用色布纏。無貴賤,悉躡草履,入室宇則跣,惟覲天使,乃加冠具服納履。婦人以墨黥手,爲花草鳥獸文,頭足反無餙,如童

---

① “國朝洪武初,其國揃剔爲三王:中山王、山南王、山北王,並遣使朝貢。後中山王吞并二山,自來朝闕下,詔許王子陪臣子來遊太學,令得觀孔子禮器。永樂至今,凡新王嗣國,必介海上吏,踧請於典屬國曰:鄙遠蠻夷,欲安竊王號,聊以自榮,敢不以聞於天王哉!天子閔其絶遠,國初先至,爲蠻人望,必御書加璽,遣給事中一人,持節,行人貳之,從福建造艦治裝,多齎糧兵弩甚設,三年乃成行。諸所需檣帆良材不常有,槎道鑿空盛,靡敝財力。從官以下,多負漢物與市,使者亦瞿瞿於蛟龍之宮。初亦有擁轊車以行者,甚不樂往。其國之元舅若大夫充使臣返者,皆褒衣博帶,乘傳擁輿,燿閩、越間,齎送驛騷。萬曆中,廷臣議曰:區區絶島,不宜輕易策遣近臣、勞苦吏士萬里之外,請自是以後朝典頒海上郡國,命彼使北嚮稽首裝而還。中外翕然稱便。”《島人傳·琉球》,頁29a-b。
② “無何爲倭奴所輮,執其王以去,尋醳之,長琉球如故。其間歲以貢爲名,艤舶海喙求入京朝者,大都以財物役,不且爲倭奴耳目,屢議卻之。”《島人傳·琉球》,頁29b。

子之角總於後。其貴族婦女,出入戴箬笠騎馬,從女奴三四。<sup>①</sup> 其君臣上下,亦有等,惟王親尊而不與政;次法司官,次察度官,以司刑名;次哪囒港官,司錢穀;次耳目之官,司訪問,此皆土官,主武吏。若大夫、長史、通事諸員,專司朝貢,主文吏。王并日視朝,陪臣朝皆搓手膜拜。值元旦、聖節長至,王率衆官具冠服,設龍亭拜祝,視中國。<sup>②</sup> 父子同寢處,長有室,隨亦別異。食用匙筯,得異味,先進尊者。親喪,數月不肉。死者於中元左右浴屍溪水,去腐肉,以布帛裹其骨瘞之,不墳。王及陪臣則以匣藏山穴中,歲時祭祀啓視焉。<sup>③</sup>

---

① "其風俗,男子結髻於首之右,有職者簪金簪一。漢人之裔,則結髻于首中,用色布纏。無貴賤,悉躡草履,入室宇則跣,惟覯天使,乃加冠具服納履。婦人以墨黥手,爲花草鳥獸文,頭足反無餙,如童子之角總于後。其貴族婦女,出入戴箬笠騎馬,從女奴三四。"《島人傳・琉球》,頁29b－30a。《殊域周咨録》卷四《琉球》云:"其俗男子蟠髮,作髻于頂之右。凡有職者貫以金簪,漢人之裔髻則居中,俱以色布纏其首……足則無貴賤,皆著草履,入室宇則脱之,蓋以跣足為敬。又席地而坐,恐塵污地故。王見神、臣見王及主見賓,皆若是也。惟接見天使,則加冠具履……婦人黥手而為花草鳥獸之形,首反無飾,髮如童子之總角,在後不知……其貴家大族婦女出入,則帶箬笠,坐於馬上,女僕三四從之。"(頁163－164)

② "其君臣上下,亦有等,惟王親尊而不與政;次法司官,次察度官,以司刑名;次哪囒港官,司錢穀;次耳目之官,司訪問,此皆土官,主武吏。若大夫、長史、通事諸員,專司朝貢,主文吏。王并日視朝,陪臣朝皆搓手膜拜。遇元旦、聖節長至,王率衆官具冠服,設龍亭拜祝,視中國。"《島人傳・琉球》,頁30a。《殊域周咨録》卷四《琉球》云:"其國政令簡便,雖非如華夏之嚴,而亦有等級之序。王之下則王親,尊而不預政事。次法司官,次察度官司刑名,次那霸港官司錢穀,次耳目之司官司訪問,皆上官而為武職者也。若大夫、長史、通事等官,則專司朝貢之事,設有定員,而為文職者也。王日視朝,自朝至於日中昃,陪臣見之,皆搓手膜拜……凡遇聖節正旦長至日,王率陪臣具冠服,設龍亭行拜祝禮。"(頁163)

③ "父子同寢處,長有室,隨亦別異。食用匙筯,得異味,先進尊者。親喪,數月不肉。死者於中元左右浴屍溪水,去腐肉,以布帛裹其骨瘞之,不墳。王及陪臣則以匣藏山穴中,歲時祭祀啓視焉。"《島人傳・琉球》,頁30a－b。《殊域周咨録》卷四《琉球》云:"父之於子,少雖同寢,及長而有室,必異居。食兼用匙筯,得異味,先進尊者。子為親喪,數月不肉食……死者以中元前後日溪水浴其屍,去其腐肉,收其遺骸,(转下页)

　　王之宮室,建於山巔,國門扁曰歡會,府門扁曰漏刻,殿門扁曰奉神,亦簡樸,視中國侯伯府而已。俗畏神,以婦人爲尸名女君。聞其國之東隅有人鳥語鬼形,不相往來,豈即所爲毗舍那國耶?①

　　宣德以後,使臣以給事、行人往,名姓可考者,柴山、俞忭、劉遜、陳傳、萬祥、陳謨、董守宏、李秉彝、劉儉、潘榮、蔡哲、管榮、韓又、董旻、張祥、陳侃、高澄、郭汝霖、李際春、謝(朮)[杰]、夏子陽、王文邁。其王世尚姓,具以華字名。②

---

（接上頁）布帛纏之,裹以葦草,襯土而殯,不起墳。若王及陪臣之家,則以骸匣藏於山穴中……歲時祭掃則啓鑰視之。"(頁164)以上關於琉球民人裝飾、官職、節慶、起居、飲食及喪葬習俗的類似描述,可見於《鄭開陽雜著》卷七《琉球圖説》,頁6a-b,12a-b。

① "王之宮室,建於山巔,國門扁曰歡會,府門扁曰漏刻,殿門扁曰奉神,亦簡樸,視中國侯伯府而已。俗畏神,以婦人爲尸名女君。聞其國之東隅有人鳥語鬼形,不相往來,豈即所爲毗舍那國耶?"《島人傳·琉球》,頁30b。毗舍那:又作毗舍邪、毗舍耶、毗舍野,或因形、音相近而有異。毗舍邪人來中國沿海一事,始見於(宋)樓鑰(1137—1213)《攻媿集》和(宋)趙汝适《諸蕃志》。

② "宣德以後,使臣以給事、行人往,名姓可考者:柴山、俞忭、劉遜、陳傳、萬祥、陳謨、董守宏、李秉彝、劉儉、潘榮、蔡哲、管榮、韓又、董旻、張祥、陳侃、高澄、郭汝霖、李際春、謝杰、夏子陽、王文邁。其王世尚姓,具以華字名。"《島人傳·琉球》,頁30b。關於上述奉遣琉球使臣的簡要事蹟,可參見《明史》卷三百二十三《外國四·琉球》,頁8365-8369。其中,於明世宗嘉靖前期奉使往封琉球國中山王的給事中陳侃,歸而撰成《使琉球録》一卷;嘉靖後期奉使琉球的給事中郭汝霖、行人李際春,還取陳侃之書,重加編纂《琉球録》二卷。謝杰:字漢甫,明神宗萬曆初進士,除行人,册封琉球,後歷任兩京太常少卿、南京五府僉書、順天府尹、南京刑部右侍郎、户部尚書督倉場等職,撰有《使琉球録》。其事蹟見《明史》卷二百二十七《列傳·謝杰》,頁5967-5968。夏子陽(1552—1610):字君甫,號鶴田,萬曆十七年(1589)進士,授紹興推官,政績卓著,升為兵部給事中。萬曆三十一年(1603),被任命為出使琉球國正使,册封新繼王位的中山王,撰有《使琉球録》。臺灣銀行經濟研究室於1970年將陳侃、謝杰與夏子陽等人的《使琉球録》合編為《臺灣文獻叢刊》第287種,題名《使琉球録三種》。關於明代歷朝遣使册封琉球中山王的正使給事中、副使行人名單,可參閱吳幅員為該書所撰《弁言》。

# 【42】東番①

東番者,居海島中,載籍無所考信。其俗土著,無大君長,於中國不絶遠,從泉州海,更彭湖中,二日夜可達。其地起魍港、加老灣,歷大員、堯港、狗嶼、雙溪、加哩林、沙巴里,斷續凡千里。而山之鷄籠、淡水最名,議者欲置戍其間,與海中諸夷市,章有上公車者。水之北港最名,群盗佯言開墾,歲助餉金若干,實欲扼商賈之咮,與海中諸夷市,跡見有端。而泉之勢家奸民,亦有瓜分北港

---

① 本篇名稱在《叙傳》所列目録中為"東番志第四十二",版心刻有"東番"、本篇頁碼及在全書中的頁碼。内容主要出自熊明遇《島人傳・東番》(收於熊人霖編:《文直行書》文卷十三,頁 25b－28b)。《島人傳・東番》主要取材自(明)陳第(1541—1617)的《東番記》。此處的東番,泛指當時臺灣島西部的原住民族。明神宗萬曆三十年十二月,福建浯嶼指揮沈有容(1557—1627)親率水師渡海來臺剿除倭寇,隨行的閩省連江籍學者陳第於翌年(1603)春撰著《東番記》,收録於沈有容編輯的《閩海贈言》卷二中。根據方豪的研究,陳第《東番記》為明季親臨臺灣的中國士人,"目擊本島情形者所遺之最早文獻",堪為當時福建人士認識臺灣地理分布、風俗民情及物産交通的重要歷史資料。嗣後,陳第友人何喬遠《閩書》卷一百四十六《島夷志》所記東番文,以及張燮《東西洋考》卷五《東番考・雞籠淡水》,係多採録自該份文録。方豪:《"閩海贈言"(方氏慎修堂影印本)序》《陳第東番記考證》,《方豪六十自定稿》,頁 845－880,2238。《東番記》除了方豪校訂《閩海贈言》的標點本之外,其原始刻本的照相影本可見於方豪:《方豪六十自定稿》,頁 835－844。周婉窈有重新標點本,附録於氏著《陳第〈東番記〉——十七世紀初臺灣西南地區的實地調查報告》,頁 44－45。另可見於氏著《海洋與殖民地臺灣論集》,頁 147－150。關於《東番記》的相關分析,除可見於前引方豪、周婉窈之文外,另可參見詹素娟:《舊文獻　新發現:臺灣原住民歷史文獻解讀》第一章《有關臺灣原住民的第一篇現地報導——陳第的〈東番記〉》,頁 1－42。萬曆後期,熊人霖陪同父親熊明遇至福建任官,與沈有容等人相識往來,因此有了《島人傳・東番》的著述因緣。參見洪健榮:《西學與儒學的交融:晚明士紳熊人霖〈地緯〉中的世界地理書寫》,頁 24－25。

課漁者矣。①

甚哉！海水之爲利害也！不具論，論其番之俗。②

俗聚族爲社，或千人，或五六百人，視子女多者爲雄長。好勇喜鬭，晝夜學走，足研躪，肉倍厚，能履棘走，走如蜚，終日不喘喉，可度數百里。與鄰社卻，則期而戰，戰疾力相殺傷，戰已，即釋怨，往來如初，無纖芥睚眦者。以戰時所斬首懸於户，其户髑髏纍纍者稱壯(土)[士]。③ 其兵鏢鎗，鏢本用五尺竹而末鋭，傳以精鐵，出入不釋手，觸鹿鹿斃，觸虎豹虎豹斃。地宜鹿，儦儦俟俟，居常禁私捕，冬鹿群出，則約社中人即之，鏢發如雨，獲若丘陵，皮角筋骨如山。而中國人以故衣、粗磁貿其皮角，與其餘肉，閩中郡亦無不厭若鹿者矣。④

---

① "東番者，居海島中，載籍無所考信。其俗土着，無大君長，於中國不絶遠，從泉州泛海，更彭湖中，二日夜可達。其地起魍港、加老灣、歷大員、堯港、狗嶼、雙溪、加哩林、沙巴里，斷續凡千里。而山之雞籠、淡水最名，議者欲置戍其間，與海中諸夷市，章有上公車者。水之北港最名，群盜所依阻也。番居山極深昧，濱海有甌脱可耕，群盜伴言開墾，歲助餉金若干，食欲扼商賈之咮，與海中諸民市，跡見有端。而泉之勢家奸民，亦有瓜分北港課漁者矣。"《島人傳·東番》，頁 25b。魍港：或作蚊港，約為今嘉義八掌溪口虎尾寮一帶。加老灣：或作咖哖員，約為北線尾島北側臺江内海外圍沙堤。大員：或作臺窩灣、臺灣，今臺南安平一帶。堯港：或作蟯港，今高雄茄萣、崎漏一帶。狗嶼：今高雄打鼓山。加哩林：可能為今臺南佳里一帶。雞籠山：今北臺灣基隆山。北港：今雲林北港與嘉義新港一帶。周婉窈：《陳第〈東番記〉——十七世紀初臺灣西南地區的實地調查報告》，頁 30－35。

② "甚哉！海水之爲厲害也！不具論，論其番之俗。"《島人傳·東番》，頁 25b。

③ "俗聚族爲社，或千人，或五、六百人，視子女多者爲雄長。好勇喜鬭，晝夜學走，足研躪，肉倍厚，能履棘走，走如蜚，終日不喘喉，度可數百里。與鄰社卻，則期而戰，戰疾力相殺傷，戰已，即釋怨，往來如初，無纖芥睚眦者。以戰時所斬首懸於户，其户骷髏纍纍者稱壯士。"《島人傳·東番》，頁 25b－26a。《地緯》原書壯士之"士"原作"土"，據《東番記》《島人傳》改之。

④ "其兵鏢鎗，鏢本用五尺竹而末鋭，傳以精鐵，出入不釋手，觸鹿鹿斃，觸虎豹虎豹斃。地宜鹿，儦儦俟俟，居常禁私捕，冬鹿群出，則約社中人即之，鏢發如雨，獲若丘陵，皮角筋骨如山。而中國人以故衣、粗磁貿其皮角，與其餘肉，閩中郡 （轉下頁）

　地多陽,其人疏理能暑,冬夏皆裸,婦人結草裳蔽下。無揖讓拜跽之禮。無曆日文字,計月圓爲一月,十月爲一年,久則忘之,故率不紀歲。貿易結繩以志。無水田,治畬種禾,耕以山花爲候,禾熟拔其穗粒,米微長。採苦草,雜釀酒,亦有佳者。①

　其讌會,則置大瓶地上環坐,以竹筒爲飲器,無他肴羞。樂則跳舞,口鳴鳴若歌曲。男子斷髮留數寸垂,女子則否。男子穿耳,女子年十五,斲其唇畔之二齒爲餙。②

　娶則視女子可室者,遣人遺瑪瑙或珠,女子不受則已,受則夜造其家,不呼門,吹口(栞)[琴]挑之,女聞納宿,未明徑去,不見女父母。自是來去俱以宵,歲月不改。迨產子女,婦始往婿家迎婿,婿始見女父母,遂家其家,養女父母終身,其父母不得子也。故生女喜倍男,爲女可繼嗣,男不足著代。俗貴女子,女子所言,丈夫乃決正;女子操作,勞苦常倍于丈夫。妻喪復娶,夫喪不復嫁,號爲鬼殘。③

　地多竹,个大數拱,竿長十丈,斫以搆屋,茨用茅,修廣數雉。族又共屋一區,稍大若公廨。少壯未娶者,曹居之。議事必於公

---

(接上頁)亦無不厭若鹿者矣。"《島人傳・東番》,頁26a。

① "地多陽,其人疏理能暑,冬夏皆裸,婦人結草裳蔽下。無揖讓拜跽之禮。無曆日文字,計月圓爲一月,十月爲一年,久則忘之,故率不紀歲。貿易結繩以志。無水田,治畬種禾,耕以山花爲候,禾熟拔其穗粒,米微長。採苦草,雜釀酒,亦有佳者。"《島人傳・東番》,頁26a-b。

② "其讌會,則置大瓶地上環坐,以竹筒爲飲器,無他肴羞。樂則跳舞,口鳴鳴若歌曲。男子斷髮留數寸垂,女子則否。男子穿耳,女子年十五,斲其唇畔之二齒爲餙。"《島人傳・東番》,頁26b。

③ "娶則視女子可室者,遣人遺瑪瑙或珠,女子不受則已,受則夜造其家,不呼門,吹口琴挑之,女聞納宿,未明徑去,不見女父母。自是來去俱以宵,歲月不改。迨產子女,婦始往婿家迎婿,婿始見女父母,遂家其家,養女父母終身,其父母不得子也。故生女喜倍男,爲女可繼嗣,男不足著代。俗貴女子,女子所言,丈夫乃決正;女子操作,勞苦常倍於丈夫。妻喪復娶,夫喪不復嫁,號爲鬼殘。"《島人傳・東番》,頁26b-27a。

廨，調發便易也。家有死者，擊鼓哭，置尸地上，熅以火，令乾，露置屋中，不槥。屋壞重建，坎屋基，豎而埋之，不封，屋復建其上。大都埋屍以建屋爲候，然竹楹茅茨，多不更十餘稔，人死率亦歸土，不祭。①

當耕時不言不殺，男女雜作山野，默如也。道路以目，長者過，不問答。即華人侮之，不怒，禾熟始發口，謂不如是，則天神弗福，將降凶歉，不獲有年也。②

盜賊之禁嚴，有則輒戮於社，故少寇，志安樂，門不夜關，露積不拾。③

器有床，無几案，席地坐。穀有大小菽、胡麻、薏苡，食之已瘴癘。無麥。蔬有葱、薑、番薯、蹲鴟。菓有椰、毛柿、佛手柑、甘蔗。畜有貓、狗、豕、鹿，鹿最多，無馬、驢、牛、羊。鳥有雉、鴉、鳩、雀，無鵝鶩。篤嗜鹿，甘其腸中新咽草如飴。不食雞雉，見華人食雞雉，輒嘔。④

居海島中，酷畏海，捕魚溪澗，故老死不與他夷相往來。永樂

---

① "地多竹，个大数拱，竿长十丈，斫以搆屋，茨用茅，修廣数雉。族又共屋一區，稍大若公廨。少壯未娶者，曹居之。議事必於公廨，調發便易也。家有死者，擊鼓哭，置尸地上，熅以烈火，令乾，露置屋中，不槥。屋壞重建，坎屋基，豎而埋之，不封，屋復壓其上。大都埋屍以建屋爲候，然竹楹茅茨，多不更十餘稔，人死率亦歸土，不祭。"《島人傳·東番》，頁27a。

② "當耕時不言不殺，男女雜作山野，默如也。道路以目，長者過，不問答。即華人侮之，不怒，禾熟始發口，謂不如是，則天神弗福，將降凶歉，不獲有年也。"《島人傳·東番》，頁27a-b。

③ "盜賊之禁嚴，有則輒戮於社，故少寇，志安樂，門不夜關，露積不拾。"《島人傳·東番》，頁27b。

④ "器有床，無几案，席地坐。穀有大小菽、胡麻、薏苡，食之已瘴癘。無麥。蔬有葱、薑、番薯、蹲鴟。菓有椰、毛柿、佛手柑、甘樜。畜有貓、狗、豕、鹿，鹿最多，無馬、驢、牛、羊。鳥有雉、鴉、鳩、雀，無鵝鶩。篤嗜鹿，甘其腸中新咽草如飴。不食雞雉，見華人食雞雉，輒嘔。"《島人傳·東番》，頁27b。

初,鄭監航海諭諸夷,東番獨遠竄,不聽約束。於是家貽一銅鈴,
繫其頸,蓋曰狗也,至今猶傳爲寶。[①]

　始皆居瀕海,嘉靖末遭倭奴攻剽,避迴居深山。倭精用鳥銃,
番茅恃鏢,故弗格。居山後始通中國,今則日盛,漳、泉之惠民、充
龍、列嶼諸澳,往往譯其言語與市,以瑪瑙、磁器、答布、鹽、銅、簪
珥之類,易其鹿皮角。間遺之故衣,喜藏之,或見華人一再衣,旋
復解脫去,得布亦藏之。不冠不履,裸以出入,自以爲易簡云。[②]

## 【43】地中海諸島[③]亞細亞[④]

　亞細亞之地中海,有島百千。其大者,一曰哥阿之島。[⑤] 昔其
國大疫,醫依卜加得者,不以藥石,令城內外遍烈大火一晝夜,火

---

① "居海島中,酷畏海,捕魚溪澗,故老死不與他夷相往來。永樂初,鄭監航海諭諸
夷,東番獨遠竄,不聽約束。于是家貽一銅鈴繫其頸,蓋曰狗也,至今猶傳爲寶。"
《島人傳·東番》,頁27b-28a。

② "始皆居瀕海,嘉靖末遭倭奴攻剽,避迴居深山。倭精用鳥銃,番茅恃鏢,故弗格。
居山後始通中國,今則日盛,漳、泉之惠民、充龍、列嶼諸澳,往往譯其言語與市,以
瑪瑙、磁器、答布、鹽、銅、簪珥之類,易其鹿皮角。間遺之故衣,喜藏之,或見華人一
再衣,旋復解脫去,得布亦藏之。不冠不履,裸以出入,自以爲易簡云。"《島人傳·
東番》,頁28a。按:《島人傳·東番》最末尚有一段熊明遇的話語,表達其對於當時
中國東南海防威脅的見解,未爲《地緯》所取,茲引述如下:"熊子曰:'以余所聞於
東番,異哉! 其猶有泰庭葛天氏之遺乎? 然距閩中郡甚近,不似倭奴、流求絕遠,
何哉載籍之不經見也。利之所在,民忘其死。以彼地近中國,而當海外諸島之徑,
他日必有奸人自樹,如尉佗之在南越者,吾甚憂之。'"《島人傳·東番》,頁28a-b。

③ 本篇名稱在《叙傳》所列目錄中爲"地中海諸島第四十三",版心刻有"地中海諸
島",本篇頁碼及在全書中的頁碼。內容主要出自《職方外紀》卷一《地中海諸島》。
此處地中海,指亞洲西部之地中海(Mediterranean Sea)東部海域。

④ 此處小注及本篇首句仍同《職方外紀》作"亞細亞",而非"大瞻納"。

⑤ "亞細亞之地中海有島百千,其大者一曰哥阿之島。"《職方外紀校釋》,頁64,65。
哥阿島:即古希臘化時代愛琴海中的開俄斯島(Khios Island),今屬希臘領土。

息而病亦愈矣。①

一曰羅得之島，天氣清明，終歲見日，無竟日陰霾者。② 其海濱嘗以銅鑄一巨靈胡，高踰浮屠，海中築两臺以盛其足，風帆皆過跨下，其一指中可容一人直立，掌承銅盤，夜燃火於内，以照行海者。鑄十二年而成，後爲地震崩。國人以駱駝九百隻，負其銅。③

一曰際波里之島，物産極豐，國賦歲取百萬，葡萄酒極美，可度八十年。④ 産火浣布，是煉石成之，非他物也。地熱，少雨，曾恒

---

① "曩國人盡患疫，内有名醫，名依卜加得者，不以藥石療之，令城内外遍舉大火，燒一晝夜，火息而病亦愈矣。"《職方外紀校釋》，頁 64，65。《地緯》原書於此段之後，刪去《職方外紀》所記"蓋疫爲邪氣所侵，火氣猛烈，能盪滌諸邪，邪盡而疾愈，亦至理也"。依卜加得：即古希臘名醫希波克拉底(Hippocrates，約前 460—前 377)，後世尊為醫學之父。

② "一曰羅得島，天氣常清明，終歲見日，無竟日陰霾者。"《職方外紀校釋》，頁 64，65。羅得島：即古希臘化時代愛琴海中的羅得島(Rodhos Island)，今屬希臘領土。

③ "其海畔嘗鑄一鉅銅人，高踰浮屠，海中築两臺以盛其足，風帆直過袴下，其一指中可容一人直立，掌托銅盤，夜燃火於内，以照行海者。鑄十二年而成，後爲地震而崩。國人運其銅，以駱駝九百隻往負之。"《職方外紀校釋》，頁 64，65。《職方外紀》所記鉅大銅人，即羅得島人於公元前 292 年所建太陽神銅像，聳立於羅得港口，為古代世界七大奇觀之一。《地緯》所云巨靈胡，為河神名。如《文選·張衡〈西京賦〉》云："綴以二華，巨靈赑屭，高掌遠蹠，以流河曲。"三國吴薛綜注云："華，山名也。巨靈，河神也。巨，大也。古語云：此本一山，當河水過之而曲行，河之神以手擘開其上，足蹋離其下，中分為二，以通河流。手足之跡，于今尚在。"李善注引《遁甲開山圖》云："有巨靈胡者，偏得坤元之道，能造山川，出江河。"(晉)干寶《搜神記》卷十三中云："二華之山，本一山也。當河，河水過之而曲行。河神巨靈，以手擘開其上，以足蹈離其下，中分為两，以利河流。今觀手亦於華嶽上，指掌之跡具在。足跡在首陽山下，至今猶存。"(唐)李白《西嶽雲台歌送丹邱子》詩云："巨靈咆哮擘两山，洪波噴流射東海。"

④ "一曰際波里島，物産極豐，每歲國賦至百萬。葡萄酒極美，可度八十年。"《職方外紀校釋》，頁 64－65。際波里島：即塞浦路斯島(Cyprus Island)，位於亞洲土耳其南部與叙利亞西部海域，今為塞浦路斯共和國。

暘三十六年,土人散往他國,今稍益集矣。①

## 【44】荒服諸小國②

占麻剌。③
彭享。④　産花錫、片腦、諸香。⑤
古里。⑥
瑣里。⑦　産瑣哈剌之布。⑧
西洋瑣里。洪武中來貢,永樂中再貢。上曰:"海外遠夷,附

---

① "又出火浣布,是煉石而成,非他物也。地熱少雨,嘗連晴三十六年,土人散往他國,今稍稍輳集矣。"《職方外紀校釋》,頁65‐66。火浣布:即以石棉為纖維所織成的布,可耐火熱及酸鹼。

② 本篇名稱在《叙傳》所列目録中為"荒服諸小國第四十四",版心刻有"荒服諸小國",本篇頁碼及在全書中的頁碼。內容主要取材自明人四裔著述。

③ 占麻剌:或為古麻剌之誤寫。《大明一統志》卷九十記"古麻剌國"。申時行等修《明會典》卷一百零六《禮部・朝貢二》記"古麻剌國"云:"國在東南海中。永樂十八年,國王幹剌義亦敦奔率妻子及陪臣來朝,貢方物,請封給印誥,仍其舊號。行至福州卒,詔諡康靖,勒葬閩縣,令有司歲致祭。"(頁576)

④ 彭享:或為彭亨之誤寫,今馬來西亞彭亨州(Pahang)。《皇明四夷考》卷下《彭亨》云:"彭亨,在東南海島中。"(頁123)《東西洋考》卷四《西洋列國考・彭亨》記"彭亨者,東南島中之國也",其物産即有花錫、片腦諸香(頁77‐79)。又《島夷誌略》《星槎勝覽》作"彭坑"。參蘇繼廎校釋:《島夷誌略校釋》,頁96‐98;邱炫煜:《明帝國與南海諸蕃國關係的演變》,頁37。

⑤ 《大明一統志》卷九十《彭亨國》記其土産云:"片腦、沉香、花錫。"(頁5554)《皇明四夷考》卷下《彭亨》云:"産片腦,諸香、花錫。"(頁124)

⑥ 《瀛涯勝覽》《星槎勝覽》《西洋朝貢典録》記"古里國",另見本書《西洋古里國》篇。

⑦ 瑣里:今印度半島東南部科羅曼德(Coromandel)海岸一帶。謝方點校:《東西洋考》,頁269;邱炫煜:《明帝國與南海諸蕃國關係的演變》,頁37。又《明史》卷三百二十五《外國六》中則將西洋瑣里、瑣里視作兩國。

⑧ 瑣哈剌:見本書《暹羅》篇之"撒哈剌"注。《殊域周咨録》卷八《瑣里　古里》記瑣里所産"撒哈剌",其下注云:"以毛織之,蒙茸如氈氆,有紅緑二色。"(頁308)

載番貨,勿征。"二十一年(1423),復來貢,貢物豐美,爲西洋十六國之最。①

錫蘭山。② 其民裸而(要)[腰]帨。③ 地産珠,珠池之光上屬日。④ 其貢碗石、藤竭、水晶。

葛答。

百花。産奇木嘉樹,其華皇皇。赤猿、孔雀,往來絡繹,復有倒掛之鳥。⑤

波羅。⑥ 多車渠、馬腦。⑦

---

① 《皇明四夷考》卷下《西洋瑣里》云:"西洋瑣里,近瑣里,視瑣里差大,物産大類瑣里。洪武三年,使來,以金葉表文,貢方物。上喜。王敬中國,涉海道甚遠,賜甚厚。永樂元年,復遣人朝貢。上曰:海外遠夷,附載番貨,勿征。二十一年,西洋十六國遣使千二百人貢方物,至京師,西洋瑣里貢獨豐美。"(頁123)《殊域周咨録》卷八《瑣里　古里》云:"永樂元年,二國各遣使貢馬。詔許其附載胡椒等物皆免税。"(頁306)

② 錫蘭山:即今斯里蘭卡,見本書《則意蘭》篇。

③ 《皇明四夷考》卷下《錫蘭山》云:"民上裸,下纏帨,加壓腰。"(頁75)《殊域周咨録》卷九《錫蘭》云:"民上裸,下纏帨,加壓腰。"(頁313)據此,《地緯》原書所記"要帨"應爲"腰帨"。

④ 《皇明四夷考》卷下《錫蘭山》云:"有珠池,日映光浮起,閃閃射日。間歲一淘珠,諸番賈爭來市珠。"(頁75)《殊域周咨録》卷九《錫蘭》於"珠廉沙"下注云:"或云珠池,日映光浮起,閃閃射人。"(頁313)

⑤ 《皇明四夷考》卷下《百花》云:"百花,在海中,依山爲國。國中有奇花嘉樹,民俗饒富。……産紅猴、鼅𪒠、玳瑁、孔雀、倒掛鳥、胡椒。"(頁124)《明史》卷三百二十五《外國六·百花》云:"百花,居西南海中。洪武十一年,其王刺丁刺者望沙遣使奉金葉表,貢白鹿、紅猴、鼅𪒠、玳瑁、孔雀、鸚鵡、哇哇倒掛鳥及胡椒、香、蠟諸物。詔賜王及使者綺、幣、襲衣有差。國中氣候恒燠,無霜雪,多奇花異卉,故名百花。民富饒。"(頁8425)

⑥ 波羅:或即汶萊(文萊),或作婆羅,見本書《浡泥》篇。

⑦ 《皇明四夷考》卷下《婆羅》云:"永樂四年,國王遣人勿黎哥來朝,貢真珠、玳瑁、馬腦、車渠。"(頁124)

合貓里。①

碟里。② 其人尚佛法,速訟獄。③

打回。國小而敢戰。④

日羅下治。⑤ 國無盜賊。⑥

阿魯。亦曰啞魯。⑦ 永樂中,受文綺之賜。⑧

甘巴里。⑨ 人工織錦。⑩

---

① 合貓里:《大明一統志》卷九十《合貓里國》云:"本朝永樂三年,國王遣其臣回回道奴馬高等來朝,并貢方物。"(頁 5561)明清文獻或以其為貓里務。《東西洋考》卷五《東洋列國考·貓里務》云:"貓里務,即合貓里國也。"(頁 98)謝方認為此係今菲律賓布里亞斯島(Burias Island),或謂今南北甘馬莥省(Camarines)一帶。《東西洋考》,頁 270,296。邱炫煜認為合貓里似位於印尼爪哇島一帶,貓里務似為菲律賓極南民答那峨島(Mindanao)。邱炫煜:《明帝國與南海諸蕃國關係的演變》,頁 35。

② 碟里:《大明一統志》卷九十記"碟里國",今印尼蘇門答臘島東北岸日里(Deli)。邱炫煜:《明帝國與南海諸蕃國關係的演變》,頁 36。

③《皇明四夷考》卷下《碟里》云:"人淳少訟,尚佛。"(頁 127)《明史》卷三百二十四《外國五》於"碟里"條下云:"其地尚釋教,俗淳少訟。"(頁 8406)

④《皇明四夷考》卷下《打回》云:"打回,海外小國,數為鄰國所苦,已乃治兵器,與鄰國戰,戰勝稍得自立。"(頁 127)

⑤ 日羅下治:或作日羅夏治、錦石,今印尼爪哇島附近。邱炫煜:《明帝國與南海諸蕃國關係的演變》,頁 36。

⑥《皇明四夷考》卷下《日羅夏治》云:"無盜賊,崇佛教。"(頁 127)

⑦ 阿魯:為 Aru 或 Harwa 的譯音,今印尼蘇門答臘島中西部。《瀛涯勝覽》《西洋番國志》作"啞魯國",《星槎勝覽》《西洋朝貢典錄》作"阿魯國"。邱炫煜:《明帝國與南海諸蕃國關係的演變》,頁 37。另參見本書《蘇門答剌》篇。

⑧《皇明四夷考》卷下《阿魯》云:"阿魯,一名啞魯,在西南海中。土廣人稀,物產亦薄。永樂五年,國王速魯唐忽先遣滿剌哈三附古魯諸國來朝貢,令內臣至其國,賜王文綺。"(頁 125)

⑨ 甘巴里:又作甘把里,疑即南印度洋中的科摩羅群島(Comoro Islands)。《明史》卷三百二十六《外國七》云:"甘巴里,亦西洋小國。"(頁 8454)

⑩《皇明四夷考》卷下《甘巴里》云:"人多織錦。"(頁 128)

忽魯漠斯。① 產馬哈之獸、獅子、駝雞、福禄、靈羊。②

忽魯母思。在東南海中，或曰在西徼外。③

柯枝。④ 有大山焉，文皇帝封之曰鎮國之山。⑤

麻林。⑥ 以文皇帝之十二年(1414)，奉麒麟獻闕下。⑦

沼納樸兒。在印度中。⑧

----

① 忽魯漠斯:《瀛涯勝覽》《西洋番國志》作"忽魯謨廝"，《星槎勝覽》《西洋朝貢典録》《明史》作"忽魯謨斯"，另見本書《百爾西亞》篇。

② 《皇明四夷考》卷下《忽魯謨斯》云："產大馬、西洋布、獅子、駝鷄、福禄、靈羊、馬哈獸。"(頁128)《殊域周咨録》卷九《忽魯謨斯》於"長角馬哈獸"下注云："角長過身。"於"駝雞"下注云："昂首高可七尺。"於"福禄"下注云："似駝花紋可愛"，即斑馬。於"靈羊"下注云："尾大者重二十餘斤，行則以車載尾。"(頁320)另見於《大明一統志》卷九十《忽魯謨斯國》，頁5564。

③ 《皇明四夷考》卷下《忽魯母恩》云："忽魯母恩，在東南海中，或曰在西徼外。"(頁128)

④ 柯枝:又作柯支，《瀛涯勝覽》《星槎勝覽》《西洋朝貢典録》《大明一統志》記"柯枝國"，另見本書《西洋古里國》篇。

⑤ 《西洋朝貢典録》卷下《柯枝國》云："永樂三年，其國王可亦里遣其臣完者答兒來朝貢。十年，復遣使來請封其國之山。詔封為鎮國山，御製碑文賜之。"又據《皇明世法録·柯枝》記其碑文云："截彼南山，作鎮海邦。吐烟出雲，為下國洪龐。時其雨暘，肅其煩熇，作彼豐穰，祛彼氛妖。庇于斯民，靡災靡疹，室家胥慶，優游卒歲。山之壂兮，海之深矣。勒此銘詩，相為終始。"《西洋朝貢典録校注》，頁97。

⑥ 麻林:或即《島夷誌略》的"麻那里"，茅元儀《武備志·航海圖》的"麻林地"，《明會典》卷一百零六《禮部·朝貢二》記"麻林國"云："永樂十二年，遣使來朝，貢麒麟等物。"(頁577)《明史》之《鄭和傳》與《外國傳》亦記有"麻林"。蘇繼廎認為此係位於東非布臘瓦(Brava，位於今索馬利)與蒙巴薩(Mombasa，位於今肯尼亞)之間的馬林迪(Malindi)。《島夷誌略校釋》，頁295-296。

⑦ 據《大明一統志》卷九十《麻林國》《皇明四夷考》卷下《麻林》《殊域周咨録》卷九《麻刺》的記載，麻林國遣使獻麒麟的時間，應在永樂十三年(1415)。

⑧ 《大明一統志》卷九十《沼納樸兒國》云："其國居印度之中，即佛國也。本朝永樂中，遣使齎詔諭其國王一不剌金。"(頁5565)《明會典》卷一百零六《禮部·朝貢二》記"沼納樸兒國"云："國在印度之中，即古佛國。永樂十八年，其國王亦不剌金數侵榜葛剌國，遣使齎勅諭之。"(頁577)《明史》卷三百二十六《外國七·沼納樸兒》云："其國在榜葛剌之西。或言即中印度，古所稱佛國也。"(頁8447)

加异勒。①

祖法兒。亦曰左法兒。② 錢爲人形。産駝雞似鶴,而足(菫)[僅]二指,行似駝,毛亦如之。③

溜山。環海有八村,水溜之稍大,故皆以溜名,小溜無下三千。其旁有牒幹國,皆回回人。④

阿哇。⑤

淡山。

小葛蘭。⑥

---

① 加异勒:《大明一統志》卷九十、《明會典》卷一百零六《禮部・朝貢二》作"加異勒",《明史》卷三百二十六《外國七》記"加異勒,西洋小國也"(頁8454),或即加溢、機易山,今菲律賓馬尼拉西南甲米地(Cavite)。《東西洋考》卷五《東洋列國考・呂宋》,頁94,268。

② 祖法兒:應係Zufar或Djofar的譯音,今阿拉伯半島阿曼西南佐法爾(Dhofar)。《瀛涯勝覽》《西洋番國志》《西洋朝貢典錄》《大明一統志》《明史》作"祖法兒",《星槎勝覽》作"佐法兒"。《西洋番國志》,頁33;《西洋朝貢典錄校注》,頁103。

③ 《瀛涯勝覽・祖法兒國》云:"山中亦有駝雞……其狀如鶴……每腳止有二指,毛如駱駝……行似駱駝……其王鑄金錢……一面人形之紋。"《皇明四夷考》卷下《祖法兒》云:"市用金銅錢,錢文人形。……駝雞如鶴,長三四尺,腳二指,毛如駝,行亦如之。"(頁78)

④ 《瀛涯勝覽・溜山國》云:"有八大處,溜各有其名。……再有小窄之溜。傳云三千有餘溜……牒幹國王頭目民庶,皆是回回人。"《皇明四夷考》卷下《溜山》云:"八村稍大,皆以溜名,可通舟楫,餘小溜無慮三千。……傍有牒幹國,皆回回人。"(頁78)溜山:《島夷誌略》作"北溜",《星槎勝覽》作"溜洋",《西洋番國志》《西洋朝貢典錄》《明史》亦作"溜山"。據學者所考,即今印度洋馬爾代夫群島及拉克代夫群島(Laccadive Is.)。牒幹:應作牒幹,為Dewa或Dwa的譯音(源於梵語dvipa,其義為島或洲),係古代阿拉伯人對馬爾代夫群島珊瑚環礁群的稱謂。又明代史籍中所云島八溜,意指當時溜山國中沙溜、官嶼溜、任不知溜、起來溜、麻里溪溜、加平年溜、加加溜、安都里溜等八個泊所。《島夷誌略校釋》,頁265-266;《西洋朝貢典錄校注》,頁74-79。

⑤ 《皇明四夷考》卷下《阿哇》云:"阿哇,永樂中,王昌吉刺遣人來朝貢。"(頁122)

⑥ 小葛蘭:《嶺外代答》《諸蕃志》作"故臨",《島夷誌略》《星槎勝覽》作"小唄喃",《瀛涯勝覽》《西洋番國志》《西洋朝貢典錄》《皇明四夷考》作"小葛蘭"。據學者所考,為Kulam-Malai的譯音,舊譯俱蘭,今印度西南岸奎隆(Quilon, Coilam)。《島夷誌略校釋》,頁322-324;《西洋朝貢典錄校注》,頁92。

須文達那。①

覽邦。② 產駝、馬、牛、羊。③

以上洪武初來朝貢。

拂(蘇)[萊]。④ 在嘉峪關外萬餘里，產千年松、獨峰駝、西錦。⑤

南巫里。或曰即南泥里。水中多珊瑚。⑥

急蘭丹。⑦

奇刺尼。⑧

---

① 須文達那：或即蘇門答剌，見本書《蘇門答剌》篇。《明會典》卷一百零五《禮部·朝貢一》分記須文達那國及蘇門答剌國。《明史》卷三百二十五《外國六·須文達那》則云："或言須文達那即蘇門答剌，洪武時所更，然其貢物與王之名皆不同，無可考。"(頁 8422)

② 覽邦：又作覽傍，今印尼蘇門答臘島南部楠榜(Lampung)。邱炫煜：《明帝國與南海諸蕃國關係的演變》，頁 37。

③ 《皇明四夷考》卷下《覽邦》云："有駝、馬、牛、羊，市亦用錢。"(頁 131)

④ 拂蘇：應即拂萊，今地中海東岸地區國家。《東西洋考》，頁 278。《大明一統志》卷九十記"拂萊國"。《明會典》卷一百零六《禮部·朝貢二》記"拂萊國"云："在嘉峪關外萬餘里。洪武四年，遣其國故民捏古倫齎詔諭之，尋遣使朝貢。"(頁 577)

⑤ 《皇明四夷考》卷下《拂萊》云："拂萊，在嘉峪關外萬餘里。……產金、銀、珠、西錦、千年棗、馬、獨峰駝。"(頁 125)千年棗：《地緯》原書作"千年松"。

⑥ 《皇明四夷考》卷下《南泥里》云："南泥里……山下淺水，有珊瑚樹，大者高二三尺，分枝婆娑可愛。……或曰南泥里即南巫里。"(頁 79)南巫里：據邱炫煜所考，或即南渤利(Lamuri, Lambri)，位於印尼蘇門答臘島西北端，今印尼亞齊區。邱炫煜：《明帝國與南海諸蕃國關係的演變》，頁 37。另參見本書《佛郎機》篇。

⑦ 急蘭丹：或作吉蘭丹(Kelantan)。《東西洋考》卷三《西洋列國考·大泥》云："吉蘭丹，即渤泥之馬頭也。風俗俱同渤泥。"(頁 57)吉蘭丹：據謝方所考，即今馬來半島東岸吉蘭丹河下游打巴魯(Kota Baru)一帶。《東西洋考》，頁 269。大泥：據謝方、邱炫煜所考，即今泰國南部馬來半島東岸北大年(Changwat Pattani)一帶。《東西洋考》，頁 260；邱炫煜：《明代張燮及其〈東西洋考〉》，頁 83。

⑧ 《明史》卷三百二十六《外國七》於"刺泥"條下云："刺泥而外，有數國：曰夏刺比，曰奇刺泥，曰窟察泥，曰捨剌齊，曰彭加那，曰八可意，曰烏沙刺踢，曰坎巴，曰阿哇，曰打回。永樂中，嘗遣使朝貢。其國之風土、物產，無可稽。"(頁 8457)以上所述國名，可與《地緯》原書下列名稱相對照。另參閱《明會典》卷一百零六《禮部·朝貢二》，頁 577。

夏剌北。①

窟察尼。

烏涉剌踢。

魯密。

彭加那。②

捨剌齊。

入可意。③

坎巴夷替。④

左法兒。或曰即祖法兒也。

黑葛達。平原廣野,是多草木。⑤

人答黑商。山川明秀,物產瑰異,賈肆繁列,市以羽毛、織文、玉石、香木。⑥

日落。⑦

---

① 夏剌北:疑即加留吧,今印尼雅加達(Djakarta)。《東西洋考》,頁 41,44,268。

② 彭加那:應即榜葛剌,見本書《榜葛剌》篇。

③ 入可意:《明會典》《明史》作"八可意"。

④ 見本書《西洋古里國》篇。

⑤ 《皇明四夷考》卷下《黑葛達》云:"黑葛達,國小民貧,平川廣野,草木暢茂。"(頁130)《明史》卷三百二十六《外國七》云:"黑葛達,亦以宣德時來貢。國小民貧,尚佛畏刑。多牛羊,亦以鐵鑄錢。"(頁8457)

⑥ 人答黑商:《西域番國志》《皇明四夷考》作"八剌黑"(Balkh),又名八里,為古代大夏國的都城。參閱周連寬校注:《西域番國志》,頁 86-90。《皇明四夷考》卷下《八答黑商》云:"其國山川明秀,人俗朴實。……西洋、西域皆商販於此,大抵皆羽毛、織文、玉石、香木、駝羊也,布帛、銀錢皆可交易。"(頁130-131)《明史》卷三百三十二《西域四》記"八答黑商"云:"在俺都淮東北。城周十餘里。地廣無險阻,山川明秀,人物樸茂。浮屠數區,壯麗如王居。西洋、西域諸賈多販鬻其地,故民俗富饒。"(頁8613)

⑦ 日落:《明史》卷三百三十二《西域四》云:"日落國,永樂中來貢。弘治元年,其王亦思罕答兒魯密帖里牙復貢。使臣奏求紵、絲、夏布、磁器,詔皆予之。"(頁8619)

夷北小王子。[①]

兆州。番族。凡洮、岷諸處番族，二年一貢。保縣番僧，雜谷安
撫司，三年一貢。松潘、茂林諸處番僧，常貢。近烏思藏者，三年一貢。

西固城。番族。

階州文縣。番族。凡諸番入貢方物，貴者馥蘭、蛤蚧、琶碌、
鶴頂赤、金珊瑚、枝番弓矢、羚羊角、金銀香。

以上永樂中朝貢。

# 【45】歐邏巴總志[②]

次二之州，曰歐邏巴，其地南起地中海，北極出地三十五度，
北至冰海，出地八十餘度，南北距四十五度，徑一萬一千二百五十
里。西起西海福島初度，東至阿北河九十二度，徑二萬三千里。[③]
共七十餘國。曰以西把尼亞，曰拂郎察，曰意大里亞，曰亞勒馬尼
亞，曰法蘭得斯，曰波羅尼亞，曰翁加里亞，曰大尼亞，曰雲除亞，
曰諾勿惹亞，曰厄勒祭亞，曰莫斯哥未亞，其大者也。[④]

---

① 夷北小王子：《明會典》卷一百零七《禮部·朝貢三》作“迤北小王子”（頁 578），應即
明代中葉瓦剌君長小王子。見本書《北達》篇。

② 本篇名稱在《叙傳》所列目錄中為“歐邏巴總志第四十五”，版心刻有“歐邏巴總
志”。本篇頁碼及在全書中的頁碼。内容主要出自《職方外紀》卷二《歐邏巴總説》。

③ “天下第二大洲名曰歐邏巴，其地南起地中海，北極出地三十五度。北至冰海，出
地八十餘度，南北相距四十五度，徑一萬一千二百五十里。西起西海福島初度，東
至阿比河九十二度，徑二萬三千里。”《職方外紀校釋》，頁 67、74。冰海：即北冰洋。
西海：即大西洋（Atlantic Ocean）。阿比河：《地緯》改作“阿北河”，即西伯利亞西部
大河鄂畢河（Ob River）。

④ “共七十餘國。其大者曰以西把尼亞，曰拂郎察，曰意大里亞，曰亞勒馬尼亞，曰法
蘭德斯，曰波羅尼亞，曰翁加里亞，曰大尼亞，曰雲除亞，曰諾勿惹亞，曰厄勒祭亞，
曰莫哥斯未亞。”《職方外紀校釋》，頁 67。

其地中海則有甘的亞諸島,西海則有意而蘭、大諳厄利亞諸島云。[1]

凡歐邏巴州内大小諸國,自王以下,皆勤事天之教。諸國爲婚姻,世世相好。有無相通,不私封殖。男子三十而娶,女子二十而嫁,婿與婦皆以父母命自擇之,云非是不相憂也。而法不得置二室。[2] 其君臣章服有辨,相見禮以免冠爲恭。男子二十已上衣純青,惟武士不然。女靚粧盛服,御薌澤流蘇玲瓏花鈿,年至四十,則屏之,年四十而寡者,亦屏之,衣素衣。[3]

土肥饒,產五穀,多來牟,繁果蓏,生五金,幣以金、銀、銅鑄錢,爲三等,衣有布褐羅、綺絲、紵罽、鎖哈剌者,罽屬,厚可以居。[4]

利諾者,麻屬也,爲布絶堅細,敝猶改造爲紙,今所用西洋紙是也。[5]

酒純以葡萄釀成,可積數十年,俗常以生子而釀,至兒娶婦時

---

① "其地中海則有甘的亞諸島,西海則有意而蘭、大諳厄利亞諸島云。"《職方外紀校釋》,頁67。

② "凡歐邏巴州内大小諸國,自國王以及庶民皆奉天主耶穌正教,纖毫異學不容竄入。國主互爲婚姻,世世相好。財用百物有無相通,不私封殖。其婚娶,男子大約三十,女子至二十外,臨時議婚,不預聘通。國之中皆一夫一婦,無敢有二色者。"《職方外紀校釋》,頁67。

③ "君臣冠服各有差等,相見以免冠爲禮。男子二十已上概衣青色,兵士勿論。女人以金寶爲飾,服御羅綺,佩帶諸香,至四十及未四十而寡者即屏去,衣素衣。"《職方外紀校釋》,頁67。

④ "土多肥饒,産五穀,米麥爲重,果實更繁。出五金,以金銀銅鑄錢爲幣。衣服蠶絲者,有天鵝絨織金段之屬,羊絨者,有毯、罽、鎖哈剌之屬。"《職方外紀校釋》,頁67、74。鎖哈剌:一種寬幅毛毬。(明)馬歡《瀛涯勝覽》作"撒哈喇",(明)黃省曾《西洋朝貢典録》作"撒哈剌"。

⑤ "又有苧麻之類,名利諾者,爲布絶細而堅,輕而滑,大勝棉布,敝則可搗爲紙,極堅韌,今西洋紙率此物。"《職方外紀校釋》,頁67-68、74。利諾:一種麻類織物。據金國平所考,應係譯自西班牙語 lino,即亞麻。《〈職方外紀〉補考》,頁116。馬瓊亦主亞麻之説。《熊人霖〈地緯〉研究》,頁111-113。

用之,芬芳漚鬱,醹醹流光矣,亦有以牟麥釀者。①

其膳膏之味美而用多者曰阿利襪,木實也,熟即全爲膏,其實食之已渴,核可炭,滓可鹻,葉可食牛羊。凡國中富人麥萬斛,葡萄酒甕千,與千石阿利襪膏,牛千蹄,羊千隻,此其家皆與貴侯封君等,飲食器多金銀玻璃,而尚陶,印給於中國。天下諸國坐皆席地,肆筵受几,惟中國與歐邏巴耳。②

屋有三等,石砌者爲上,其次磚爲垣柱,木爲棟樑,其下築土垣,而架木爲梁。石屋、磚屋築塞深固,上可層累六七,高至十餘丈。而一層常在地中,以遠濕氣,且可藏也。瓦或以鉛,或以石板,或以陶。百工技巧如攻木之工,攻石之工,繪畫之工,若彫文刺繡之工,皆頗知度數,製器不失分寸。省其秌士,爲之國工。其駕車王用八馬,大臣六馬,次四馬,次二馬。戰馬皆用牡,飼良馬以大麥及稈,不雜菽豆,食豆者,足重,不可行。③

---

① "酒悉以葡萄釀成,不雜他物。其酒可積至數十年,當生子之年釀酒,至兒年三十娶婦時用之,酒味愈美。諸種不同,無葡萄處或用牟麥釀之。"《職方外紀校釋》,頁68,74。牟麥:即小麥。

② "其膏油之類,味美而用多者曰阿利襪。是樹頭之果,熟後即全爲油。其生最繁,又易長,平地山岡皆可栽種,國人以法制之,最饒風味,食之齒頰生津,在橄欖、馬金囊之上。其核又可爲炭,滓可爲鹻,葉可食牛羊。凡國人所稱貨產,蓄大小麥第一,葡萄酒次之,阿利襪油又次之,蓄牛羊者爲下。其國俗雖多酒,但會客不以勸飲爲禮。偶犯醉者,終身以爲詬辱。飲食用金銀玻璃及磁器。天下萬國坐皆席地,惟中國及歐羅巴諸國知用椅卓。"《職方外紀校釋》,頁68,74。阿利襪:即油橄欖(Olive)的譯音。

③ "其屋有三等,最上者純以石砌,其次磚爲牆柱,木爲棟梁,其下土爲牆,木爲梁柱。石屋磚屋築基最深,可上累六七層,高至十餘丈。地中亦有一層,既可窖藏,亦可除濕。瓦或用鉛,或用石板,或陶瓦。凡磚石屋皆歷千年不壞。牆厚而實,外氣難通,冬不寒而夏不溽。其工作如木工、石工、畫工、塑工、繡工之類,皆頗知度數之學,製造備極精巧。凡爲國工者,皆考選用之。其駕車,國王用八馬,大臣六馬,其次四馬或二馬。乘載騾馬驢互用。戰馬皆用牡,騸過則弱不堪戰矣。又良馬止飼大麥及稈,不雜他草及豆,食豆者足重不可行。"《職方外紀校釋》,頁68-69。

其庠序郡國，有大學、中學，邑里有小學，師徒教受，頗似中國。八歲入小學，至年十八以上識往訓者，能讀外史者，善屬文者，長於議論者，進之於中學。初年辯事物是非，次年學察性情之理，三年乃潛求於上天之載，三年試其通者，進於大學。①

大學列四科，有方脈醫藥之學，有政事之學，有遵守教法之學，有興教化之學，人自擇一焉。②

凡試士之法，師儒群集於上，生徒北面於下，問難不(窮)[窮]，然後中選。故其試日不過一二人。其官人有教官，有治官，有文史醫藥之官。通都大邑，官置書府，聽士子傳寫誦讀。而大學四科之外，有度數之學，明於美術、律、曆，亦具師儒，但不以取士。③

---

① "歐邏巴諸國，皆尚文學。國王廣設學校，一國一郡有大學、中學，一邑一鄉有小學。小學選學行之士爲師，中學、大學又選學行最優之士爲師，生徒多者至數萬人。其小學曰文科，有四種：一古賢名訓，一各國史書，一各種詩文，一文章議論。學者自七八歲學，至十七八學成，而本學之師儒試之。優者進於中學，曰理科，有三家。初年學落日加，譯言辯是非之法；二年學費西加，譯言察性理之道；三年學默達費西加，譯言察性理。以上之學總名斐錄所費亞。學成，而本學師儒又試之。優者進於大學。"《職方外紀校釋》，頁 69。
② "乃分爲四科，而聽人自擇。一曰醫科，主療病疾；一曰治科，主習政事；一曰教科，主守教法；一曰道科，主興教化。"《職方外紀校釋》，頁 69。
③ "凡試士之法，師儒群集於上，生徒北面於下，一師問難畢，又輪一師，果能對答如流，然後取中。其試一日止一二人，一人遍應諸師之問。如是取中，便許任事。學道者，專務化民，不與國事。治民者秩滿後，國王遣官察其政績，詳訪於民間，凡所爲聽理詞訟、勸課農桑、興革利弊、育養人民之類，皆審其功罪之實，以告於王而黜陟之。……其都會大地皆有官設書院，聚書於中，日開門二次，聽士子入內抄寫誦讀，但不許携出也。又四科大學之外，有度數之學，曰瑪得瑪第加，亦屬斐錄所科內，此專究物形之度與數。度其完者以爲幾何大；數其截者以爲幾何多。二者或脫物而空論之，則數者立算法家，度者立量法家。或體物而偕論之，則數者在音相濟爲和，立律呂家；度者在天迭運爲時，立曆法家。此學亦設學立師，但不以取士耳。"《職方外紀校釋》，頁 69 - 70。

其它政令,大抵多如中國,而皆原本於耶穌之學。蓋其地廣,人民少,物力饒,故民之從善輕焉。①

## 【46】以西把尼亞②

歐邏巴之極西,曰以西把尼亞,南自三十五度,而北至四十度,東至七度,而西至十八度,周一萬二千五百里。③ 地環負海,而一面當山,山曰北勒搦何。産駿馬、五金、絲絎屬。④ 其人多博聞力學,精天官。有多斯達篤者,善著書,日七萬餘言。⑤ 有賢王亞

---

① 從前段關於歐邏巴的教育制度開始,《地緯》原書中大量略去《職方外紀》卷二《歐邏巴總説》中極力推闡的歐洲天主教國度文教、信仰、醫療、賦税、司法、武備等篇幅,而改以"頗似中國""大抵多如中國"之類的用語簡單帶過,似乎透露其立足於中國政治文化本位的價值意向。類似的情形,特別是刻意略去或簡化《職方外紀》中關於天主(教)叙述的做法,亦出現在《地緯》原書叙述各歐洲國度的相關内容中。

② 本篇名稱在《叙傳》所列目録中爲"以西把尼亞志第四十六",版心刻有"以西把尼亞",本篇頁碼及在全書中的頁碼。内容主要出自《職方外紀》卷二《以西把尼亞》。以西把尼亞:爲西班牙語 España 的譯音,即座落於今南歐伊比利半島(the Iberian Peninsula)上的西班牙(Spain),當時尚包括葡萄牙(Portugal),即文中的波爾杜瓦爾。利瑪竇《坤輿萬國全圖》作"以西把你亞"。《職方外紀校釋》,頁79。

③ "歐邏巴之極西曰以西把尼亞,南起三十五度,北至四十度,東起七度,西至十八度,周一萬二千五百里。"《職方外紀校釋》,頁75–76。《地緯》原書於此句之後删去《職方外紀》所記"疆域徧跨他國。世稱天下萬國相連一處者,中國爲冠;若分散於他域者,以西把尼亞爲冠"。

④ "以西把尼亞本地三面環海,一面臨山,山曰北勒搦阿。産駿馬、五金、絲棉、細絨、白糖之屬。"《職方外紀校釋》,頁76,79。北勒搦阿:即今西班牙、法國交界的比利牛斯山(Pyrenees)。

⑤ "國人極好學,有共學,在撒辣蔓加與亞而加辣二所,遠近學者聚焉(按:《校釋》本作'馬',據《天學初函》本改),高人輩出,著作甚富,而陡禄日亞與天文之學尤精。古一名賢曰多斯達篤者,居俾斯玻之位,著書最多。壽僅五旬有二,所著書籍就始生至卒計之,每日當得三十六章,每章二千餘言,盡屬奥理。"《職方外紀校釋》,頁76。

豐肅者,始定歲差。①

　　國中名城二,一曰西未利亞之城,近地中海,爲亞墨利加諸舶所聚,金銀如土。是多阿利襪之實,五百里爲林。②

　　一曰多勒多之城,冠山爲轆轤自轉,以引山下之泉,世傳水法。③

　　有金銀之殿,各一,以祀上帝。④ 有渾儀豐若屋,人從儀中,視天象,日月星辰,不失黍米。⑤

　　其境內有寡第亞納之河,伏流地中百餘里,而地穿然,若虹飲

---

① "又有一王名亞豐肅者,好天文曆法,精研諸天之運,引宿之躔,撰成《曆學全書》,世傳歲差本原皆其考定。"《職方外紀校釋》,頁76,79。亞豐肅:即十三世紀西班牙卡斯提亞(Castilla)及雷昂(León)的國王阿方索十世(Alfonco X, 1221—1284)。《地緯》原書於此句之後略去《職方外紀》中關於亞豐肅"製爲一定圖象,今爲曆家大用。又將國典分門定類爲七大部,法紀極備。復取天主古今經籍有注疏者不下千餘卷,遍閱至十有四次。又纂本國自古史書。夫既身親國政,又傍及著述,種種如此"一段文字。

② "國中有二大名城:一曰西未利亞,近地中海,爲亞墨利加諸舶所聚,金銀如土,奇物無數,又多阿利襪果,有一林長五百里者。"《職方外紀校釋》,頁76,80。西未利亞:即西班牙南部塞維利亞(Sevilla)。《地緯》原書於此段前刪去《職方外紀》所記"此國人自古虔奉天主聖教,最忍耐,又剛果,且善遠遊海上,曾有遶大地一周者"。

③ "一名多勒多城,在山之巔,取山下之以供山上,其運水甚艱。近百年內有巧者製一水器,能盤水直至山城,而絕不賴人力,其器晝夜自能轉動也。"《職方外紀校釋》,頁76‐77,80。多勒多:即中世紀卡斯提亞王國首都托雷多(Toledo),位於今馬德里(Madrid)西南部。

④ "一在多勒多城,創造極美,中有金寶祭器不下數千。有一精巧銀殿,高丈餘,闊丈許,內有一小金殿,高數尺,其工費又皆多於本殿金銀之數。其黃金乃國人初通海外亞墨利加所携來者,貢之於王,王用以供天主耶穌者。"《職方外紀校釋》,頁77。《地緯》原書於此將其中的"天主耶穌"改作"上帝",並大舉簡化多勒多城內天主堂的相關叙述。

⑤ "又有渾天象,其大如屋,人可以身入於其中,見各重天之運動,其度數皆與天合。"《職方外紀校釋》,頁77。

於海,其上爲牧焉。<sup>①</sup> 有塞惡未亞之城,<sup>②</sup>城中有編簫爲三十二級,級百管,管司一音,合三千餘管,爰有百樂鼓吹,風雨波濤,尋撞戰鬪,可喜可愕之音,鸞鳥自謌,鳳鳥自舞。<sup>③</sup> 以西把尼亞屬國大者二十餘,中下百餘。其在最西者曰波爾杜瓦爾之國,境內有河焉,逕都城里西波亞入海,爲四方賈舶之走集,是曰得若之河,歐邏巴之大都會也。土産葡萄酒。<sup>④</sup> 又有伯爾日亞之國,以馬服耕,其力三倍於牛。<sup>⑤</sup>

# 【47】拂郎察<sup>⑥</sup>

以西把尼亞東北爲拂郎察,南自四十一度,而北至五十度,西至十

---

① "其境内有河,曰寡第亞納,伏流地中百餘里,穿竅若橋梁,其上為牧場,畜牛羊無算。"《職方外紀校釋》,頁 77,80。寡第亞納:即今西、葡兩國界河瓜的亞納河(Guadiana River)。

② 塞惡未亞:即今馬德里北方的塞戈維亞(Segovia)。

③ "堂内有三十六祭臺,中臺左右有編簫二座,中各有三十二層,每層百管,管各一音,合三千餘管,凡風雨、波濤、嘔吟、戰鬥,與夫百鳥之聲,皆可模倣,真奇物也。"《職方外紀校釋》,頁 77,81。編簫:即教堂内的管風琴。按:《職方外紀》中此段叙述原指西班牙境内三大教堂之一,《地緯》於此或有誤解,是以傳鈔訛誤。

④ "以西把尼亞屬國大者二十餘,中下共百餘。其在最西者曰波爾杜瓦爾,分爲五道。向有本王,後因乏嗣,以西把尼亞之君係其昆仲,乃權署其國事焉。其境内大河曰得若,經都城里西波亞入海,故四方商舶皆聚都城,為歐邏巴總會之地也。土産果實、絲綿極美,水族亦繁,所出土産,葡萄酒最佳。"《職方外紀校釋》,頁 78,81。波爾杜瓦爾:即葡萄牙,於 1580 年為西班牙哈布斯堡王朝(Habsburg)合併。里西波亞:即葡萄牙首都里斯本(Lisbon)。得若河,即今葡萄牙中部特茹河(Tejo River,或譯太加斯河)。

⑤ "又有伯爾日亞之國,以馬服耕,其力三倍於牛",此段文字不見於《職方外紀》卷二《以西把尼亞》,伯爾日亞的譯音,疑指南美洲巴西。

⑥ 本篇名稱在《叙傳》所列目錄中為"拂郎察志第四十七",版心刻有"拂郎察"、本篇頁碼及在全書中的頁碼。内容主要出自《職方外紀》卷二《拂郎察》。拂郎察:為拉丁語 Francia 的譯音,即法蘭西(France)。《職方外紀校釋》,頁 82-83。

五度,而東至三十一度,周一萬一千二百里,地分十六道,屬國五十餘。[①]
有名王類斯者,以火攻伐回回,世所傳弗郎機,名從主人云。[②]

## 【48】意大里亞[③]

　　拂郎察東南爲意大里亞,經度自三十八至四十六,緯度自二
十九至四十三,周一萬五千里。環地中海,而一面臨山。其大者
郡曰羅瑪城,周一百五十里,有王者居之,掌其國之教化禁令,凡
歐邏巴諸侯王,皆宗而臣服焉。[④]

---

① "以西把尼亞東北爲佛郎察,南起四十一度,北至五十度,西起十五度,東至三十一
度,周一萬一千二百里,地分十六道,屬國五十餘。"《職方外紀校釋》,頁82。
② "中古有一聖王名類斯者,惡回回占據如德亞地,興兵伐之,始制大銃,因其國在歐
邏巴內,回回遂概稱西土人爲拂郎機,而銃亦沿襲此名。"《職方外紀校釋》,頁82,
83。類斯:即法國國王路易九世(Louis IX, 1214—1270),曾於1248年率軍隊進行
第六次十字軍東征。佛郎機:《地緯》原書改作"弗郎機",即Franks(法蘭克)的譯
音,爲中世紀東方回教國家對於西歐人的通稱。明代人士援用回教世界的概稱,
以此稱呼葡萄牙人與西班牙人,亦以之名其火炮稱佛郎機大炮。另可參見本書
《佛郎機》《以西把尼亞》二篇。又《地緯》原書於此段之後,將《職方外紀》中關於拂
郎察的天主信仰、國富民安及民情淳厚的敘述悉予略去。
③ 本篇名稱在《叙傳》所列目錄中爲"意大里亞志第四十八",版心刻有"意大里亞"、
本篇頁碼及在全書中的頁碼。內容主要出自《職方外紀》卷二《意大里亞》。意大
里亞,爲拉丁語Italia的譯音,即今意大利(Italy)。張廷玉等《明史》卷三百二十六
《外國七》有"意大里亞"傳(頁8459‐8462),夾帶有某些負面的敘述。相關的史事
注解,可參見張維華《明史佛郎機呂宋和蘭意大里亞四傳注釋》,頁155‐215。
《地緯》原書此篇將《職方外紀》中關於意大里亞的天主信仰、教皇權威及國富民安
的敘述悉予略去,大抵保留其中勝蹟特産與奇聞異事的部分。
④ "拂郎察東南爲意大里亞,南北度數自三十八至四十六,東西度數自二十九至四十
三,周圍一萬五千里。三面環地中海,一面臨高山,名牙而白,又有亞伯尼諾山橫
界於中。地産豐厚,物力十全,四遠之人幅輳於此。舊有一千六百十六郡,其最大
者曰羅瑪,古爲總王之都,歐邏巴諸國皆臣服焉。"《職方外紀校釋》,頁83‐84,88。
羅瑪:即今意大利首都羅馬(Roma)。

　　王不婚不娶，王死以傳賢。① 城中有名苑，爲銅禽，發若機，則鳳鳥自謌，鸞鳥自舞，而鳳翥鸞起，百鳥皆舉矣。爲編簫，措之水中，則自其水鳴。②

　　其西北爲勿搦祭亞，無君長，世家共推高有功德於民者，宗之。城建海中，其木椿入水，萬年不毀。其上砌石，爲地城焉。内則街衢洞達，兩傍可通陸行，城中艘二萬。其玻璃精良甲天下。③

　　有湖焉，在山巔垂瀑之聲，若雷，聞五十里，噴沫成珠，從空中受日光，皆爲虹霓五采，是曰勿里諾之湖。④

　　有泉焉，出山石中，凡物墜泉内十五日，則石裹之若甲。⑤

　　有沸泉高丈餘，熱如措火，以生物投之，頃刻糜爛。⑥

---

① "教皇皆不婚娶，永無世及之事，但憑盛德，輔弼大臣公推其一而立焉。"《職方外紀校釋》，頁 84。

② "此羅瑪城奇觀甚多，聊舉數事：宰輔之家有一名苑，中造流觴曲水，機巧異常，多有銅鑄各類禽鳥，遇機一發，自能鼓翼而鳴，各有本類之聲。西樂編簫，最有巧音，然亦多假人工風力成音。此苑中有一編簫，但置水中，機動則鳴，其音甚妙。"《職方外紀校釋》，頁 84 - 85，89。名苑：即位於今羅瑪東南的弗拉斯卡蒂(Frascati)，自文藝復興以來爲羅瑪貴族樂愛的避暑勝地。

③ "其西北爲勿搦祭亞，無國王，世家共推一有功德者爲主，城建海中。有一種木爲椿，入水千萬年不腐。其上鋪石，造室復以磚石爲之，備極精美。城内街衢俱是海，兩傍可通陸行。城中有艘二萬，又有一橋梁極闊，上列三街，俱有民居間隔了，不異城市，其高又可下度風帆。國中精於造舟，預庀物料，一舟指顧可成。他方重客每至其處，閱視一兩時，其工已成一巨舫，可以航海者矣。所造玻璃極佳，甲於天下。"《職方外紀校釋》，頁 85，90。勿搦祭亞：爲意大利語 Venezia 的譯音，即今威尼斯(Venice)。

④ "有勿里諾湖，在山巔，從石峽瀉下，聲如迅雷，聞五十里，飛泉噴沫成珠，日光耀之，恍惚皆虹霓狀。"《職方外紀校釋》，頁 85 - 86，90。勿里諾湖：爲意大利語 Lago di Velino 的譯音，位於今意大利中部特爾尼(Terni)東南山區。

⑤ "有一異泉，出山石中，不拘何物墜於其内，半月便生石皮，周裹其物。"《職方外紀校釋》，頁 86。裹：書中刻作"裏"。

⑥ "又有沸泉，有溫泉。沸泉常沸，高丈餘，不可染指，投畜物於内，頃刻便可糜爛矣。"《職方外紀校釋》，頁 86。

有温泉,是宜舉子,女浴之飲之,不産者産,産者則多子。①

有鐵礦,採盡後二十五年復生鐵。在本土,益薪熾火,鐵終不鎔,遷於其地則鎔。②

其南爲納波里,地豐厚,往往有君長,多火山,晝夜不滅,石爆彈射四方,至百里外。③

有地曰哥生濟亞,一河濯髮則黃、濯絲則白,一河濯髮與之俱黑。其外有博樂業之城。④

昔有二家好奇事,一家造一方塔,壁立雲表,一家亦建一塔,高侔之而倚立,望之若傾。今歷數百年,則倚者未壞,直者將頹,斯云地有柔剛,正言若友矣。⑤

又有地出火,四面皆小山,山有百洞,洞可療病,各有主治。如欲得汗者,入一洞則大汗;欲辟濕者,入一洞則濕辟。此皆意大里亞屬國也。⑥

----

① "温泉女子或浴或飲,不生育者育,能育者多乳。"《職方外紀校釋》,頁86。
② "所産鐵礦掘盡,逾二十五年復生。第在本土任加火力,鐵終不熔,之他所始熔。"《職方外紀校釋》,頁86。
③ "其南爲納波里,地極豐厚,君長極多。有火山,晝夜出火,爆石彈射他方,恒至百里外。"《職方外紀校釋》,頁86,90。納波里:爲意大利語 Napoli 的譯音,即今意大利中南部那不勒斯(Naples)。火山:即維蘇威火山(Vesuvio),位於那不勒斯灣東海岸。
④ "又地名哥生濟亞,有兩河,一河濯發則黃,濯絲則白,一河濯絲與俱黑。其外有博藥業城。"《職方外紀校釋》,頁86,91。博樂業城:爲意大利語 Bologna 的譯音,即今意大利北部波隆那。
⑤ "昔有二大家爭爲奇事,一家造一方塔,高出雲表,以爲無復可踰。一家亦建一塔,與前塔齊。第彼塔直聳,此則斜倚若傾,而今已歷數百年未壞,直聳者反將頹矣。"《職方外紀校釋》,頁86,91。《地緯》中的"高侔之而倚立,望之若傾",即指意大利中西部比薩斜塔(Leaning Tower of Pisa)。
⑥ "又有地出火,四周皆小山,山洞甚多,入内皆可療病。又各主一疾,如欲得汗者入某洞則汗至,欲除濕者入某洞則濕去。因有百洞,遂名曰一百所。此皆意大里亞屬國也。"《職方外紀校釋》,頁87,91。有地出火:此處指納波里(那不勒斯)附近海灣山洞内的高温礦泉水。

其大者六國,地俱富饒。① 西有島曰西齊里亞之島,富饒號爲天倉。有大山噴火不絕,百年前,其火特異,火爐直飛踰海,達利未亞境。山四周多草木,積雪不消,結成水晶,沸泉如醯,物入便黑。② 嘗有敵國,駕數百艘,臨其島。有亞而幾墨得者,鑄一大鏡,受日光,射敵艘,光熱火發,百艘燒盡。王命造大舶,舶成,將下之海,計雖傾國之力,用牛馬駱駝千萬,莫能運者。幾墨得爲機,令王一舉手,舟如推山如海矣。③

又以玻璃爲渾儀十二重,視之達照,日月之行,出其中,星河之紀,出其裏矣。④

其傍馬兒島,獸無虎狼,草無毒螫,毒物自外至島輒死。⑤ 有搬而地泥亞之島,亦廣大,有草名搬而多泥,人食之,輒笑,謔謔不

---

① "其大者六國,俱極富庶。"《職方外紀校釋》,頁 87,91。大者六國:即《職方外紀》中所云羅瑪(羅馬)、勿搦祭亞(威尼斯)、彌郎(Milano,今米蘭)、那坡里(那不勒斯)、熱孥亞(Genova,今熱那亞)、福楞察(Firenze,今佛羅倫薩)。

② "一西齊里亞,地極豐厚,俗稱曰國之倉、之庫、之魂,皆美其富庶也。亦有大山,噴火不絕,百年前其火特異,火爐直飛逾海達利未亞境。山四周多草木,積雪不消,常成晶石,亦有沸泉如醋,物入便黑。"《職方外紀校釋》,頁 87,91 - 92。西齊里亞:為意大利語 Sicilia 的譯音,即今意大利南端島嶼西西里(Sicily),亦為地中海最大島嶼。有大山噴火不絕,即西西里島上的埃特納火山(Etna Mountain)。

③ "更有天文師名亞而幾墨得者,有三絕:嘗有敵國駕數百艘臨其島,國人計無所出,已則鑄一巨鏡,映日注射敵艘,光照火發,數百艘一時燒盡。又其王命造一航海極大之舶,舶成,將下之海,計雖傾一國之力,用牛馬駱駝千萬,莫能運舟。幾墨得營運巧法,第令王一舉手,舟如山岳轉動,須臾下海矣。"《職方外紀校釋》,頁 87,92。亞而幾墨得:即古希臘著名學者阿基米德(Archimedes,約前 287—前 212)。

④ "又造一自動渾天儀十二重,層層相間,七政各有本動,凡日月五星列宿運行之遲疾,一一與天無二。其儀以玻璃爲之,重重可透視,真希世珍也。"《職方外紀校釋》,頁 87。

⑤ "其傍近有馬兒島,不生毒物,即蛇蝎等皆不螫人。毒物自外至,至島輒死。"《職方外紀校釋》,頁 88,92。馬兒島:即位於西西里島南方的馬爾他島(Malta),今馬爾他共和國。

絶死,笑者楚不可忍也。①

有哥而西加之島,厥獒能戰,一獒當一騎,其國騎戰,則以獒承彌縫。②

有雞島,滿島皆雞,嫗伏,不待人養,其形真家雞也,是近熱奴亞。③

## 【49】亞勒瑪尼亞④

拂郎察之東北,爲亞勒瑪尼亞之國,南四十五度半,北五十五度半,西二十三度,東四十六度。王不世及,以諸侯若大臣,爲七大屬國之君,所共推高者,王之。而請命於歐邏巴,掌邦教之王。⑤

---

① "一撒而地泥亞,亦廣大,生一草名撒而多泥,人食之輒笑死,狀雖如笑,中實楚也。"《職方外紀校釋》,頁88,92。撒而地泥亞:爲意大利語 Sardegna 的譯音,即今意大利半島西南方的薩丁尼亞島,又稱撒丁島。撒而多泥:爲撒丁島上的一種植物。據金國平所考,應係葡萄牙語 sardônia 的譯音,即石龍芮(*Ranunculus sceleratus L.*)。《〈職方外紀〉補考》,頁116。

② "一哥而西加,有三十三城,所産犬能戰,一犬可當一騎,故其國布陣,一騎間一犬,反有騎不如犬者。"《職方外紀校釋》,頁88,92。哥而西加:即科西嘉島(Corsica)。

③ "又近熱奴亞一鷄島,滿島皆鷄,自生自育,不須人養,又絶非野雉之屬。"《職方外紀校釋》,頁88,92。熱奴亞:即今意大利北部熱那亞(Genova)。

④ 本篇名稱在《叙傳》所列目録中爲"亞勒瑪尼亞志第四十九",版心刻有"亞勒瑪尼亞",本篇頁碼及在全書中的頁碼。内容主要出自《職方外紀》卷二《亞勒瑪尼亞》。亞勒瑪尼亞:爲拉丁語 Alemana 的譯音,係當時的日耳曼(Germania,Germany)諸邦,利瑪竇《坤輿萬國全圖》作"入爾馬泥亞",即今德國(Deutschland)。《職方外紀校釋》,頁92-93。

⑤ "拂郎察之東北有國曰亞勒瑪尼亞,南四十五度半,北五十五度半,西二十三,東四十六度。國王不世及,乃其七大屬國之君所共推者。或用本國之臣,或用列國之君,須請命教皇立之。"《職方外紀校釋》,頁92,93-94。七大屬國:係指中世紀日耳曼地區美因茨(Mainz)、科隆(Köln)、特里爾(Trier)三名大主教及萊茵(Rhein)伯爵、波西米亞(Böhmen)國王、布蘭登堡(Brandenburg)藩侯、薩克森(Sachsen)公爵等七大選帝侯國,擁有選舉神聖羅馬帝國皇帝(Imperatores Romani Sacri)的權利。

氣候冬月嚴寒,善造温室,熱微火極温。土人散處各國,忠實,敢力戰,忘生諸國,衛王宮王城。或從征帳下士,皆選此國人而土著者參焉。工匠技巧,制器精絶,能於弨環中納一鐘,佩之,則十有二辰,自其弨環鳴。地多水澤,水澤腹堅後,人躡二屐,一足立冰上,一足從後擊之,一激數丈,其行甚速,手中作業不輟。[1] 又有地曰法蘭哥,人質直易信,行旅過者輒罾之,客或不答,則大喜,延入具雞黍交歡,或爲計緩急未室者則妻之,謂其人長者,堅忍可任也。[2]

善釀葡萄酒,但沽之商客,土人絶不飲酒,惟飲水而已。[3]

其屬國有博厄美亞之國,是多金,掘井輒得金砂,重或十餘斤,河中常有金如豆。[4] 有羅得林日亞之國,俗最侈,其王有來賓之堂,列珊瑚瑯玕爲屏障,火攻之具甚巧,頃刻四十發。[5]

---

① "其氣候冬月極冷,善造煖室,微火温之,遂極煖。土人散處各國以爲兵,極忠實可用,至死不貳,各國護衛宮城或從征他國親兵,皆選此國人充之,本國人僅參其半。其工作極精巧,制器匪夷所思,能於戒指内納一自鳴鐘。地多水澤,冰堅後,人多於冰上用一種木屐,兩足攝之,一足立冰上,一足從後擊之,乘滑勢一擊數丈,其行甚速,手中尚不廢常業也。"《職方外紀校釋》,頁 92-93。

② "又有法蘭哥地,人最質直易信,行旅過者輒罾之,客或不答則大喜,延入具酒食,或為計緩急未室者,則妻之,謂此人已經嘗試,可信托也。"《職方外紀校釋》,頁 93,94。法蘭哥:即今法國東部法蘭琪-康堤(Franche-Comté),十五世紀時原屬哈布斯堡(Habsburg)王朝統治。

③ "多葡萄,善造酒,但沽與他方過客,土人滴酒不入口,惟飲水而已。"《職方外紀校釋》,頁 93。

④ "其屬國名博厄美亞者,地生金,掘井恒得金塊,有重十餘斤者。河底常有金如豆粒。"《職方外紀校釋》,頁 93,94。博厄美亞:為拉丁語 Bohemia(波西米亞,德語Böhmen)的譯音,即今捷克(Czech)西部區域,十六世紀時原屬哈布斯堡(Habsburg)王朝統治。

⑤ "有羅得林日亞國者,最侈汰。西土宮室多用帷幔障壁,其王有一延客堂,四周皆列珊瑚、瑯玕,交錯儼一屏障。又有一大銃,製作極巧,二刻之間,可連發四十次。"《職方外紀校釋》,頁 93,94。羅得林日亞:為拉丁語 Lotharingia 的譯音,即今法國東北部洛林(Lorraine)。

## 【50】發蘭得斯<sup>①</sup>

亞勒瑪尼亞之西南,爲發蘭得斯,地隘人众。城大者二百八十,小者六千三百六十八。人情樂易,好議論,詞聲若出金石。女子爲市,然雅不喜淫,能手虧絨錯金,不待機杼,而布最輕細。<sup>②</sup>

## 【51】波羅泥亞<sup>③</sup>

亞勒瑪尼亞之東北,曰波羅尼亞,是多蜜、與鹽、與獸皮,鹽有光晶晶然。其人文而敬賓客,無盜賊。王或傳賢,或傳子,大臣擇而立之,後王不得更前王之法。<sup>④</sup>

---

① 本篇名稱在《叙傳》所列目錄中為"發蘭得斯志第五十",版心刻有"發蘭得斯"、本篇頁碼及在全書中的頁碼。内容主要出自《職方外紀》卷二《法蘭得斯》。法蘭得斯:《地緯》原書改作"發蘭得斯",為 Flanders 的譯音,意指低窪的沼澤地,即今比利時(België)、荷蘭(Nederland)西南部及法國東北部,十五至十七世紀原屬哈布斯堡王朝統治。《職方外紀校釋》,頁 94。

② "亞勒瑪尼亞之西南爲法蘭得斯,地不甚廣,人居稠密。有大城二百八十,小城六千三百六十八。共學三所,一學分二十餘院。人情俱樂易温良,最好談論善謳歌。其婦女與人貿易,無異男子,顧其性極貞潔,能手作錯金絨,不煩機杼。西洋布最輕細者,皆出此地。"《職方外紀校釋》,頁 94。

③ 本篇名稱在《叙傳》所列目錄中為"波羅泥亞志第五十一",版心刻有"波羅尼亞"、本篇頁碼及在全書中的頁碼。内容主要出自《職方外紀》卷二《波羅尼亞》。波羅尼亞:或作波羅泥亞,爲葡萄牙語或西班牙語 Polonia 的譯音,即今波蘭(Poland),利瑪竇《坤輿萬國全圖》作"波羅泥亞"。《職方外紀校釋》,頁 95;《〈職方外紀〉補考》,頁 116 - 117。

④ "亞勒瑪尼亞東北曰波羅尼亞,極豐厚,地多平衍,皆蜜林,國人採之不盡,多遺棄樹中者。又產鹽及獸皮,鹽透光如晶,味極厚。其人美秀而文,和愛樸實,禮賓篤備,絕無盜賊,人生平未知有盜。國王亦不傳子,聽大臣擇立賢君,共王世守國法,不得變動分毫。亦有立其子者,但須前王在位時預擬,非預擬不得立。"《職方外紀校釋》,頁 95。

國中分爲四隅，隅居三月，一年而徧，①其猶之《月令》居青陽、明堂，②舜春巡泰山、冬巡恒山之意乎？③

其地苦寒，冬月海凍，行旅常行冰上，數晝夜，望星而行。④

有屬國曰波多理亞之國，種一歲，有三歲之獲，草菜種三日，長五六尺。⑤ 海濱多琥珀，是海中膏濡，從石隙中，流出如脂。天熱浮沫海面，風過之始凝；天寒，出隙便凝矣；大風過，則衝至海濱。⑥

## 【52】翁加里亞⑦

波羅尼亞之南，曰翁加里亞。是多牛羊，有四泉異甚。⑧

------

① "國中分為四區，區居三月，一年而遍。"《職方外紀校釋》，頁95。
② 《月令》居青陽、明堂，《禮記·月令》中記載十二月令天子居青陽、明堂、總章、玄堂左右之位以施政。參見王夢鷗注釋：《禮記今注今譯》，頁257-303。
③ 舜春巡泰山、冬巡恒山，如《尚書·虞夏書·堯典》中記載舜代堯攝政期間，"歲二月，東巡守，至于岱宗⋯⋯十有一月朔巡守，至于北岳。"屈萬里注譯：《尚書今注今譯》，頁11。
④ "其地甚冷，冬月海凍，行旅常於冰上歷幾晝夜，望星而行。"《職方外紀校釋》，頁95。
⑤ "有屬國波多理亞，地甚易發生，種一歲有三歲之獲，草菜三日內便長五六尺。"《職方外紀校釋》，頁95。波多理亞：為Podolia的譯音，今烏克蘭(Ukraine)西部地區。
⑥ "海濱出琥珀，是海底脂膏從石隙流出，初如油，天熱浮海面，見風始凝。天寒，出隙便凝，每為大風衝至海濱。"《職方外紀校釋》，頁95。
⑦ 本篇名稱在《叙傳》所列目錄中為"翁加里亞志第五十二"，版心刻有"翁加里亞"、本篇頁碼及在全書中的頁碼。內容主要出自《職方外紀》卷二《翁加里亞》。翁加里亞：謝方認為此係位於俄羅斯西南部的烏克蘭(Ukraine)。《職方外紀校釋》，頁96。另據金國平所考，如就方位來看，烏克蘭位於波羅尼亞東南，非《職方外紀》所云"在波羅尼亞之南"，故翁加里亞應為葡萄牙語或西班牙語Hungria的譯音，即匈牙利。《〈職方外紀〉補考》，頁116-117。
⑧ "翁加里亞在波羅尼亞之南，物產極豐，牛羊可供歐邏巴一州之用。有四水甚奇。"《職方外紀校釋》，頁96。

其一從地中湧出蹙弗,徐睇之則石。[1]

其一冬月常流,夏則腹堅。[2]

其一以鐵投之,鐵則泥色,冶之則成銅,其色瑩瑩有光。[3]

一作綠沉色,凍則成綠石不解。[4]

# 【53】大泥亞諸國[5]

歐邏巴西北有四國最大,曰大泥亞之國,曰諾而勿惹亞之國,曰雪際亞之國,曰鄂底亞之國。[6] 此其國與亞勒瑪尼亞隔一海套,道阻難行。南北經度自五十六至七十三,其南夏至日長六十九刻,其中長八十二刻,其北夏至之日,衡旋地上,晝以六月夜如之。是多山林,多獸,多海大魚。[7] 其大泥亞國海濱,多菽麥、牛、羊,牛輸它國者,歲常十萬角。海中魚鱗鱗成屋,舟至輒膠捕魚者,不施

---

[1] "其一從地中噴出,即凝爲石。"《職方外紀校釋》,頁96。

[2] "其一冬月常流,至夏反合為冰。"《職方外紀校釋》,頁96。夏則"腹"堅,應為"復"。

[3] "其一以鐵投之便如泥,再鎔又成精銅。"《職方外紀校釋》,頁96。

[4] "其一水色沉綠,凍則便成綠石,永不化矣。"《職方外紀校釋》,頁96。

[5] 本篇名稱在《叙傳》所列目錄中為"大泥亞諸國志第五十三",版心刻有"大泥亞諸國"、本篇頁碼及在全書中的頁碼。内容主要出自《職方外紀》卷二《大泥亞諸國》。大泥亞:為拉丁語Dinamarca的譯音,即今北歐丹麥(Damark)。大泥亞諸國:相當於今北歐斯堪的納維亞半島(Scandinavia Peninsula)各國。《職方外紀校釋》,頁96-97。

[6] "歐邏巴西北有四大國:曰大泥亞,曰諾而勿惹亞,曰雪際亞,曰鄂底亞。"《職方外紀校釋》,頁96,97。諾而勿惹亞:為拉丁語Noruega的譯音,今斯堪的納維亞半島西部挪威(Norway),利瑪竇《坤輿萬國全圖》作"諾爾勿入亞"。雪際亞:為拉丁語Suecia的譯音,今斯堪的納維亞半島東部瑞典(Sweden),利瑪竇《坤輿萬國全圖》作"蘇亦齊"。鄂底亞:即今波羅的海東部芬蘭灣南方愛沙尼亞(Estonia)。

[7] "與亞勒瑪尼亞相隔一海套,道阻難通,西史稱為別一天下。南北經度自五十六至七十三,其南夏至日長六十九刻,其中長八十二刻,其北夏至日輪橫行地面半年為一畫夜。地多山林,產獸,及海魚極大,異於他方。"《職方外紀校釋》,頁96。

罟而俯有拾。① 其諾而勿惹亞寡五穀,山多草木鳥獸,海多魚鱉。其人馴厚,喜遠客,客至所資脯粲不爭直。邑無盜賊。②

其雪際亞地分七道,屬國十二,爲歐邏巴北方富盛之最焉。是其地金粟雨生,市以物相貿遷,人好勇,亦好遠客自喜。③

其南界鄂底亞。④

# 【54】厄勒祭亞⑤

厄勒祭亞在歐邏巴極南,地分四道,經度三十四至四十三,緯度四十四至五十五。文獻故爲西土宗,今數被回回侵擾,稍陵遲,

---

① "其大泥亞國沿海産菽麥,牛羊最多。牛輸往他國者,歲常五萬。海中魚蔽水面,舟為魚湧,輒不能行,捕魚不藉網罟,隨手取之不盡也。"《職方外紀校釋》,頁96-97,98。《地緯》原書於此段之後,删去《職方外紀》中的一段關於十六世紀丹麥天文學家第谷(Tycho Brahe, 1546—1601)創作天文儀器並獲丹麥國王腓特烈二世(Frederik II, 1534—1588)大力支持的叙述:"近二十年内,一國主名地谷白刺格,酷嗜瑪得瑪第加之學。嘗建一臺於高山絶頂,以窮天象,究心三十餘年,累㝡不爽。其所制窺天之器,窮極要妙。後有大國王延之國中,以傳其學,今為西土曆法之宗。"

② "其諾而勿惹亞窮五谷,山林多材木鳥獸,海多魚鼊。人性馴厚,喜接遠方賓旅,暴時過客僑居者,絶不索物價,今稍需即屝足矣,故其地絶無盜賊。"《職方外紀校釋》,頁97。

③ "其雪際亞地分七道,屬國十二,歐邏巴之北,稱第一富庶。多五穀、五金、財貨百物。貿易不以金銀,即以物相抵。人好勇,亦善遇遠方人。"《職方外紀校釋》,頁97。

④ "鄂底亞在雪際亞之南,亦繁庶。"《職方外紀校釋》,頁97。

⑤ 本篇名稱在《叙傳》所列目録中為"厄勒祭亞志第五十四",版心刻有"厄勒祭亞"、本篇頁碼及在全書中的頁碼。内容主要出自《職方外紀》卷二《厄勒祭亞》。厄勒祭亞:謝方認為此係拉丁語Grecia的譯音,即今南歐希臘(Greece),利瑪竇《坤輿萬國全圖》作"厄勒齊亞"。《職方外紀校釋》,頁98-99。金國平則認為此係譯自希臘的古稱Helenia。《〈職方外紀〉補考》,頁117。

耗矣。其人嗜水族,嗜酒,獨不嘗肉味。①

東北有國焉,曰羅馬尼亞之國,其都城三重,生齒繁衍,環城居者,亙二百五十里。②

附郭有山,其巔恒霽,不風不雨,異時王柴於山者,其灰至,來年常不動,是曰阿零薄之山。有河焉,白羊飲之即變黑,曰亞施亞之河;黑羊飲之即變白,曰亞馬諾之河。③

有二島。

又有水焉,海潮一日七至。昔一學究亞利斯多,聘取幽理,終不解潮何以七,遂赴水死。④

又有哥而府之國,境環六百里,時和氣清,遍島皆生橘柚之屬,更無它樹,林中不交鳥跡。⑤

---

① "厄勒祭亞在歐邏巴極南,地分四道,經度三十四至四十三,緯度四十四至五十五。其聲名天下傳聞,凡禮樂法度文字典籍,皆爲西土之宗,至今古經尚循其文字。所出聖賢及博物窮理者,後先接踵。今爲回回擾亂,漸不如前。其人喜啖水族,不嘗肉味,亦嗜美酒。"《職方外紀校釋》,頁 98、99。今數被回回侵擾,意指十五世紀中葉爲鄂圖曼土耳其帝國(又稱奧斯曼帝國,Osmanlı imparatorlu ğu)佔領。

② "東北有羅馬尼亞國,其都城周裹三層,生齒極衆,城外居民綿亙二百五十里。"《職方外紀校釋》,頁 98、99。羅馬尼亞:即今東歐羅馬尼亞(Romania),利瑪竇《坤輿萬國全圖》作"羅馬泥亞"。都城:即今希臘首都雅典(Athens)。

③ "附近有高山,名阿零薄。其山頂終歲清明,絶無風雨。古時國王登山燎祀,其灰至明年不動如故。有河水,一名亞施亞,白羊飲之即變黑;一名亞馬諾,黑羊飲之即變白。"《職方外紀校釋》,頁 98、99。阿零薄山:即希臘北部奧林匹斯山(Olympus Mountain)。亞施亞河:即希臘北部亞施阿斯河(Axios River)。

④ "有二島,一爲厄歐白亞,海潮一日七次。昔名士亞利斯多徧窮物理,惟此潮不得其故,遂赴水死。"《職方外紀校釋》,頁 98-99、100。二島:即厄歐白亞(希臘東部 Eubea 島)、哥而府(希臘西北角 Cofu 島)。亞利斯多:即古希臘著名學者亞里士多德(Aristotle,前 384—前 322)。

⑤ "一爲哥而府,圍六百里,出酒與油,蜜極美,遍島皆橘柚香櫞之屬,更無別樹。天氣清和。野鳥不至其地。"《職方外紀校釋》,頁 99。

# 【55】莫斯哥未亞<sup>①</sup>

　　亞細亞之西北極,有國最大,曰莫斯哥<sup>②</sup>之國,東西徑萬五千里,南北徑八千里,國分爲十六道。而窩兒加河最大,支河八十,皆以爲尾閭,而以七十餘口,匯入北高之海。<sup>③</sup> 國內强兵習戰,蠶食諸國。其地夜漏苦長,晝日苦短,短至日二辰止。氣候苦寒,雪下則堅若平地,行旅駕車度雪中,馬足疾追飛霜。人常處温室中。行旅中嚴寒,則血脈皆凍,堅若凝冰,驟入温室,耳鼻輒墮於地。每自外來者,先內水中,俟僵體漸甦,方可入温室。八月至四月,皆衣重裘。産皮之地,即充賦。<sup>④</sup> 國中多盜,人家兢畜猛犬,見人則噬,晝置穽中,夜聞鐘聲,始放,人亟閉户重襲矣。<sup>⑤</sup>

---

① 本篇名稱在《叙傳》所列目録中爲"莫斯哥未亞志第五十五",版心刻有"莫斯哥未亞"、本篇頁碼及在全書中的頁碼。內容主要出自《職方外紀》卷二《莫斯哥未亞》。莫哥斯未亞:爲 Moscowia 的譯音,係指當時的莫斯科大公國,利瑪竇《坤輿萬國全圖》作"没廝箇未突"。《職方外紀校釋》,頁 100 - 101。
② 莫斯哥:即今俄羅斯首都莫斯科(Moscow)。
③ "亞細亞西北之盡境有大國,曰莫斯哥,東西徑萬五千里,南北徑八千里,中分十六道。有窩兒加河最大,支河八十,皆以爲尾閭,而以七十餘口入北高海。"《職方外紀校釋》,頁 100,101。窩兒加河:即位於俄羅斯西南部的伏爾加河(Volga,或譯窩瓦河),爲歐洲第一長河。北高海:即今歐亞大陸交界處的內陸湖泊裏海(Caspian Sea)。
④ "國內兵力甚强,日事並吞。其地夜長晝短,冬至日止二時。氣極寒,雪下則堅凝,行旅駕車度雪中,其馬疾如飛電,其室宇多用火温,雪中行旅爲嚴寒所侵,血脈皆凍,堅如冰石,如驀入温室之中,耳鼻輒墮於地。每自外來者,先以水浸其軀,俟僵體漸甦,方可入温室中。故八月以至四月皆皮裘。多獸皮,如狐貉貂鼠之屬,一裘或至千金者。熊皮以爲卧褥,永絶蟣虱。産皮處即用以充賦税,以遺隣國,多至數十車。"《職方外紀校釋》,頁 100。
⑤ "國人多盜,人競畜猛犬,見人則噬,晝置穽中,夜聞鐘聲始放,人亟匿影閉户矣。"《職方外紀校釋》,頁 100。

惟國王曉文,貴戚大臣以下,法不得學,曰不可使臣勝於主也。① 有大鐘,不撞,王即位及生口,即以三十人動搖之。所造火攻具,長三十七尺,一發之藥恒二石許,常以二人除內。②

有蜜林,其樹悉爲蜂房,各有主者,以爲恒產。嘗有人入蜜林,見一枯樹大數圍,其人攀緣登之,忽墮樹腹,汲蜜中及口,逾三四日,計不得出,直有熊登樹,以掌探樹腹中蜜,其人固持熊掌,熊驚躍拔出。③

## 【56】紅毛番④

大西洋之番,其種有紅毛者,志載不經見。或云唐貞觀中所爲赤髮綠睛之種,或又云即倭夷島外所稱毛人國也,譯以爲和蘭

---

① "惟國王許習文藝,其餘雖貴戚大臣亦禁學,恐其聰明過主,爲主辱也。"《職方外紀校釋》,頁 100。《地緯》原書於此段之後,刪去《職方外紀》所記 "故其國有'天主能知,國王能知'之諺。今亦稍信真教。其王常手持十字,國中亦流傳天主之經,或聖賢傳記無禁矣"。
② "有大鐘,以搖不以撞,搖非三十人不能,惟國主即位及其誕日鳴之。所造大銃,其長三丈七尺,一發用藥二石,可容二人入內掃除。"《職方外紀校釋》,頁 100 - 101。
③ "又有一蜜林,其樹悉爲蜂房。國人各界其樹爲恒產。嘗有人入蜜林,見一枯樹,大過合抱,其人攀緣樹巔,忽墮樹腹中,蜜至沒口,逾三四日,計無所出。幸有熊登樹啗蜜,以掌探樹腹,其人牢捉熊掌,熊驚躍,遂得拔出。"《職方外紀校釋》,頁 101。
④ 本篇名稱在《敘傳》所列目錄中爲 "紅毛番志第五十六",版心刻有 "紅毛番"、本篇頁碼及在全書中的頁碼。內容主要出自熊明遇《島人傳·紅毛夷》(收於熊人霖編:《文直行書》文卷十三,頁 23a - 25a)。明代後期相關的文獻記載,可參見張燮著,謝方點校:《東西洋考》卷六《外紀考·紅毛番》,頁 127 - 130。另參閱張維華:《明史佛郎機呂宋和蘭意大里亞四傳注釋》,頁 107 - 154。本篇記載十六、十七世紀 "紅毛番" 即歐洲荷蘭(和蘭)人的海上通商與傳教活動,及其對於中國東南海防所構成的威脅。《地緯》將之納歸 "歐邏巴" 志中,倒是正其所在五大洲世界中的地理位置。

國，俱無定考。① 負西海而居，地方數千里，與佛郎機、乾絲蠟並大，而各自王長，不相臣屬。俗尚嗜好，食飲相類。去中國水道最遠。地無他產，產白金，國中用白金鑄錢，輕重大小有差，錢如其王面。《史》云：“安息以銀爲錢，如其王面，王死輒更錢，效王面焉。”《漢書》云：“安息錢文獨爲王面，幕爲夫人面；又稱罽賓，市列以金銀爲錢，文爲騎馬，幕爲人面；烏戈地暑熱莽，平其錢，獨文爲人頭，幕爲騎馬。”安息、罽賓、烏戈，皆在西域，是豈其種落耶？②

其國人富，少耕種，善賈，喜中國繒絮財物，往往裝銀錢大舶中，多者數百萬，浮海外之旁屬國，市漢繒絮財物以歸。③

先是，呂宋爲中國人市場，然呂宋第佛郎機旁小島，土著貧，無可通中國市者。其出銀錢市漢物，大抵皆佛郎機之屬，而和蘭

---

① “大西洋之番，其種有紅毛者，志載不經見。或云羅斛別部赤眉之種，或云唐貞觀中所爲赤髮綠睛之種，或又云即倭屬島外所稱毛人國也，俱無定考，譯以爲和蘭國者近是。”《島人傳·紅毛夷》，頁 23b。由於明中葉以降中國人士多未詳知“紅毛番”的來龍去脈，因此產生了“俱無定考”的情形。在《島人傳》及《地緯》之前，晚明著述中有關“紅毛番”的紀錄，以張燮《東西洋考》最具代表。另可參見《明史》卷三百二十五《外國六·和蘭》，頁 8434－8437。

② “負西海而居，地方數千里，與佛狼機、乾絲蠟並大，而各自王長，不相臣屬。俗尚嗜好，食飲相類。去中國水道最遠。地無他產，產白金，國中用白金鑄錢，輕重大小有差，錢如其王面。《史》云：‘安息以銀爲錢，如其王面，王死輒更錢，效王面焉。’《漢書》云：‘安息錢文獨爲王面，幕爲夫人面；又稱罽賓，市列以金銀爲錢，文爲騎馬，幕爲人面；烏戈地暑熱莽，平其錢，獨文爲人頭，幕爲騎馬。’安息、罽賓、烏戈，皆極西域，是豈其種落耶？或近國也。”《島人傳·紅毛夷》，頁 23b－24a。按：《史》即《史記》，其徵引原文，見漢·司馬遷《史記》卷一百二十三《大宛列傳》中記載安息國“以銀爲錢，錢如其王面，王死輒更錢，效王面焉”（頁 3162）。《漢書》的徵引原文，見《漢書》卷九十六《西域傳·安息國》中云：“安息國，王治番兜城，去長安萬一千六百里。不屬都護。北與康居、東與烏弋山離、西與條支接。土地風氣，物類所有，民俗與烏弋、罽賓同。亦以銀爲錢，文獨爲王面，幕爲夫人面。王死輒更鑄錢。有大馬爵。”（頁 3889）

③ “其國人富，少耕種，善賈，喜中國繒絮財物，往往裝銀錢大舶中，多者數百萬，浮海外之旁屬國，市漢繒絮財物以歸。”《島人傳·紅毛夷》，頁 24a。

國歲至焉。於是紅毛島夷，始稍稍與中國通矣。中國人利其銀錢，所贏得過當，輒偵其船之至不至，酤一歲息之高下，有逗冬以待者。近呂宋殺中國賈人，不盡死者，奴虜之，自是漢財物少至。①

和蘭居佛郎機國外，取道其國，經年始至呂宋，至則無所得賈，譯者紿之，曰：漳、泉可賈也。先漳民潘秀，賈大泥國，與和蘭酋韋麻郎賈相善，陰與謀，援東粵市佛郎機故事，請開市閩海上。秀持其國之文至，不得請。②

是秋，舶果從西南來趨彭湖島，紅毛番之入閩中境，自此始，時萬曆甲辰(1604)之七月也。人長身紅髮，深目藍睛，高鼻赤足。居恒帶劍，劍善者，直百餘金。跳舟上如蜚，登岸則不能疾。船長二十丈，高三之一，夾底木厚二尺有咫，外鋈金錮之。四桅，桅三接以布爲帆，桅上建大斗，斗可容四五十人。繫繩若堦，上下其間，或瞭遠，或逢敵擲鏢石。舟前用大木作炤水，後用舵。水工有黑鬼者最善没，没可行數里。左右兩檣，兵銃甚設，銃大十數圍，皆銅鑄，中具鐵彈丸重數斤，船遭之立碎，他器械精利稱是。既次彭湖，譯者林玉以互市請，而漳泉奸民又從而餌之。事聞兩臺，以玉生事，招外夷，繫獄中，且頒言誅秀，下監司郡邑議。議曰："彭

---

① "先是，呂宋爲中國人市場，然呂宋第佛狼機旁小島，土著貧，無可通中國市者。其出銀錢市漢物，大抵皆佛很(狼)機之屬，而和蘭國歲至焉。於是紅毛島夷，始稍稍與中國通矣。中國人利其銀錢，所贏得過當，輒偵其船之至不至，酤一歲息之高下，有逗冬以待者。近呂宋殺中國賈人，不盡死者，臣僕之，自是漢財物少至。"《島人傳·紅毛夷》，頁24a。

② "和蘭居佛狼機國外，取道其國，經年始至呂宋，至則無所得賈，譯者紿之，曰：漳、泉可賈也。先漳民潘秀，賈大泥國，與和蘭酋韋麻郎賈相善，陰與謀，援東粵市佛郎機故事，請開市閩海上。秀持其國之文至，不得請。"《島人傳·紅毛夷》，頁24a－b。

湖、漳、泉，卧榻之邊，市一開，必且勾外夷，逼處此土，其害有不可
言者，斥之便，不則剿之。”於是檄澄嶼微巡將沈有容往。有容曰：
“彼來求市，非爲寇也，剿之無名。”迺請出譯者林玉與俱至，則麻
郎望見玉來，大喜過望。有容爲之陳説漢法嚴，無敢奸闌者。於
是率部落免冠叩首，揚帆望西海而去。①

　　至今上時，復入閩中，鎮將徐一鳴擊之，殺十數人，夷遂引退。
已寇粵之香山澳。香山澳夷，皆歐邏巴人長子孫，天竺大夏以西，
(卬)[仰]給中國之絲、瓷。絶海來者，皆倚爲居停主，而擅幹山海
之貨，歲入金百數十萬，廣用以饒，輸税復數萬。歐邏巴之王，亦
遣有司者治之，蓋商舶皆王所造，以通中國食貨者，雖不專設兵，
而澳夷亦人人敢戰自衛。紅毛夷之來也，澳夷逆擊殺數百人，退
之，奪其鋭以敵。然紅毛夷既天性剽勇，好作亂，又不得市，常往

---

① “是秋，舶果從西南來趨彭湖島，紅毛番之入閩中境，自此始，時萬曆甲辰之七月
也。人長身紅髮，深目藍睛，高鼻赤足。居常帶劍，劍善者，直百餘金。跳舟上如
蜚，登岸則不能疾。船長二十丈，高三之一，甲底木厚二尺有咫，外鎏金錮之。四
桅，桅三接以布爲帆，桅上建大斗，斗可容四五十人。繫繩若階，上下其間，或瞭
遠，或逢敵擲鏢石。舟前用大木作照水，後用舵。水工有黑鬼者最善没，没可行數
里。左右兩牆，兵銃甚設，銃大十數圍，皆銅鑄，中具鐵彈丸重數斤，船遇之立碎，
他器械精利稱是。既次彭湖，譯者林玉以互市請，而漳泉奸民又從而餌之。事聞
兩臺，以玉生事，招外夷，繫獄中，且頌言誅秀，下監司郡國議。議曰：‘彭湖、漳、泉，
卧榻之邊，市一開，必且勾外裔，逼處此土，其害有不可言者，斥之便，不則剿之。’
於是檄澄嶼微巡將沈有容往。有容曰：‘彼來求市，非爲寇也，剿之無名。’迺請出
譯者林玉與俱至，則麻郎望見玉來，大喜過望。有容爲之陳説漢法嚴，無敢奸闌
者。於是率部落免冠叩首，揚帆望西海而去。”《島人傳·紅毛夷》，頁 24b - 25a。
此段記載萬曆三十二年(1604)七月後，明朝將領沈有容(1557—1627)逼退當時入
據澎湖島的荷蘭聯合東印度公司(Vereenigde Oost-Indische Compagnie)將領韋麻
郎(Wijbrant van Waerwijck)艦隊一事。今澎湖馬公市天后宮後清風閣中存有“沈
有容諭退紅毛番韋麻郎等”石碑。可參見何培夫主編：《臺灣地區現存碑碣圖誌
澎湖縣篇》，頁 2 - 3,198。

來抄掠海中,西舶苦之。而香山澳亦益修守衛備矣。①

## 【57】地中海諸島②

地中海之島,以百千計,甘的亞最大,囊有百城,周二千三百里。昔其王常作迷苑,游者,須以物識地,然後可入。有草焉,饑食之少許,腹猶果然,名曰阿力滿之草。③

地中海至冬,高風激浪,舟行為艱。有鳥巢水次,是其乳則海波不興,但自卵至翼,一歲(董)[僅]得十五日,商舶待之以渡海。其名曰亞爾爵虐之鳥,而此十五日,受鳥名為亞爾爵虐日云。④

---

① 按:此段文字不見於《島人傳·紅毛夷》中,為熊人霖於前文所記明朝萬曆年間沈有容逼退"紅毛番"的史實基礎上,參酌其他文獻增添其他相關事蹟而記。而其中關於香山澳夷(即葡萄牙人)的記載,應係脫胎自熊明遇《島人傳·佛郎機》所記:"今香山澳夷,皆海外人長子孫,西南民航海大舶,率倚為居停主,而擅幹山海之貨,歲入金百數十萬,廣用以饒,所需我畜絲為上,瓷次之,麝次之,墨次之。而歐邏巴人觀光中國者,絕海九萬里,亦附其舶以至。其人深目而多須髯,畫革旁行以為書記,精於天官,能華語,嘗與余言天竺、大夏以西,皆仰給中國之絲、瓷,則華風之所被者遠矣。"(頁21b–22a)香山澳:即今澳門(Macao)。參閱張維華:《明史佛郎機呂宋和蘭意大里亞四傳注釋》,頁36–37。
② 本篇名稱在《敘傳》所列目錄中為"地中海諸島志第五十七",版心刻有"地中海諸島"、本篇頁碼及在全書中的頁碼。內容主要出自《職方外紀》卷二《地中海諸島》。
③ "地中海有島百千,其大者曰甘的亞,囊有百城,周二千三百里。古王造一苑囿,路徑交錯,一入便不能出。游者須以物識地,然後可入。生一草,名阿力滿,少嚼便能療飢。"《職方外紀校釋》,頁102。甘的亞:為意大利語 Candia 的譯音,今地中海北部克里特島(Crete)。
④ "地中海風浪至冬極大難行,有鳥作巢於水次,一歲一乳,但自卵至翼不過半月,此半月內,海必平靜無風波,商舶待之以渡。海鳥名亞爾爵虐,此半月遂名為亞爾爵虐日云。"《職方外紀校釋》,頁102。亞爾爵虐:為 Halcyon 的譯音,即翠鳥。

## 【58】西北海諸島①

　　歐邏巴西海,迤而北至冰海,海島千百,大者曰諳厄利亞之島,曰意而蘭大之島。② 意而蘭大經度五十三至五十八,氣候極和,暑至於温,寒至於涼。多獸類,無毒螫。有湖焉,插木於内,入土者,(叚叚)〔段段〕化成鐵,水中叚叚化成石,標出水面者則爲木。是島旁有小島,島中一地洞數見怪。③

　　諳厄利亞經度五十至六十,緯度三度半至十三。氣亦融和,地方廣大。有怪石,能阻聲,其長七丈,高二丈,從石陰撞千石之鐘,其陽寂若無聲,名曰聾石。④

　　有湖長百五十里,廣五十里,此湖或不風而波,舟觸之即覆。有魚味甚佳,而皆無鰭翅。湖中三十島,一島無根,隨風上下,人不敢居,而草木蓊翳,牛羊醜群。⑤

――――――――――

① 本篇名稱在《叙傳》所列目録中為"西北海諸島志第五十八",版心刻有"西北海諸島"、本篇頁碼及在全書中的頁碼。内容主要出自《職方外紀》卷二《西北海諸島》。

② "歐邏巴西海迤北一帶至冰海,海島極大者曰諳厄利亞,曰意而蘭大,其外小島不下千百。"《職方外紀校釋》,頁 102,104。諳厄利亞:為拉丁語 Englia 的譯音,即今英格蘭(England)。意而蘭大:即今愛爾蘭(Ireland),位於英格蘭島西邊。

③ "意而蘭大經度五十三至五十八,氣候極和,夏熱不擇陰,冬寒不需火。産獸畜極多,絶無毒物。其國奉教之初,因一王宫之婢能識真主,遂及王后國王,以訖一國。其地有一湖,插木於内,入土一段化成鐵,水中一段化成石,出水面方爲原木也。旁一小島,島中一地洞常出怪異之形。或云鍊罪地獄之口也。"《職方外紀校釋》,頁 102 - 103。

④ "諳厄利亞經度五十至六十,緯度三度半至十三。氣候融和,地方廣大。分為三道,共學二所,共十三院。其地有怪石,能阻聲,其長七丈,高二丈,隔石發大銃,人寂不聞,故名聾石。"《職方外紀校釋》,頁 103。

⑤ "有湖長百五十里,廣五十里,中容三十小島,有三奇事:一、魚味甚佳,而皆無鰭翅;一、天靜無風,倏起大浪,舟楫遇之,無不破;一、有小島無根,因風移動,人弗敢居,而草木極茂,孳息牛羊豕類極多。"《職方外紀校釋》,頁 103。

近有一地,死者不殮,但移其尸於山,千歲不朽,子孫亦能識其處。鼠有從海舟來者,至此遂死。①

又有三湖,通波而魚不相往來,或曰踰湖即死。②

旁有海窖,潮之盛也,窖吸水入而永不盈,潮退即涌水若山。當吸水時,人立其側,濡衣焉,即隨水吸入窖中,即不濡,即近水立無害。③

迤而北,海島極多,至冬夜極長,一夜得數月,夜行夜作,皆以燭。④

產貂類極多,人以爲衣。⑤

又有人長壯大節多力,形體生毛如猱。是多牛、羊、鹿、猛犬。一犬格一虎,直獅亦衡行不避。⑥

冬月,風之過海,搏水如山積。⑦

人善佃漁,以魚爲糧,或磨魚爲糝,膏爲燭,骨爲舟車、屋室,爲薪,而魚皮爲之舟。大風濟,不沉不覆,陸行則負舟行。其海風甚厲,拔木折屋,攝取人物。⑧

---

① "近有一地,死者不殮,但移其尸於山,千歲不朽,子孫亦能認識。地無鼠,有從海舟來者,至此遂死。"《職方外紀校釋》,頁103。
② "又有三湖,細波相通達,然其魚絕不相往來。此水魚誤入彼水輒死。"《職方外紀校釋》,頁103。
③ "傍有海窖,潮盛時,窖吸其水而永不盈。潮退,即噴水如山高。當吸水時,人立其側,衣一沾水,人即隨水吸入窖中。如不沾水,雖近立亦無害。"《職方外紀校釋》,頁103。
④ "至迤北一帶,海島極多,至冬,夜長數月,行路工作皆以燈。"《職方外紀校釋》,頁103。
⑤ "產貂類極多,人以爲衣。"《職方外紀校釋》,頁103。
⑥ "又有人長大多力,遍體生毛如猿猴。產牛羊鹿甚多。犬最猛烈,一犬可殺一虎,遇獅亦不避也。"《職方外紀校釋》,頁103。
⑦ "冬月,海冰爲風所擊,嘗湧積如山。"《職方外紀校釋》,頁103。
⑧ "人善漁獵,山多鳥獸,水多魚鼈,人以魚肉爲糧,或磨魚爲麵,油爲燈,骨造舟車屋室,亦可爲薪。其魚皮以爲舟,遇風不沉不破,如陸行則負皮舟而行。其海風甚猛,能拔樹折屋,及攝人物於他處。"《職方外紀校釋》,頁103-104。

或曰：北海濱有短人，人長不滿二尺，無鬚眉，男女無別。跨鹿而行，鸛常欲攫食之，短人恒與鸛搏，覆巢破卵，以痛絕其種類。① 或曰僬僥氏之國，②《廣記》曰"鶴民國，人長三寸，常爲鶴所苦，其惠者刻土偶以噎鶴"，③蓋此類也。

又有小島，其人嗜酒不醉，多壽。④

又近諳厄利亞之國，有地焉，曰格落蘭得。是多火，宅以磚石障之，或宛轉作隧，以出内火，火（焱）［焰］所至，便置釜甑，亨孰不假薪蒸。其火終古不滅。⑤

# 【59】利未亞總志⑥

次三曰利未亞之州，大小百餘國。西南至利未亞海，東至西

---

① "又聞北海濱有小人國，高不二尺，鬚眉絕無，男女無辨。跨鹿而行，鸛鳥常欲食之，小人恒與鸛相戰，或預破其卵，以絕種類。"《職方外紀校釋》，頁104。

② 僬僥氏之國，典出《國語·魯語下》中記："客曰：'人長之極幾何？'仲尼曰：'僬僥氏長三尺，短之至也。長者不過十之，數之極也。'"引見徐元誥著，王樹民、沈長雲點校：《國語集解》，頁203。另見於本書第三篇《韃而靼》中"孔子曰"。

③ 語出（宋）李昉等編《太平廣記》卷四百八十《鶴民》引（唐）焦璐《窮神秘苑》中云："西北海戌亥之地，有鶴民國。人長三寸，日行千里，而步疾如飛。每爲海鶴所吞。其人亦有君子小人。如君子，性能機巧，每爲鶴患，常刻木爲己狀，或數百，聚於荒野水際。以爲小人，吞之而有患，凡百千度。後見真者過去，亦不能食。"李昉等編：《太平廣記》，頁3958。

④ "又有小島，其人性嗜酒，任飲不醉，年壽最長。"《職方外紀校釋》，頁104。

⑤ "近諳厄利亞國爲格落蘭得，其地多火，以磚石障之，仍可居處。或宛轉作溝以通火，火焰所至，便置釜甑熟物，更不須薪，其火亦終古不滅。"《職方外紀校釋》，頁104。格落蘭得：即格陵蘭（Greenland），十六世紀時爲丹麥的海外屬地，今屬北美洲。

⑥ 本篇名稱在《叙傳》所列目録中爲"利未亞總志第五十九"，版心刻有"利未亞總志"、本篇頁碼及在全書中的頁碼。内容主要出自《職方外紀》卷三《利未亞總説》。利未亞：爲拉丁語Libia的譯音，古希臘時期指稱今埃及以西的非洲北部，中世紀以來泛指非洲大陸，或指今北非利比亞。今非洲名爲阿非利加（Africa），原指北非迦太基一帶，後來才成爲非洲的全稱。《職方外紀校釋》，頁107。

紅海,北至地中海,極南,南極出地三十五度,極北,北極出地三十五度,東西廣七十八度。①

其地多曠野,野獸極盛。有文木入水土,千年不朽。迤北海濱之國最豐饒,一歲再獲,每種,一斗可穫十鍾,穀之登也。外國百鳥,皆至其地就食,涉冬寒盡始歸,故秋冬之交民,以佃獵爲業。所產葡萄樹,高豐繁衍。地既曠野,人或無常居,每種一熟,即移徙他處。②

野地皆產怪獸,因其處水泉絶少,水之所潴,百獸聚焉。更復異類以風,輒產其乖殊異之獸。而獅,爲之王,凡獸見之皆匿。性最傲,直之者,亟匍伏,即飢時亦不噬。千人逐之,則徐行,即人不見,反益疾行。惟畏雄雞車輪之聲,聞之則遠遁。然受人德,則必報之。常時病瘧,四日輒發,其病時暴烈不可制,擲之以毬,則騰跳丸弄不息。群行水草間,頗爲行旅之害。國人嘗禽數隻,支解懸之,稍復驚竄。③

---

① "天下第三大州曰利未亞,大小共百餘國。西南至利未亞海,東至西紅海,北至地中海,極南南極出地三十五度,極北北極出地三十五度,東西廣七十八度。"《職方外紀校釋》,頁105。利未亞海:即今非洲西南安哥拉海(Angola Sea)。

② "其地多曠野,野獸極盛。有極堅好文彩之木,能入水土千年不朽者。迤北近海諸國最豐饒,五穀一歲再獲,每種一斗可穫十石。穀熟時,外國百鳥皆至其地避寒就食,涉冬始歸,故秋末冬初近海諸地獵取禽鳥無算。所產葡萄樹極高大,生實繁衍,他國所無。地既曠野,人或無常居,每種一熟,即移徙他處。"《職方外紀校釋》,頁105。

③ "野地皆產怪獸,因其處水泉絶少,水之所潴,百獸聚焉。更復異類相合,輒產奇形怪狀之獸。地多獅,爲百獸之王,凡禽獸見之,皆匿影。性最傲,遇之者若亟俯伏,雖餓時亦不噬。千人逐之,亦徐行;人不見處,反任性疾行。惟畏雄雞、車輪之聲,聞之則遠遁。又最有情,受人德必報之。常時病瘧,四日則發一度。其病時躁暴猛烈,人不可制,擲之以毬,則騰跳轉弄不息。其近水成群處頗爲行旅之害。昔國王嘗命一官驅之,其官計無所施,惟擒捉幾隻,斷其頭足肢體,遍掛林中。後稍驚竄。"《職方外紀校釋》,頁105-106。

　　有鳥焉，色黃黑，高二三尺，戴冠鉤喙，飛極高，曾巢崇山石穴中。生子，則祝之曰：若視日，視日目不瞬者，即留之，瞬即殺之。壽最長久，老去故羽，復生新羽，與雛不殊。鷙擊百鳥，或攫羊、鹿食之，不食宿肉。人或冒險，尋得其巢，取其巢中餘肉，可供終歲。畏毒蛇害其子，則先尋一石置巢邊，蛇毒遂解。受人德亦必報。是曰亞阮剌之鳥，或曰鳥之王也，或曰即所謂大鵬金翅鳥。而西方大國之君長，以其像爲旌符節璽焉。[①] 有狸似麝，臍後有肉囊，香滿囊中，輒病，向石上剔出之始已。香如蘇合油而黑，其貴次於龍涎，是療耳病。[②]

　　有羊絶大，尾重數十斤，其味絶美。有毒蛇能殺人，土人有能制蛇者，守之世，蛇至其前，自能驅逐，非有方術呪禁也。貴人行於野，必求此人自隨。[③]

　　有獸如狼，而手足似人，好穴墓而食人尸，是曰大布之獸。[④]

　　有獸大身怪狀，長五丈許，口吐涎，或曰即龍涎，或曰非也。

---

① "有鳥名亞既刺，乃百鳥之王也，羽毛黃黑色，高二三尺，首有冠，鉤喙如鷹隼，飛極高，巢於峻山石穴内。生子則令視日，目不瞬者乃留之。壽最長久，老者脱去故羽，復生新羽，與雛不異。性鷙猛，能攫羊鹿百鳥食之，肉經宿則不食矣。有冒險者尋得其巢，取其餘肉，可供終歲。有毒蛇能害其子，則知先尋一種石置巢邊，蛇毒遂解。其性有知覺，受人德亦必報焉。西國大王恒用此鳥像爲號。"《職方外紀校釋》，頁106，107—108。亞阮剌：《職方外紀》原作"亞既刺"，爲西班牙語 aguila（鷹）的譯音。

② "有山狸似麝，臍後有肉囊，香滿其中輒病，向石上剔出之始安。香如蘇合油而黑，其貴于龍涎，能療耳病。"《職方外紀校釋》，頁106。

③ "又産一異羊，甚鉅，一尾便得數十斤，其味最美。有毒蛇，能殺人。土人有能制蛇者，蛇至其前，自能驅逐，又非有方術禁制。此等人世世子孫皆然，有尊貴人行路，必覓此人自隨。"《職方外紀校釋》，頁106。

④ "又有如狼狀者，名大布獸，其身人，其手足專穴人墓，食人尸。"《職方外紀校釋》，頁106，108。大布獸，謝方認爲此可能爲非洲鬣狗（Hyaena）。另據馬瓊所考，應爲分布於非洲西部與南部的土狼（Aardwolf）。《熊人霖〈地緯〉研究》，頁108-111。

龍涎生土中,初流出如脂,至海漸凝爲塊,大有千餘斤者,海魚或食之,故往往從魚腹中剖出。[①]

其馬絶有力,善走,能與虎闘。[②]

境内名山,有曰亞大蠟之山者,在西北,蓋天下之最高山也。風雨露雷,峽在峽岇,而巓恒暘,視日星倍大。有畫灰爲字者,歷千年不動,以不風不雨故,國人呼爲天柱云。或曰:此國人,其寢不夢。[③]

月山在赤道南二十三度,極險峻,不可登。[④] 獅山在西南境,其上雷電不絶。[⑤]

曷噩剌之國之山,多白金,取之不盡。[⑥]

太浪山在西南海,其下海風搏浪甚高,賈舶至此,或不能過,則退歸,西洋船破敗,率在此處。過之則大喜,可登於岸矣,故亦稱喜望之峰。[⑦]

---

① "又有一獸軀極大,狀極異,其長五丈許,口吐涎即龍涎香。或云,龍涎是土中所產,初流出如脂,至海漸凝爲塊,大有千餘斤者。海魚或食之,又在魚腹中剖出,非此獸所吐也。"《職方外紀校釋》,頁106。

② "其地馬最善走,又猛,能與虎闘。"《職方外紀校釋》,頁106。

③ "界内名山有亞大蠟者,在西北,天下惟此山最高,凡風雨露雷皆在山半,山頂終古晴明,視日星倍大。昔人有畫字於灰上者,歷千年不動,無風故也,國人呼爲天柱。此方人夜睡無夢,甚為奇。"《職方外紀校釋》,頁107。亞大蠟:即今非洲西北部的亞特拉斯山(Atlas Mountain),利瑪竇《坤輿萬國全圖》作"亞大臘山"。

④ "有月山,在赤道南二十三度,極險峻,不可躋攀。"《職方外紀校釋》,頁107。月山:即今非洲東南姆蘭傑山(Mulanje Mountain)。

⑤ "有獅山,在西南境,其上頻興雷電,轟擊不絶,不間寒暑(按:《校釋》本作'署',據《天學初函》本改)。"《職方外紀校釋》,頁107,109。獅山:謝方認為此可能為今非洲西部洛馬山(Loma Mountain)。

⑥ "其在曷噩剌國者,出銀礦甚多,取之不可盡。"《職方外紀校釋》,頁107。曷噩剌國:即今非洲西南安哥拉(Angola)。

⑦ "其在西南海者曰大浪山,其下海風迅急,浪起極大,商舶至此,或不能過,則退歸西洋,船破敗率在此處。過之,則大喜,可望登岸矣,故亦稱喜望峰。"《職方外紀校釋》,頁107。大浪山:即今非洲南端好望角(Cape of Good Hope)。

自此而東嘗有礁隱水中，是珊瑚之屬，剛者利若劍戟，海舶惡之也。①

凡利未亞之著國，有阨入多之國、馬邏可之國、弗沙之國、亞費利加之國、奴米第亞之國、亞毘心域之國、馬拿莫大巴之國、西爾得之國。②

散處者，有井巴之島、聖多默之島、意勒納之島、聖老楞佐之島。③

# 【60】阨入多④

利未亞之東北，有大國曰阨入多之國，地最肥仁，中古時曾大豐七年，繼即大歉七年。時有前知者，名龠琹，教國人廣儲蓄，令罄國中之財，盡以積穀，故飢而不害，且致四方告糴者，財幣無筭。⑤

---

① "此山而東，嘗有暗礁，全是珊瑚之屬，剛者利若鋒刃，海船極畏避之。"《職方外紀校釋》，頁107。

② "凡利未亞之國，著者，曰阨入多，曰馬邏可，曰弗沙，曰亞費利加，曰奴米第亞，曰亞毘心域，曰馬拿莫大巴，曰西爾得。"《職方外紀校釋》，頁107。

③ "散處者，曰井巴島，曰聖多默島、意勒納島、聖老楞佐島。"《職方外紀校釋》，頁107。

④ 本篇名稱在《叙傳》所列目錄中為"阨入多志第六十"，版心刻有"阨入多"、本篇頁碼及在全書中的頁碼。内容主要出自《職方外紀》卷三《阨入多》。阨入多：為拉丁語 Aigyptos 的譯音，即今非洲東北部的埃及(Egypt)。《職方外紀校釋》，頁111。

⑤ "利未亞之東北，有大國曰阨入多，自古有名，極稱富厚，中古時曾大豐七載，繼即大歉七載。當時天主教中有前知聖人名龠瑟者，預教國人廣儲蓄，令罄國中之財悉用積穀，至荒時出之，不惟救本國之飢，而四方財貨因來糴穀，盡輸入其國中，故富厚無比。"《職方外紀校釋》，頁109，111。龠瑟：《地緯》改作"龠琹"，即《舊約聖經》中記載以色列人的祖先約瑟(Joseph)，曾因擅長解夢而受寵於埃及法老，並協助法老治理國家。

華寶之毛,遷於其地,即茂美倍恒。其地恒暘,亦無雲氣。①

國中有大河,名曰泥祿之河,河水歲輒以五月發,以漸而長,四十日而止,土人測水漲痕,以候豐歉。大率最大不過二十一尺,即大有年,最小不過一十五尺,即歉矣。②

水中有膏腴,水所極處,膏腴即著土中而不濘,且糞且溉,庶物蕃矣。③

水盛時,城郭多被淹没,國人濱河者,候其期,楗户而避之於舟。④ 昔有賢王,專求救旱潦之法,得一智士曰亞爾幾默得者,爲作水器,以時潴洩,即今龍尾車也,⑤語具《泰西水法》⑥中。其士人有機智,好格物,因其地無雲雨,日光旦旦,月星宵炕,夜卧不待蓋

---

① "凡他方百果草木移至此地,即茂盛倍常。其地千萬年無雨,亦無雲氣。"《職方外紀校釋》,頁109。

② "國中有一大河,名曰泥祿河,河水每年一發,自五月始,以漸而長,土人視水漲多少以爲豐歉之候。大率最大不過二丈一尺,最小不過一丈五尺,至一丈五尺則歉收,二丈一尺則大有年矣。凡水漲無過四十日。"《職方外紀校釋》,頁109。泥祿河:即今非洲第一大河尼羅河(Nile River),利瑪竇《坤輿萬國全圖》作"泥羅河"。

③ "其水中有膏腴,水所極處,膏腴即着土中,又不泥濘,故地極肥饒,百穀草木俱暢茂。"《職方外紀校釋》,頁109-110。

④ "當水盛時,城郭多被淹没,國人於水未發前預杜門户,移家於舟以避之。去河遠處,水亦不至。"《職方外紀校釋》,頁110。

⑤ "昔有國王,專求救旱潦之法,得一智巧士曰亞爾幾默得者,爲作一水器,以時注洩,便利無比,即今龍尾車也。"《職方外紀校釋》,頁110。亞爾幾默得:即阿基米得(Archimedes)。

⑥ 《泰西水法》,由意大利耶穌會士熊三拔(Sabbathin de Ursis, 1575—1620)講授,徐光啓(1562—1633)根據筆記整理,並結合中國的水利機械情況經過實驗後,於明萬曆四十年(1612)編譯成書。計分六卷,卷一爲龍尾車(螺旋提水車),用挈江河之水;卷二爲玉衡車(雙筒往復抽水機)與恒升車(往復抽水機),用挈井泉之水;卷三爲水庫記,用蓄雨雪之水;卷四爲水法附餘,講尋泉作井之法,并附以療病之水;卷五爲水法或問,備言水性;卷六爲諸器之圖式。除正文外,並有附圖。李之藻(1565—1630)於崇禎二年(1629)輯刊的《天學初函》中,將該書列入"器編"第一種。徐光啓《農政全書》刊行時,該書亦被收入。後收於《四庫全書·子部·農家類》。

屋，舉目即見天象，故其候驗，視他方獨精。①

其國婦人恒一乳三四子。②

天下騾不孳生，獨易種於此。③

土有石臺，削成，若浮屠，大者，趾及三百二十四步，其高二百七十五層，層四尺，登臺射疏，流矢不越臺趾。④

有城曰該祿之城，故孟斐斯之城也。⑤ 有百門，皆高百尺，街衢洞達，行三日始遍。五百年而前，此國最彊盛，善象戰，鄰國皆威而服焉。象戰時，以桑椹色視象，則怒而奔敵，所向披靡。今其國已廢，城亦爲大水所齧，因以墮壞。然尚有廬市三十里，行旅喧填，百貨走集，城中駱駝常二三萬，埒於五都之市矣。⑥

---

① "國人極有機智，好攻格物窮理之學，又精天文。因其地不雨，併無雲霧，日月星辰晝夜明朗，夜臥又不須入屋內，舉目即見天象，故其考驗益精，他國不如也。"《職方外紀校釋》，頁110。《職方外紀》於此段之後原有"其國未奉真教時，好爲淫祀，即禽獸草木之利賴於人者，因牛司耕，馬司負，雞司晨，以至蔬品中為葱為薤之類，皆欽若鬼神祀之，或不敢食，其誕妄若此。至天主耶穌降生，少時嘗至其地，方入境，諸魔像皆傾頹。有二三聖徒到彼化海，遂出有名聖賢甚多"的一段文字，《地緯》原書或因宗教信仰的考量，悉不錄用。

② "其國女人恒一乳生三四子。"《職方外紀校釋》，頁110。

③ "天下騾不孳生，惟此地騾能傳種。"《職方外紀校釋》，頁110。

④ "昔國王嘗鑿數石臺，如浮屠狀，非以石砌，是擇大石如陵阜者，鏟削成之。大者下趾闊三百二十四步，高二百七十五級，級高四尺，登臺頂極力遠射，箭不能越其臺趾也。"《職方外紀校釋》，頁110。石臺：即金字塔（Pyramid）。

⑤ "有城古名曰孟斐斯，今曰該祿，是古昔大國之都城，名聞西土。"《職方外紀校釋》，頁110。該祿：即今埃及首都開羅（Cairo）的前身。孟斐斯：即埃及古王國都城Memphis，約建於公元前3100至2160年間，其遺址位於今開羅南方尼羅河西岸，利瑪竇《坤輿萬國全圖》作"門菲"。《職方外紀校釋》，頁111。

⑥ "其城有百門，門高百尺，街衢行三日始遍。城用本處一種脂膏砌石成之，堅緻無比。五百年前，此國最爲強盛，善用象戰，鄰國大小皆畏服之。象戰時以桑椹色視象，則怒而奔敵，所向披靡。都城極富厚，屬國甚多，今其國已廢，城亦爲大水衝擊，齧其下土，因而傾倒。然此城雖不如舊，尚有街長三十里，悉爲市肆，行旅喧填，百貨具集，城中常有駱駝二三萬。"《職方外紀校釋》，頁110-111。

## 【61】馬邏可　弗沙　亞非利加　奴米弟亞[①]

　　陀入多近地中海一帶,爲馬邏可之國,與弗沙之國。[②] 馬邏可之國,多獸皮,國人以蜜爲糧。其俗最重冠,非貴人老人不得冠,(董)[僅]以一尺布覆額而已。[③]

　　弗沙之國,都城甲於利未亞,宮室壯麗。有三里之殿,三十其户,夜則燃九百燈,焰之。國人亦頗知義理。[④]

　　陀入多之西爲亞非利加,地肥仁易生,麥秀嘗三百四十一穗,西土稱爲天下之囷庾倉矣。[⑤]

　　馬邏之南,爲奴米弟亞,人多獰惡。其地有小利未亞,方千里,無江河,行旅過者,宿儲兼旬之水。[⑥]

---

① 本篇名稱在《叙傳》所列目録中爲"馬邏可　弗沙　亞非利加　奴米弟亞志第六十一",版心刻有"馬邏可",本篇頁碼及在全書中的頁碼。内容主要出自《職方外紀》卷三《馬邏可、弗沙、亞非利加、奴米弟亞》。馬邏可:即非洲西北部摩洛哥(Morocco)。弗沙:即非斯(Fes),今摩洛哥王國北部内陸城市。亞非利加:今利比亞(Libya)與突尼西亞(Tunisia)一帶。奴米弟亞:原 Numidia 王國,今阿爾及利亞(Algeria)中南部地區。《職方外紀校釋》,頁 112 - 113。
② "陀入多近地中海一帶爲馬邏可與弗沙國。"《職方外紀校釋》,頁 112。
③ "馬邏可地分七道,出獸皮,羊皮極珍美。蜜最多,國人以蜜爲糧。其俗以冠爲重,非貴人老人不得加冠於首,僅以尺布蔽頂而已。"《職方外紀校釋》,頁 112。
④ "弗沙地分七道,都城之大,爲利未亞之最。宮室殿宇極其華整高大。有一殿周圍三里,開三十門,夜則燃燈九百盞。國人亦略識理義。"《職方外紀校釋》,頁 112。
⑤ "陀入多之西爲亞非利加,地最肥饒易生,一麥嘗秀三百四十一穗,以此極爲富厚,西土稱爲天下之倉。"《職方外紀校釋》,頁 112。
⑥ "馬邏可之南,有國名奴米弟亞,人性獰惡,不可教誨。有果樹如棗,可食。其地有小利未亞,乏水泉,方千里,無江河,行旅過者須備兼旬之水。"《職方外紀校釋》,頁 112,113。小利未亞:即今利比亞及阿爾及利亞一帶沙漠地區。

## 【62】亞毘心域　馬拿莫大巴者①

利未亞東北近紅海處,其國甚多,人皆黑色,迤北稍有白色,向南漸黑,一望如墨矣,惟齒目極白。其人有兩種,一種在利未亞之東者,名亞毘心域,地方極大,三分其州之一,從西紅海至月山,皆其疆也。②

産五穀五金,金不善鍊,恒以生金塊易物。多糖蠟,造蠟炬不加膏脂。國中道不拾遺,夜戶不閉。③　其王行遊國中,常有六千皮帳隨之,車徒滿五六十里。④

一種在利未亞之南,名馬拿莫大巴者,分國最多,其民侗愚。其氣候甚熱,濱海皆沙,踐之即成瘡痏,而黑人坐臥其中無恙也。

---

① 本篇名稱在《叙傳》所列目録中為“亞毗心域　馬拿莫大巴者志第六十二”,版心刻有“亞毘心域”、本篇頁碼及在全書中的頁碼。内容主要出自《職方外紀》卷三《亞毘心域　馬拿莫大巴》。原書於“馬拿莫大巴”後有一“者”字,應為衍字。亞毘心域:為 Abyssinia(阿比西尼亞)的譯音,原為古希臘對埃及以南地區的通稱,十九世紀末改稱衣索比亞(Ethiopia),位於紅海西南、非洲東北部。馬拿莫大巴,原為十三世紀於非洲東南部成立的 Monomotpa 帝國,利瑪竇《坤輿萬國全圖》作“馬拿莫”,相當於今那米比亞(Namibia)、南非共和國、波札那(Botswana)等地。《職方外紀校釋》,頁 115。
② “利未亞東北近紅海處,其國甚多,人皆黑色,迤北稍有白色,向南漸黑,甚者色如漆矣,惟齒目極白。其人有兩種,一在利未亞之東者,名亞毘心域,地方極大,據本州三分之一,從西紅海至月山皆其封域。”《職方外紀校釋》,頁 113。
③ “産五穀、五金,金不善煉,恒以生金塊易物。糖蠟極多,造燭純以蠟,不知用油。國中道不拾遺,夜不閉戶。”《職方外紀校釋》,頁 113。《職方外紀》於此句之後原有“從來不知有寇盜。其人極智慧,又能崇奉天主。修道者手持十字,或懸掛胸前,極知敬愛。西土篤默聖人爲其傳道,自彼始也”的一段文字,《地緯》原書或因宗教信仰的考量,悉不録用。
④ “王行遊國中常有六千皮帳隨之,僕從車徒恒滿五六十里。”《職方外紀校釋》,頁 114。

所居極穢,如豕牢。喜生食象肉,故齒皆銳,若犬牙相臨。奔走可追馳馬,裸而膏其身,黶黶有光,以爲美餚,見人衣衣,則大笑之。其臭羶,聞樂則起舞不止。無文字,無兵刃,惟剡木爲矛,甚銛。①善浮水,它國號爲海鬼。② 性不知憂慮,然樸實耐久,教之爲善,即爲之益疾力。爲人奴忠甚,視死如歸。③ 常爲他國所係虜,轉相粥賣,買之者善視之,即得其死力,至他國亦依依其主。以赭衣若酒賜之,即大喜過望。

其國敬其王若神靈,水旱疾苦,皆祈之王。若王偶一嚏,則朝中皆大聲諾諾,與王之聲應。已國中皆大聲諾諾,與朝中之聲應矣。④

所產雞皆黑。象極大,一牙有重二百斤者。又有獸如貓,各曰亞爾加里亞之獸,尾後有香汗,黑人穿之木籠中,伺其汗沾於木,即削之以市。⑤ 地多烏木黃金,而不產鐵,特貴重之。布帛貴

---

① "一種在利未亞之南,名馬拿莫大巴者,國土最多,皆極愚蠢,不識理義。其地氣候甚熱,沿海處皆沙,人踐之即成瘡疿。黑人坐卧其中,安然無恙也。所居極穢,如豕牢。喜象肉,亦食人。市中有市人肉處,皆生臠之,故齒皆銼銳,若犬牙然。奔走疾於馳馬,不衣衣,反笑人衣衣者。或塗油於身以爲美樂。絕無文字。初歐邏巴人到此,黑人見其看誦經書,講説道理,大相驚訝,以爲書中有言語可傳達也,其愚如此。地無兵刃,惟以木爲標鎗,火炙其銳處,用之極銛利。身有羶氣,永不可除。性不知憂慮,若鳥獸然。聞簫管琴瑟諸樂音便起舞不能止。"《職方外紀校釋》,頁114。

② "又善浮水,他國名爲海鬼。"《職方外紀校釋》,頁114-115。

③ "但其性樸實耐久,教之爲善事,即盡力為之。爲人奴極忠於主,爲主用力,視死如歸。"《職方外紀校釋》,頁114。

④ "其俗大略不崇魔像,亦知天地有主,但視其王若神靈,亦以爲天地之主,凡陰晴旱澇皆往祈之。王若偶一噴涕,舉朝皆高聲應諾,又舉國皆高聲應諾。"《職方外紀校釋》,頁114。《地緯》原書將其中"其俗大略不崇魔像,亦知天地有主"略去。

⑤ "所產雞亦皆黑……產象極大,一牙有重二百斤者。又有獸如貓,名亞爾加里亞,尾後有汗極香,黑人穿於木籠中,汗沾於木,乾之以刀削下,便爲奇香。"《職方外紀校釋》,頁114。亞爾加里亞:謝方認爲此係靈貓(香貓,學名 Viverra )。《職方外紀校釋》,頁108,115。金國平認爲此係葡萄牙語 almiscareiro 的譯音,即麝,亦稱香獐,學名 Moshus Moschi ferus。《〈職方外紀〉補考》,頁117。

朱者、斑者,器貴玻璃。①

其亞毘心域屬國,有曰諳哥得之國者,不晝食,止以夜者一
食。以鹽鐵爲幣。② 又一種名曰步冬,頗曉文書,善謌舞,亦亞毘
心域之類也。③

## 【63】西爾得　工鄂④

利未亞之西濱海,有國名曰西爾得之國。其地有兩大沙,其
一在海中,隨水遊移不定;其一在地,隨風飄泊,所至積如丘山,城
郭田里,皆壓没,國人甚苦之。⑤

又有國曰工鄂之國,地亦豐饒,頗解義理。⑥

---

① "烏木、黃金最多,地無寸鐵,特貴重之。布帛喜紅色、斑色及玻璃器。"《職方外紀
校釋》,頁114。

② "其亞毘心域屬國有名諳哥得者,夜食不晝食,又止一飡,絶不再食。以鹽鐵爲
幣。"《職方外紀校釋》,頁115。諳哥得:即今東非内陸烏干達(Uganda)。

③ "又一種名步冬,頗知學問,重書籍,善歌舞,亦亞毘心域之類也。"《職方外紀校
釋》,頁115。步冬:《職方外紀》所附"利未亞圖"中作"步都牙",位於沙加湖南方。

④ 本篇名稱在《叙傳》所列目錄中爲"西爾得　工鄂志第六十三",版心刻有"西爾
得",本篇頁碼及在全書中的頁碼。内容主要出自《職方外紀》卷三《西爾得　工
鄂》。謝方認爲,西爾得約位於今西非毛利塔尼亞(Mauritania)與西撒哈拉
(Western Sahara)一帶,工鄂即今中非剛果(Congo)等地。《職方外紀校釋》,頁
116。另據馬瓊所考,西爾得應是位於今西非塞内加爾(Senegal)境内。《熊人霖
〈地緯〉研究》,頁101-105。

⑤ "利未亞之西有海濱國,名西爾得。其地有兩大沙,其一在海中,隨水遊移不定;其
一在地,隨風飄泊,所至積如丘山,城郭田畝皆被壓没,國人甚苦之。"《職方外紀校
釋》,頁116。

⑥ "又有工鄂國,地亦豐饒,頗解義理。"《職方外紀校釋》,頁116。《職方外紀》於此句
之後原有"自與西客往來,國中大都崇奉真教。其王又遣子往歐邏巴習學文字,講
明格物窮理之學焉"的一段文字,《地緯》原書或因宗教信仰的考量,悉不録用。

# 【64】井巴①

利未亞之南有狄焉。聚衆十餘萬,好勇善鬥,無定居,乘馬及駱駝,隨水草遷徙。所至即殺人,及食鳥獸蟲蛇,必生類絶盡,乃轉之他國,是曰井巴之狄。②

# 【65】福島③

利未亞之西北有七島,福島其總名也。絶無雨,而風氣滋潤,易長草木,百穀不待耕種,布種自生。多葡萄酒及白糖,西土商舶往來,必市買島中物,爲舟中之用。④

--------

① 本篇名稱在《叙傳》所列目録中爲"井巴志第六十四",版心刻有"井巴"、本篇頁碼及在全書中的頁碼。内容主要出自《職方外紀》卷三《井巴》。謝方認爲,井巴原係當地部族 Zimba 的譯音,約爲今非洲南部贊比亞(Zambia)、坦桑尼亞(Tanzania)等地。《職方外紀校釋》,頁 116－117。另據馬瓊所考,井巴應爲當時活躍於非洲南部的班圖族人。《熊人霖〈地緯〉研究》,頁 106－108。

② "利未亞之南有一種夷狄,名曰井巴。聚衆十餘萬,極勇猛,又善用兵,無定居,以馬及駱駝乘載。遷徙所至,即食人及鳥獸蟲蛇,必生命盡絶,乃轉之他國。爲南方諸小國之大害。"《職方外紀校釋》,頁 116。《地緯》原書將其中"又善用兵"、"爲南方諸小國之大害"略去。又《地緯》第八十四篇《地緯繫》中,亦有"井巴者,利未亞之戎也"的叙述。

③ 本篇名稱在《叙傳》所列目録中爲"福島志第六十五",版心刻有"福島"、本篇頁碼及在全書中的頁碼。内容主要出自《職方外紀》卷三《福島》。福島:即今非洲西北岸外的加那利群島(Canarias Islands)。

④ "利未亞之西北有七島,福島其總名也。其地甚饒,凡生人所需,無所不有。絶無雨,而風氣滋潤,易長草木,百穀亦不煩耕種,布種自生。葡萄酒及白糖至多,西土商舶往來,必到此島市物,以爲舟中之用。"《職方外紀校釋》,頁 117。七島:係加那利群島中最大的七個島嶼,包括加那利島、特那利弗島(Tenerife)、拉帕爾馬島(La Palma)、戈麥拉島(Gomera)、哈羅島(Herro)、富爾特文圖拉島(Fuerteventura)、蘭扎羅特島(Lanzarote)。

七島中有鐵島，絕無水泉，而生一種樹極大，每日没，恒有雲氣抱之，釀成甘水。人於樹下，作數池，一夜輒滿，萬物皆沾足焉，名曰聖蹟之水，蓋曰天之所以養育人也。它國人多盛歸，奇爲珍異。[①]

## 【66】聖多默島　意勒納島　聖老楞佐島[②]

聖多默之島在利未亞之西，赤道之下，圍千里，徑三百里。其地濃陰多雨，近日處，雲愈簇，雨愈多。是其果竆皆無核。[③]

意勒納之島，鳥獸果實甚繁，而絕無人居。海舶從小西洋至大西洋者，恒泊此十餘日，採樵漁獵，備二三萬里之用。[④]

聖老楞佐之島在赤道南，圍二萬餘里，從十七度至二十六度

---

① "七島中有一鐵島，絕無泉水，而生一種大樹，每日没，即有雲氣抱之，釀成甘泉滴下，至明旦日出，方雲散水歇。樹下作數池，一夜輒滿，人畜皆沾足焉。終古如此，名曰聖迹水，言天主不絕人用，特造此奇異之迹以養人。各國人多盛歸，以爲異物。"《職方外紀校釋》，頁117。《地緯》原書將其中"言天主不絕人用，特造此奇異之迹"的信仰文句略去。鐵島：即該群島西南的哈羅島。

② 本篇名稱在《叙傳》所列目錄中爲"聖多默島　意勒納島　聖老楞佐島志第六十六"，版心刻有"聖多默島"、本篇頁碼及在全書中的頁碼。内容主要出自《職方外紀》卷三《聖多默島　意勒納島　聖老楞佐島》。聖多默島：即今西非幾内亞灣東南聖多美島（Sao Tome）。意勒納島：即今南大西洋中聖赫勒拿島（Saint Helena）。聖老楞佐島：即今非洲東南岸外馬達加斯加島（Madagascar）。《職方外紀校釋》，頁118。

③ "聖多默島在利未亞之西，赤道之下，圍千里，徑三百里。其地濃陰多雨，愈近日處雲愈重，雨愈多。凡在此島之果俱無核。"《職方外紀校釋》，頁118。

④ "又有意勒納島，鳥獸果實甚繁，而絕無人居。海舶從小西洋至大西洋者，恒泊此十餘日，樵採漁獵，備二三萬里之用而去。"《職方外紀校釋》，頁118。小西洋：約指今印度西岸印度洋。大西洋：約指今歐洲西岸東大西洋。

半。人多黑色,散處林麓,無定居。是多琥珀、象齒。①

# 【67】亞墨利加總志②

次四曰亞墨利加之州。南北縣而峽連其中。自峽以南者曰南亞墨利加,南起墨瓦蠟泥海峽,南極出地五十二度;北至加納達,北極出地十度半;西起二百八十六度;東至三百五十五度。③

自峽以北者曰北亞墨利加,南起加納達,南極出地十度半;北至冰海,未有知其北極出地度者;西起一百八十度;東盡福島,三百六十度。④

地方廣寰,幾半天下。⑤

初西土之緯地者,曰亞細亞、歐邏巴、利未亞而已,謂大地奧隅可宅者什三,而什七是海。⑥

---

① "又赤道南有聖老楞佐島,圍二萬餘里,從十七度至二十六度半。人多黑色,散處林麓,無定居。出琥珀,象牙極廣。"《職方外紀校釋》,頁 118。

② 本篇名稱在《叙傳》所列目錄中為"亞墨利加總志第六十七",版心刻有"亞墨利加總志",本篇頁碼及在全書中的頁碼。内容主要出自《職方外紀》卷四《亞墨利加總說》。亞墨利加:即今美洲(阿美利加,America)。

③ "亞墨利加,第四大州總名也。地分南北,中有一峽相連。峽南曰南亞墨利加,南起墨瓦蠟泥海峽,南極出地五十二度;北至加納達,北極出地十度半;西起二百八十六度,東至三百五十五度。"《職方外紀校釋》,頁 119。墨瓦蠟泥海峽:即今南美洲南端麥哲倫海峽(Strait of Magellan)。

④ "峽北曰北亞墨利加,南起加納達,南極出地十度半,北至冰海,北極出地度數未詳,西起一百八十度,東盡福島三百六十度。"《職方外紀校釋》,頁 119,121 - 122。加納達:即加拿大(Canada),當時泛指北美地區,利瑪竇《坤輿萬國全圖》作"甘那托兒"。利瑪竇《坤輿萬國全圖》作"甘那托兒",《職方外紀》所附"萬國全圖"作"加拿太國"。

⑤ "地方極廣,平分天下之半。"《職方外紀校釋》,頁 119。

⑥ "初,西土僅知有亞細亞、歐邏巴、利未亞三大州,於大地全體中止得什三,餘什七悉云是海。"《職方外紀校釋》,頁 119。

百年前，西國有大臣閣龍者，[①]深極物理，居恒自念曰："上帝生兩儀，以爲人也。奈何云海多於地哉？"一日行遊西海，上嗅海中氣味，忽若有悟，謂此非海水之氣，乃土地之氣也，自此以西，必有人民國土矣。因請其王，造舟，具糧舟中貨財珍寶，百工之事畢備，以前利用，以通交易，而衛之以橫海之師。閣龍廼率衆出海，展轉數月，茫然無地，波濤山立，怪風震天。舟中之人多病，咸嘆息愁恨，謳謞思歸。閣龍厲聲曰："吾奉王命來，所不得要領以歸報王者，有如此水。"廼益疾力闘海行。忽一日船樓上大聲呼有地矣，亟取道前行，果至一方，有人民國土。[②]

初時未敢登岸，因此方國土，未嘗航海，不復知海外別有人物。且此國舟故無帆，乍見大舶揚帆，砲聲雷發，咸詫爲天神鬼物，驚逸莫敢前，舟人終不得近。偶一女子在海旁，因遺之錦繡綺紵，金花銀鑷，器餙寶玩，而縱之歸。明日其父母同衆來觀，又厚遺之如初，遂大喜過望，率其父老子弟而相告曰：人也，自海外來貿遷者，且奇貨可居。遂延客具牛酒交歡，蓋屋與廬。閣龍命同行者半留勿還，而半還報，且致其物產於其王。明年，國王又命載

---

① 閣龍：即意大利航海家哥倫布（Christopher Columbus, 1451—1506），於1492年10月率領西班牙船隊抵達美洲，但當時誤以爲是印度。《職方外紀校釋》，頁122。

② "至百年前，西國有一大臣名閣龍者，素深於格物窮理之學，又生平講習行海之法，居常自念天主化生天地，本爲人生據所，傳聞海多於地，天主愛人之意恐不其然，畢竟三州之外，海中尚應有地。又慮海外有國，聲教不通，沉於惡俗，更當遠出尋求，廣行化誨，於是天主默啓其衷。一日行游西海，嗅海中氣味，忽有省悟，謂此非海水之氣，乃土地之氣也，自此以西，必有人煙國土。因聞諸國王，資以舟航糧糗器具貨財，且與將卒，以防寇盜，珍寶以備交易。閣龍遂率衆出海，展轉數月，茫茫無得，路既危險，復生疾病，從人咸怨欲還。閣龍志意堅決，只促令前行。忽一日舶上望樓中人大聲言有地矣，衆共歡喜，頌謝天主，亟取道前行，果至一地。"《職方外紀校釋》，頁119。此段叙述十五世紀末美洲新大陸的"發現"，乃緣起於意大利航海家哥倫布的信仰熱忱與宣教意念，最終經由天主的引領下所得出的驚世成果；其中關於"天主"的論述，在《地緯》中悉予删除。

百穀百果之種,及農圃百工之事,往教其地,人情益喜。居數年頗得曲折,然猶未罙入其阻也。[1]

其後又有亞墨利哥者,至歐邏巴西南海,尋得赤道以南之大地,即以其名名之,故曰亞墨利加。[2]

居數年,又有哥爾得斯者,以其王命,往西北復得大地在赤道以北,所謂北亞墨利加也。[3]

其地故無馬,舟人乘馬登岸,彼方人見之,驚以爲是四足而脰肩肩者,獸耶? 人耶? 蓋誤以人與馬爲一體也。急奔告其君長,其君長遣人來視,亦錯愕不辨爲人,但齎兩種物來。一是雞豚食物,曰:若人也,則享此;一是奇香名花鳥羽,曰:神也,則享此。既而下嘗其食物,真人矣。從此相往來不絶。[4]

---

[1] "初時未敢登岸,因土人未嘗航海,亦但知有本處,不知海外復有人物。且彼國之舟向不用帆,乍見海舶既大,又駕風帆迅疾,發大砲如雷,咸相詫異,或疑天神,或謂海怪,皆驚鼠奔逸莫敢前。舟人無計與通,偶一女子在近,因遺之美物、錦衣、金寶、裝飾及玩好器具,而縱之歸。明日,其父母同衆來觀,又與之寶貨。土人大悦,遂款留西客,與地作屋,以便往來。閣龍命來人一半留彼,一半還報國王,致其物産。其明年,國王又命載百穀百果之種,并攜農師巧匠,往教其地,人情益喜。居數年,頗得曲折,然猶滯在一隅。"《職方外紀校釋》,頁 120。罙:同"深"。

[2] "其後又有亞墨利哥者,至歐邏巴西南海,尋得赤道以南之大地,即以其名名之,故曰亞墨利加。"《職方外紀校釋》,頁 120。亞墨利哥:即意大利航海家亞墨利哥(Amerigo Vespucci, 1451—1512),於 1502 年率領船隊抵達南美洲,確認其爲"新大陸"而非印度,後人遂以其名來命名美洲。

[3] "數年之後,又有一人名哥爾德斯,國王仍賜海舶,命往西北尋訪,復得大地,在赤道以北,即北亞墨利加。"《職方外紀校釋》,頁 120。哥爾得斯,《職方外紀》作"哥爾德斯"。據金國平所考,應係譯自西班牙語 Hernán Cortés。《〈職方外紀〉補考》,頁 117。按:埃爾南·科爾特斯(1485—1547)即惡名昭彰的西班牙征服者,以摧毀阿茲特克帝國(Aztēcah, 1325—1521),並在墨西哥建立殖民地而聞名。

[4] "其地從來無馬,土人莫識其狀,適舟人乘馬登岸,彼中人見之大驚,以爲人馬合爲一體,疑獸非獸,疑人非人,急奔告本處官長,以達國王。國王遣人來視,亦錯愕不辨爲人,但齎兩種物來,一是雞豚食物等,云'爾若人類,則享此';一是香花鳥羽等,云'爾若天神,則享此'。既而嘗其食物,方明是人,從此往來不絶。"《職方外紀校釋》,頁 120 - 121。

其中大國與歐邏巴餽遺相通,而歐邏巴教官之屬,亦往往至其國,相與論講習就焉。①

其國在南亞墨利加者,有孛露,有伯西亞,有智加,有金加西蠟。南北連處,有宇革單,有加達納。②

在北亞墨利加者,有墨是可,有花地,有新拂郎察,有拔革老,有農地,有寄未利,有新亞比俺,有加里伏爾尼亞。③

而西北復有狄。其外諸島,西土呼爲亞墨利加島云。④

# 【68】孛露⑤以下俱南亞墨利加

南亞墨利加之西,曰孛露。起赤道以北三度,至赤道以南四十一度,大小數十國,廣袤萬餘里,多平壤。肥饒不一,肥者不耕治而菽,孛露之人,自目爲天苑。其鳥獸之多,羽毛之麗,聲音之

---

① "其中大國與歐邏巴餽遺相通,西土國王亦命教中掌教諸士至彼勸人爲善。數十年來,相沿惡俗稍稍更變。"《職方外紀校釋》,頁121。

② "其國在南亞墨利加者,有孛露,有伯西爾,有智加,有金加西蠟。南北相連處有宇革單、加達納。"《職方外紀校釋》,頁121。宇革單:即墨西哥(Mexico)東南猶加敦半島(Yucatán Peninsula)。加達納:金國平認為此係 Granada 的譯音,即今格林納達。《〈職方外紀〉補考》,頁117。格林納達於1524年由西班牙殖民者 Francisco Hernández de Córdoba 所建立,並以其家鄉位於西班牙南部安達魯西亞省(Andalucía)的同名城市命名,係中美洲最古老的殖民地城市之一,今為尼加拉瓜(Nicaragua)西南部省分。

③ "在北亞墨利加者,有墨是可,有花地,有新拂郎察,有拔革老,有農地,有寄未利,有新亞比俺,有加里伏爾尼亞。"《職方外紀校釋》,頁121。

④ "有西北諸蠻方。其外有諸島,總名亞墨利加島云。"《職方外紀校釋》,頁121。

⑤ 本篇名稱在《敘傳》所列目錄中為"孛露志第六十八",版心刻有"孛露"、本篇頁碼及在全書中的頁碼。內容主要出自《職方外紀》卷四《孛露》。孛露:即南美洲西北部秘魯(Peru),原為印加(Inca)帝國所在地,1533年為西班牙人征服後,改稱秘魯。《職方外紀校釋》,頁125。

美,天下莫及也。[①]

地産金,其王以黃金餙殿。獨不産鐵,剡木銛石以爲兵。今以貿易,亦有鐵器,然至貴。器物皆金、銀、銅三等爲之。[②]

有數國從古不雨,地中自潤,或資水澤。有樹焉,其膏極香,是已創傅之一畫夜,即合,塗痘不瘢,以塗屍,數千年不朽,名曰拔爾薩摩之樹,其香曰拔爾薩摩之香。[③]

有一羊焉,可乘載,性倔强,時卧,雖鞭策至死不起,以好言慰之即起。食物最少,可絶食三四日,肝中有丸如鴿卵,青白色,療諸疾,海國甚貴之,謂之羊寶。[④]

有鳥焉,最大,生曠野中,長脛高足,翼翎極麗,身體無毛,不能飛,足若牛蹄,走及奔馬。卵可爲飲器,今番舶所市龍卵者也。而鳥復多天鵝、鸚鵡。[⑤]

---

[①] "南亞墨利加之西,曰孛露。起赤道以北三度,至赤道以南四十一度,大小數十國,廣袤一萬餘里,中間平壤沃野,亦一萬餘里。地肥磽不一,肥者不煩耕治,布子自能生長,凡五穀百果草木悉皆上品,本地人自目爲大地之苑囿也。其鳥獸之多,羽毛之麗,聲音之美,亦天下第一。"《職方外紀校釋》,頁 122－123。

[②] "地出金鑛,取時金土互溷,別之金多於土,故金銀最多。國王宮殿皆以黃金爲板飾之。獨不産鐵,兵器皆用燒木銛石。今貿易相通,漸知用鐵,然至貴。餘器物皆金、銀、銅三種爲之。"《職方外紀校釋》,頁 123。

[③] "有數國從來無雨,地中自有濕性,或資水澤。有樹,生脂膏極香烈,名拔爾撒摩,傅諸傷損,一畫一夜肌肉復合如故,塗痘不瘢,以塗屍,千萬年不朽壞。"《職方外紀校釋》,頁 123,125。拔爾薩摩:葡萄牙語 balsamo 的譯音(英語 balsam),即香脂,提煉自當地所産高大豆科植物秘魯膠樹。

[④] "有一種異羊,可當騾馬,性甚倔强,有時倒卧,雖鞭策至死不起,以好言慰之,即起而走,惟所使矣;食物最少,可絶食三四日,肝生一物如卵,可療諸病,海國甚貴之。"《職方外紀校釋》,頁 123,125。其中的"異羊",即南美羊駝(alpaca),學名 Lama pacos。

[⑤] "天鵝、鸚鵡尤多。有一鳥名厄馬,最大,生曠野中,長頸高足,翼翎極美麗,通身無毛,不能飛,足若牛蹄,善奔走,馬不能及。卵可作杯器,今番舶所市龍卵,即此物也。"《職方外紀校釋》,頁 123,125。其中的"厄馬",即美洲駝鳥,為葡萄牙語 emu 的譯音,學名 Rhea americana。

其地産絮,亦知織布,而不甚用之,常易大西洋布帛,及利諾布,或剪馬毛織爲服。①

其地江河極大,有泉如脂膏,常出不竭,可燃,可砌,可塗舟。又有噴泉出石罅中,纔離數十步,即化爲石。有土可燃,如炭。②

是多地震,一郡一邑,或沉墊無遺,或平地起山,或山飛,皆地震之所爲也。故不敢爲大宮室,蓋屋必以薄板。③

其俗無文字,結繩爲識,或以五色狀物形,以當字,即記事記言之史亦然。算數用小石子,亦精敏。④

其文餙以珍寶篏面,或以金銀環穿脣及鼻,或以金鈴繫臂,或在股,或餙重寶,夜中照耀一室。⑤

其國都以達四境萬餘里,皆鑿山夷谷,爲石道置郵,則數里一更,三日夜可達二千里。⑥

人性良善,不長傲,不稀詐。因其地多金銀,故亦寡盜賊,希貪吝,亦不自知其富。或更作凌雜纖細無益之事,以當作業。⑦

---

① "産棉花甚多,亦織爲布,而不甚用之,專易大西洋布帛及利諾布,或剪馬毛織爲服。"《職方外紀校釋》,頁123。
② "其地江河極大。有泉如脂膏,常出不竭,人取燃燈,或塗舟砌墙,當油漆用。又有一種泉水,出於石罅,纔離數十步,即變爲石。有土能燃火,可當炭用,平地山岡皆有之。"《職方外紀校釋》,頁123。有泉如脂膏,即石油。
③ "地震極多,一郡一邑常有沉墊無遺者。或平地突起山阜,或移山至於別地,皆地震之所爲也。故不敢爲大宮室,上蓋必以薄板,以備震壓。"《職方外紀校釋》,頁123。
④ "其俗大抵無文字書籍,結繩爲識。或以五色狀物形以當字,即史書亦然。算數用小石子,亦精敏。"《職方外紀校釋》,頁124。
⑤ "其文飾以珍寶篏面,或以金銀爲環,穿脣及鼻。臂腿或繫金鈴,復飾重寶,夜中光照一室。"《職方外紀校釋》,頁124。
⑥ "其國都以達萬餘里,鑿山平谷爲坦途,更布石,以便驛使傳命,則數里一更,三日夜可達二千里。"《職方外紀校釋》,頁124。
⑦ "人性良善,不長傲,不飾詐,頗似淳古之風。因其地金銀最多,任意可取,故亦無竊盜貪吝,亦不自知其富。或反作細微無益之務以當業。"《職方外紀校釋》,頁124。

　　其俗之陋者,或有厚葬淫祀,輕用民死,近歐邏巴之士教之,稍止。①

　　其地之陋者,或磽隘,或薦草莽水泉,無所農桑穀畜,人拾虫豸爲糧。地氣溽濕,多毒蛇,蛇螫人,輒死,人不敢寢之地,夜則張羅於木末而寢焉。②

　　其方言種種不同,而別有正音,可通萬里之外。凡天下方言,過千里必譯而後通。正音能達萬里者,中國以外爲孛露耳。③

　　孛露之旁,有一大山名曰亞老歌之國,人强毅果敢,善弧矢及鐵椎。不立文字,口説辯論甚精,大將誓師,不過數言,三軍皆感激流涕,厲死綏,決戰忘生,可謂辭達者乎。④

## 【69】伯西爾⑤

　　南亞墨利加之東境,有大國曰伯西爾之國,起赤道以南二度,

---

① "但陋俗最多。近天主教中士人往彼勸化,教之經典書文,與談道德理義。往時惡俗如殺人祭魔、驅人殉葬等事,俱不復然,爲善反力於諸國,有捐軀不辭者。"《職方外紀校釋》,頁124。《地緯》將其中的"天主教中士人"改作"歐邏巴之士"。

② "其間亦有最醜惡地土,産極薄,人拾蟲蟻爲糧。以網四角掛樹而臥,蓋因地氣最濕,又有最毒之蛇,人犯之必死,其不敢下臥者,恐寐時觸之也。"《職方外紀校釋》,頁124。

③ "其土音種種不同,有一正音,可通萬里之外。凡天下方言,過千里必須傳譯。其正音能達萬里之外,惟是中國與孛露而已。"《職方外紀校釋》,頁124。正音:即南美印第安語。

④ "近有一大國,名亞老歌,人强毅果敢,善用弓矢及鐵杵,不立文字,一切政教號令皆口傳説。辨論極精,聞者最易感動。凡出兵時,大將戒諭兵士不過數言,無不感激流涕,願效死者。他談論皆如此。"《職方外紀校釋》,頁124,126。亞老歌:即南美洲東南阿根廷(Argentina),爲西班牙語 argentum 的譯音,意爲白銀。

⑤ 本篇名稱在《叙傳》所列目錄中爲"伯西爾志第六十九",版心刻有"伯西爾"、本篇頁碼及在全書中的頁碼。内容主要出自《職方外紀》卷四《伯西爾》。伯西爾:即南美洲東部巴西(Brazil),利瑪竇《坤輿萬國全圖》作"伯西兒"。另可參閱馬瓊針對"伯西爾"之名稱由來及其在史籍上演變過程的考證。《熊人霖〈地緯〉研究》,頁113-123。

至三十五度而止。①

天氣和平,人壽康無疾病。他方病者,至此即瘳。②

地甚肥饒。江河爲天下最大。有大山界孛露者,高甚,飛鳥莫能過。③

土人多取蔗漿爲飴,嘉木族生,而蘇木最多,故亦稱爲蘇木國。④

多怪鳥獸。有一獸甚猛,爪如人指,鬃如馬,垂腹着地,不能行,盡一月不踰百步。喜食樹葉,上下樹必得四日,是曰懶面之獸。⑤

又有房獸,狸前,狐後,人足,梟耳,腹下有房可張翕,恒納其子房中,欲乳方出之。⑥

有飽懦之虎,餓時百夫莫當,飽即一人制之有餘,往往爲犬所獲。⑦

---

① "南亞墨利加之東境,有大國名伯西爾,起赤道以南二度,至三十五度而止。"《職方外紀校釋》,頁 126。
② "天氣融和,人壽綿長,無疾病。他方有病不療者,至此即瘳。"《職方外紀校釋》,頁 126。
③ "地甚肥饒……江河爲天下最大,最有名。有大山界孛露者,高甚,飛鳥莫能過。"《職方外紀校釋》,頁 126。江河爲天下最大,即巴西境内亞馬孫河(葡萄牙語 Rio Amazonas, 英語 Amazon River),爲南美洲第一大河。有大山界孛露者,即南美洲西部安第斯安山脈(Andes Mountains)。
④ "産白糖最多,嘉木種種不一,而蘇木更多,亦稱爲蘇木國。"《職方外紀校釋》,頁 126,128。蘇木:係指一種類似染料木材的豆科植物,學名 Haematoxylon brasiltto。
⑤ "多奇異鳥獸。……有一獸名懶面,甚猛,爪如人指,有鬃如馬,腹垂着地,不能行,盡一月不踰百步。喜食樹葉,緣樹取之,亦須兩日,下樹亦然。"《職方外紀校釋》,頁 126,128。懶面:即樹懶(Sloth)。
⑥ "又有獸,前半類狸,後半類狐,人足梟耳,腹下有房,可張可合,恒納其子於中,欲乳方出之。"《職方外紀校釋》,頁 126。
⑦ "其地之虎,餓時百夫莫可當,值其飽後,一人制之有餘,即犬亦可斃之也。"《職方外紀校釋》,頁 126 – 127。

國人善射，後矢之鏃，常貫前矢之羽，交射則矢相觸墮地。[①]

俗多躶體，獨婦人以髮蔽前後，少之時鑿頤及下唇作孔，雜嵌貓睛夜光爲餚。婦人生子，作業如常。其父則坐蓐數十日，專精神，近醫藥。親戚俱來問候，餽遺弓矢食物。[②] 大類《記》所載南方之獠婦、越俗之産翁者。[③]

地不産米麥，不釀酒，用草根晒乾，磨粉作餅，以當飯。[④]

凡物皆公用，不自私。[⑤]

土人能没水中一二辰，復能張目明視。亦有泳游最捷者，恒追執一大魚而騎之，所謂都狼白之魚也，以鐵鉤鉤入魚目，曳之東西走，轉捕他魚。[⑥]

---

① "國人善射，前矢中的，後矢即破前筈，連發數矢，常相接如貫，無一失者。"《職方外紀校釋》，頁 127。

② "俗多躶體，獨婦人以髮蔽前後，少之時鑿頤及下唇作孔，以貓睛夜光諸寶石箕入爲美。婦人生子即起，作務如常。其父則坐蓐數十日，服攝調養，親戚俱來問候，餽遺弓矢食物。"《職方外紀校釋》，頁 127。《職方外紀》於此段之後原有"通國皆然。世間風俗多有難以理通如此類者，然人情習慣，亦莫覺其非也"的一段文字，《地緯》原書中悉予略去。

③ 語出(宋)李昉等編《太平廣記》卷四百八十三《獠婦》引《南楚新聞》云："南方有獠婦，生子便起，其夫卧牀褥，飲食皆如乳婦。稍不衛護，其孕婦疾皆生焉。其妻亦生所苦，炊爨樵蘇自若。又云：越俗，其妻或誕子，經三日，便澡身於溪河。返，具糜以餉壻。壻擁衾抱雛，坐於寝榻，稱為産翁。"頁 3981。

④ "地不産米麥，不釀酒，用草根晒乾(按：《校釋》本原作'幹'，據《天學初函》本改之)磨麵作餅以當飯。"《職方外紀校釋》，頁 127。

⑤ "凡物皆公用，不自私。"《職方外紀校釋》，頁 127。

⑥ "土人能居水中一二時刻，復能張目明視。亦有能游水最捷者，恒追執一大魚名都白狼而騎之，以鐵鉤鉤入魚目，曳之東西，走轉捕他魚。"《職方外紀校釋》，頁 127，129。都狼白：《職方外紀》原作"都白狼"，謝方認為此即海豚(dolphin)。金國平認為此係葡萄牙語 tubarão 的譯音，即鯊魚。《〈職方外紀〉補考》，頁 117。

其國無君長文字,亦無衣冠。散居聚落。①

其南有銀河,水味甘美,嘗湧溢平地,水退皆鑠矣。河身最大,入海處闊數百里,海中五百里,一派,尚爲銀泉,不入鹵味。②

其北又有大河,曰阿勒戀之河,亦曰馬良温之河,曲折三萬里,莫原其源。兩河之大,俱爲天下甲焉。③

# 【70】智加④

南亞墨利加之南爲智加,即長人國也。地方頗冷,人長一丈許,形體生毛。昔時人更大,曾掘地得人齒,布指度之,廣得三,長得四,推其全體,⑤殆所稱骨專車⑥而眉見於軾⑦者也。

---

① "素無君長、書籍,亦無衣冠,散居聚落。"《職方外紀校釋》,頁127。《職方外紀》於此段之後原有"喜啖人肉。西土常言,其地缺三字,王、法、文是也。今已稍稍歸化,頗成人理"的一段文字,《地緯》原書中悉予略去。

② "其南有銀河,水味甘美,嘗湧溢平地,水退,布地皆銀沙銀粒矣。河身最大,入海處闊數百里,海中五百里一派尚爲銀泉,不入鹵味。"《職方外紀校釋》,頁127。銀河:即南美洲南部巴拉那河(Rio Paraná),其流域多銀礦,故稱。爲南美洲第二大河。

③ "其北又有一大河,名阿勒戀,亦名馬良温,河身曲折,三萬里未得其源。兩河俱爲天下第一。"《職方外紀校釋》,頁127。阿勒戀:即南美洲北部奥理諾科河(Rio Orinoco),爲南美洲第三大河。

④ 本篇名稱在《叙傳》所列目錄中爲"智加志第七十",版心刻有"智加"、本篇頁碼及在全書中的頁碼。内容主要出自《職方外紀》卷四《智加》。智加:即南美洲西南智利(Chile)南側,爲Chica的譯音,意爲寒冷之地,利瑪竇《坤輿萬國全圖》作"智里"。《職方外紀校釋》,頁129。

⑤ "南亞墨利加之南爲智加,即長人國也。地方頗冷,人長一丈許,遍體生毛。昔時人更長大,曾掘地得人齒,闊三指,長得四指餘,則全身可知也。"《職方外紀校釋》,頁129。

⑥ 骨專車:語出《國語‧魯語下》中記:"吴伐越,墮會稽,獲骨焉,節專車。吴子使來好聘,且問之仲尼……客執骨而問曰:'敢問骨何爲大?'仲尼曰:'丘聞之:昔禹致群臣於會稽之山,防風後至,禹殺而戮之,其骨節專車。此爲大矣。'"引見徐元誥:《國語集解》,《吴伐越,墮會稽》,頁202。

其人好挾弓矢,矢長六尺,每握一矢,插口中没羽以示勇。男女以五色畫面爲文餙。①

## 【71】金加西蠟②

南亞墨利加之北,曰金加西蠟。是多金銀。其鑛有四坑,深者皆二百丈。土人以咒革縋下之,役者常三萬人。其所得金銀,國王什一賦之,七日可賦三萬兩。其山麓有城,曰銀城,百物踴貴,獨銀至賤。幣用銀錢爲五等,大者八錢,小者五分;金錢四等,大者十兩,小者一兩。歐邏巴自交易之路通,金日生於境內,而食貨漸以徵貴,君子懼焉。③

其南北之相連之地,名宇革單,近赤道北十八度之下,南北亞墨利加從此通,東西海從此隔,環國五千餘里。以文身爲俗。④

---

⑦ 眉見於軾,語出《春秋穀梁傳·文公十一年》中記:"叔孫得臣敗狄於咸,獲長狄也,兄弟三人,迭害中國,得臣善射,射中其目,身橫九畝,斷其首而載之,眉見於軾。"

① "其人好持弓矢,矢長六尺,每握一矢插入口中,至於設羽以示勇。男女以五色畫面爲文飾。"《職方外紀校釋》,頁129。

② 本篇名稱在《叙傳》所列目錄中爲"金加西蠟志第七十一",版心刻有"金加西蠟"、本篇頁碼及在全書中的頁碼。内容主要出自《職方外紀》卷四《金加西蠟》。金加西蠟:係西班牙的別稱卡斯提爾(Castile)的譯音,意指當時南美洲北部的西班牙統治區,相當於今哥倫比亞(Columbia)西北部、委内瑞拉(Venezuela)北部及巴拿馬(Parama)等地。《職方外紀校釋》,頁130。

③ "南亞墨利加之北曰金加西蠟。其地多金銀,天下稱首。其鑛有四坑,深者皆二百丈。土人以牛皮造軟梯下之,役者常三萬人。其所得金銀,國王什取其一,七日約得課銀三萬兩。其山麓有城,名曰銀城,百物俱貴,獨銀至賤。貿易用銀錢五等,大者八錢,小至五分。金錢四等,大者十兩,小者一兩。歐邏巴自通道以來,歲歲交易,所獲金銀甚多,故西土之金銀漸賤,而米穀用物漸貴。識者以爲後來當受多金之累。"《職方外紀校釋》,頁129-130。

④ "其南北地相連處名宇革單,近赤道北十八度之下,南北亞墨利加從此而通,東西二大海從此而隔,周圍五千餘里。天主教未行之先,其國已預知尊敬十（**转下页**）

## 【72】墨是可[①]以下俱北亞墨利加

北亞墨利加,國土富饒,多鳥獸魚鱉良藥,富家畜羊嘗至二十萬蹄,所解牛(菫)[僅]取其皮革。百年前無馬,今得西域馬種,野中生良馬甚衆。有雞,大於鵝,吻上有鼻,可詘信若象,詘之僅寸餘,信之可五寸許。諸國未通時,地少五穀,今亦漸饒,新田播種,一斗可收十鐘。[②]

其南總名新以西把尼亞,内有大國曰墨是可之國,屬國三十。[③] 境内有兩湖,其鹹者水乍消乍長,若海朝夕,[④]土人煮以爲鹽;其味甘者,中多鱗。界湖四面皆環以山,山多積雪,烟火輻輳於山麓,此兩湖皆不通海。[⑤] 故城容三十萬家,每用兵與他國相

---

(接上頁)字聖架。國俗以文身爲飾。"《職方外紀校釋》,頁 130。《地緯》將其中關於天主教及十字聖架的一段文字略去。

① 本篇名稱在《叙傳》所列目錄中爲"墨是可志第七十二",版心刻有"墨是可"、本篇頁碼及在全書中的頁碼。内容主要出自《職方外紀》卷四《墨是可》。墨是可:今稱墨西哥(Mexico)。

② "北亞墨利加國土多富饒,鳥獸魚鱉極多,畜類更繁,富家畜羊嘗至五六萬頭,又有屠牛萬餘,僅取其皮革,餘悉棄去不用。百年前無馬,今得西國馬種野中,生馬甚衆,又最良。有鷄大於鵝,羽毛華彩特甚,味最佳,吻上有鼻,可伸縮如象,縮之僅寸餘,伸之可五寸許。諸國未通時,地少五穀,今已漸饒,新田斗種可收十石。"《職方外紀校釋》,頁 131。

③ "其南總名新以西把尼亞,内有大國曰墨是可,屬國三十。"《職方外紀校釋》,頁 131。新以西把尼亞:即新西班牙,意指十六世紀西班牙在中美洲地區的統治區。

④ 原書作若海"朝夕",語義不通。查前句稱"水乍消乍長",加以《職方外紀》此處作"若海潮",故應作"潮汐"解。另本書《海狀》篇亦有"海潮汐"之語。

⑤ "境内有兩大湖,甘鹹各一,俱不通海。鹹者水恒消長,若海潮,土人取以熬鹽,其甘者中多鱗介之屬。湖四面皆環以山。山多積雪,人烟輻輳,集於山下。"(轉下頁)

爭,鄰國即助兵十餘萬。其守都城,亦恒用三十萬人。①

　新城在湖中,②周四十八里,以則獨鹿之木椿,密植湖中加板,以承城郭宮室。椿入水,千年不朽。城內街衢室屋,皆宏敞精麗。國王寶藏極多,所重金銀鳥羽。鳥羽有奇彩者,用以供神。鍾人之事,輯鳥羽散五色華文,光景動人民矣。③

　其業大抵務農工而尚貴。其人美鬚眉。④ 溺於耳目所覩記,聞他方大國土大君長,輒大笑以爲給己。⑤ 若夜郎王言"孰與漢大"也。⑥ 其敝俗,值災眚,輒奪鄰國之人以祀。今西土之儒教之,其俗已革。⑦ 其國中有一大山,山中人最勇猛,一可當百,善走如

---

(接上頁)《職方外紀校釋》,頁131,133。兩湖:即墨西哥中南部山區的內陸湖庫伊特齊奧湖(Guitzeo)、攸爾尼亞湖(Yurnia)。

① "舊都城容三十萬家,大率富饒安樂。每用兵與他國相爭,鄰國即助兵十餘萬。其守都城亦恒用三十萬人。"《職方外紀校釋》,頁131。

② 新城在湖中:阿茲特克人(Aztecs)於1325年在墨西哥中部特斯科科湖(Lake Texcoco)中島嶼上建立都城,名為特諾奇提特蘭(Tenochtitlan)。西班牙殖民者於1519年征服阿茲特克人之後,將湖泊填平,於舊都城廢墟上建立新城,即今墨西哥城的前身。《職方外紀校釋》,頁133。

③ "今所建都城周四十八里,不在地面,直從大湖中創起,堅木爲椿,密植湖中,上加板,以承城郭宮室。其堅木名則獨鹿,能入水千年不朽。城內街衢室屋又皆宏敞精絕。其國王寶藏極多,所重金銀鳥羽。鳥羽有奇彩者,用以供神。工人或輯鳥毛爲畫,光彩生動。"《職方外紀校釋》,頁131-132。則獨鹿:金國平認為此係葡萄牙語cedro的譯音,即柏樹。《〈職方外紀〉補考》,頁117-118。

④ "其業大抵務農工,以尊貴爲長。人面目甚美秀。"《職方外紀校釋》,頁132。

⑤ "但囿於封域,聞人言他方有大國土大君長,輒笑而不信。"《職方外紀校釋》,頁131。

⑥ 語出漢·司馬遷《史記》卷一百十六《西南夷列傳》中記:"滇王與漢使者言曰:'漢孰與我大?'及夜郎侯亦然。以道不通,故各以爲一州主,不知漢廣大。"(頁2991)

⑦ "昔年土俗事魔,殺人以祭。或遭災亂,則以魔嫌人祭少,故每歲輒加,多至殺人二萬。其魔像多手多頭,極其險怪。祭法以綠石爲山,置人背於上,持石刀剖取人心,以擲魔面,人肢體則分食之。所殺人皆取於鄰國,故頻年戰鬬不休。今掌教士人感以天主愛人之心亦知事魔之謬,不復祭魔食人矣。"《職方外紀校釋》,頁132。

飛,馬不能及。又善射,人發一矢,彼發三矢矣,百發百中。鑿人腦骨以爲餙,今亦稍漸於善,最喜得衣,如賈客與衣一襲,則終歲盡力爲之衛。①

迤而北,有墨古亞剛之國,國不過千里,地豐饒,人強力多壽。有一歲三穫之穀。多牛、羊、駱駝、糖蜜、絲布。②

又迤而北,有古理亞加納之國,地苦貧,人皆露宿,以漁獵爲生。③

有寡斯大之國,人性純樸,亦以漁爲業,其地有山。出二泉,一赤若日,一黑若墨,肥濃若膏澤。④

## 【73】花地　新拂郎察　拔革老　農地⑤

北亞墨利加之西南有花地,地富饒,人好戰不休,不尚文事,男女皆裸體,僅以木葉若獸皮蔽前後,餙以金銀纓絡、五色流蘇。

---

① "其中有一大山,山谷野人最勇猛,一可當百,善走如飛,馬不能及。又善射,人發一矢,彼發三矢矣,百發百中。亦喜啖人肉,鑿人腦骨以爲飾。今亦漸習於善。最喜得衣,如商客與衣一襲,則一歲盡力爲之防守。"《職方外紀校釋》,頁132。

② "迤北有墨古亞剛,不過千里,地極豐饒,人強力多壽。生一種嘉穀,一歲可三熟。牛、羊、駱駝、糖、蜜、絲、布之類尤多。"《職方外紀校釋》,頁132。

③ "更北有古理亞加納,地苦貧,人皆露臥,以漁獵爲生。"《職方外紀校釋》,頁132,134。古理亞加納:利瑪竇《坤輿萬國全圖》作"固列",即今墨西哥西北部庫利亞坎(Culiacan)。

④ "有寡斯大人,性良善,亦以漁爲業。其地有山,出二泉,稠膩如脂膏,一紅,一墨色。"《職方外紀校釋》,頁132,134。寡斯大:應爲太平洋沿岸印第安人的一支。

⑤ 本篇名稱在《叙傳》所列目錄中爲"花地　新拂即察　拔革老　農地志第七十三",版心刻有"花地"、本篇頁碼及在全書中的頁碼。內容主要出自《職方外紀》卷四《花地　新拂郎察　拔革老　農地》。

人皆牧鹿,若牧羊然,亦飲其乳。①

　有新拂郎察,往時西土拂郎察之人所通也,故受今名。土瘠民貧。②

　又有拔革老者,魚名也。海中産此魚甚多,粥販往他國,恒數千艘,故以魚名。土瘠人愚,地純沙,沙中故不生五穀。土人造魚腊,時取魚頭數萬,密布沙中,每頭種穀二三粒,後魚爛地肥,穀生暢茂,收穫倍於常土。③

　又有農地,此地多崇山茂林,屢出怪獸。人強力果敢,搏獸取皮爲裘、爲屋。其俗以金銀環鑷,絡項穿耳。④ 近海有大河,闊五百里,窮四千里,不得其源,若中國之黄河焉。⑤

---

① "北亞墨利加之西南有花地,富饒,人好戰不休,不尚文事,男女皆裸體,僅以木葉或獸皮蔽前後,間飾以金銀纓絡。人皆牧鹿,若牧羊然,亦飲其乳。"《職方外紀校釋》,頁134,135。花地:或即今北美洲美國東南部佛羅里達(Flordia)的簡譯。

② "有新拂郎察,往時西土拂郎察之所通,故有今名。地曠野,亦多險峻,稍生五穀,土瘠民貧,亦嗜人肉。"《職方外紀校釋》,頁134,135。新拂郎察:即新法蘭西(New France),當時爲法國的殖民地,相當於今加拿大聖勞倫斯河(Saint Lawrence River)至美國五大湖區一帶。

③ "又有拔革老,本魚名也。因海中産此魚甚多,商販往他國恒數千艘,故以魚名其地。土瘠人愚,地純沙,不生五穀。土人造魚臘時,取魚頭數萬,密布沙中,每頭種穀二三粒,後魚腐地肥,穀生暢茂,收穫倍於常土。"《職方外紀校釋》,頁134。拔革老:即今加拿大東南聖勞倫斯灣(Gulf of Saint Lawrence)以北一帶。據金國平所考,應係古葡萄牙語 bacalhao 的譯音,今譯鱈魚,葡語中或稱紐芬蘭島爲 Terra de Bacalhao,即鱈魚之地。《〈職方外紀〉補考》,頁118。

④ "又有農地,多崇山茂林,屢出異獸。人強力果敢,搏獸取皮爲裘,亦以爲屋其緣飾。以金銀爲環,鉗項穿耳。"《職方外紀校釋》,頁134。農地:約爲今北美洲阿帕拉契山脈(Appalachian Mountains)東部一帶。據金國平所考,應係拉布拉多(Labrador,即農夫)的意譯,緣於當初由一居住該處的亞速爾群島農夫提供訊息給布里斯托爾(Bristol)的水手而發現此地,故名。其範圍通常指今加拿大東北部,有時包括格陵蘭島(Greenland)。《〈職方外紀〉補考》,頁118。

⑤ "近海有大河,闊五百里,窮四千里不得其源,如中國黄河之屬。"《職方外紀校釋》,頁134-135。大河:即聖勞倫斯河。

## 【74】既未蠟　新亞比俺　加里伏爾泥亞①

北亞墨利加之西爲既未蠟，爲新亞比俺，爲加里伏爾泥亞，地勢相連屬。②

國俗略同，③男婦皆衣羽毛，及被虎豹熊羆之裘，間以金銀餙之。④

其地多大山，而雪泉山爲之最。雪泉山其高六七十里，廣八百里，長四千里。山下終歲極熱，山半則温，至山巔極寒。經年多雪，雪盛時深六七尺，雪消後，一望平濤數百里。山出泉極大，匯爲大江數處，皆廣數百里。⑤

樹木之高豐茂，參天蔽日。松實徑數寸，仁大如銀杏。松木

---

① 本篇名稱在《叙傳》所列目録中爲“既未蠟　新亞比俺　加里伏爾泥亞志第七十四”，版心刻有“既未蠟”。本篇頁碼及在全書中的頁碼。內容主要出自《職方外紀》卷四《既未蠟　新亞比俺　加里伏爾泥亞》。既未蠟：相當於今北美洲美國西部喀斯喀特山脈(Cascade Range)區域。新亞比俺：約爲今加拿大西北部沿海一帶。加里伏爾泥亞，利瑪竇《坤輿萬國全圖》作“角利弗爾矗”，即今墨西哥西部加利福尼亞半島(Península de Baja California)及美國西部加州(California)一帶。《職方外紀校釋》，頁136。

② “北亞墨利加之西爲既未蠟，爲新亞比俺，爲加里伏爾泥亞，地勢相連屬。”《職方外紀校釋》，頁135。

③ “地勢相連屬。國俗略同”，《地緯》原書於“連”字之後斷開，分爲次段。然既未蠟、新亞比俺、加里伏爾泥亞彼此並非屬國，文義似不通。《職方外紀校釋》則斷於“屬”字之後，據改之。

④ “國俗略同，男婦皆衣羽毛及虎豹熊羆等裘，間以金銀飾之。”《職方外紀校釋》，頁135－136。

⑤ “其地多大山，一最大者高六七十里，廣八百里，長三四千里。山下終歲極熱，山半則温和，至山巔極寒。頻年多雪，盛時深六七尺，雪消後一望平濤數百里。山出泉極大，匯爲大江數處，皆廣數百里。”《職方外紀校釋》，頁136。其地多大山：即美國西部内華達山脈(Sierra Nevada)。

腐者,蜂輒就之作房,蜜瑩白味美,採蜜者預次水邊,候蜂來,隨之而去,獲蜜甚多。獨少鹽,得則餂之,不忍食。[①]

犀象虎豹諸獸,往來成群,皮革甚賤。有大雉,重十五六斤。地多雷電,樹木多震倒。[②] 有藏栗之鳥,小如雀,啄小孔枯樹上千數,孔藏一栗,爲冬日儲。[③]

## 【75】西北諸蠻方[④]

北亞墨利加地愈北,人愈椎野,無城郭、君長、文字,數十家成聚,則以木柵爲城。其俗好飲酒,日以報仇攻剽爲事,平居無事,即以鬭爲戲,賭以牛羊。[⑤] 丁壯出戰,則一家女子老弱,咸持齋以祈勝;勝則家人迎賀,斷敵人頭,以築墻。若再戰,當行,其老人輒指墻上髑髏,咨嗟而晃之。其女子則砍所殺仇讐指骨,連之,爲身首餙。若獲大仇,則削其骨,長二寸許,鑿頤內之,歸寸許於外,章有功也。頤樹三骨者爲人雄,戰之時,盡攜所有奇物重寶而去。

---

① "樹木茂盛,參天蔽日。松實徑數寸,子大於常數倍。松木腐爛者,蜂輒就之作房,蜜瑩白味美。採蜜者預次水邊,候蜂來,隨之而去,獲蜜甚多。獨少鹽,得之如至寶,相傳之不忍食。"《職方外紀校釋》,頁136。

② "獅象虎貂等獸動輒成群,皮亦甚賤。雉有大者,重十五六斤。地多雷電,樹木多被震壞。"《職方外紀校釋》,頁136。

③ "有小鳥如雀,於枯樹啄小孔千數,每孔輒藏一栗,爲冬日之儲。"《職方外紀校釋》,頁136,137。文中所指即蜂鳥(humming bird),學名 Trochilidae,産於美洲,被視為目前世界上最小的鳥類。

④ 本篇名稱在《敘傳》所列目錄中為"西北諸蠻方志第七十五",版心刻有"西北諸蠻方"、本篇頁碼及在全書中的頁碼。內容主要出自《職方外紀》卷四《西北諸蠻方》。西北諸蠻方:約為今北美洲美國西北部及加拿大西部一帶。

⑤ "北亞墨利加地愈北,人愈野,無城郭、君長、文字,數家成一聚落,四周以木柵爲城。其俗好飲酒,日以報仇攻殺爲事。即平居無事,亦以鬭爲戲,而以牛羊相賭。"《職方外紀校釋》,頁137。

誓不反顧。①

　　此地人絕有力，女子亦然。每遷徙，則舉械器餱糧子女，負任而行，上下山如履平地。坐以右足爲席，男女皆飾髮，髮飾雜紫貝青螺寶石，男女皆垂耳環，觸其耳及環，則爲大辱，必反之。居屋庳甚，戶僅若竇，備敵也。② 富人多好施，每置孰物於門，俟往來者恣取之。③

# 【76】亞墨利加諸島④

　　兩亞墨利加之島，不可勝數，其大者爲小以西把尼亞之島，爲

① “凡壯男出戰，則一家老弱婦女咸持齋以祈勝；戰勝，則家人迎賀，斷敵人頭以築墻。若欲再戰，臨行，其老人輒指墻上髑髏，以相勸勉。其女人則砍其指骨連爲身首之飾；人肉則三分之，以一祭所事魔神，以一賞戰功，以一分給持齋助禱者。若獲大仇，則削其骨，長二寸許，鑿頤作孔，以骨栽入，露寸許於外，用表其功。頤有樹三骨者，人咸敬之。戰之時，家中所有寶物皆携而去，誓不反顧。”《職方外紀校釋》，頁137。
② “此地人多力，女人亦然。每遷徙，凡什物器皿糧糗子女，共作一駝負之而行，上下峻山，如履平地。坐則以右足爲席。男女皆以飾髮爲事，首飾甚多，亦帶螺貝等物。男女皆垂耳環，若傷觸其耳及環，則爲大辱，必反報之。所居屋卑隘，門户低甚，以備敵也。”《職方外紀校釋》，頁137-138。《職方外紀》於此段之後原有“昔年極信邪魔，持齋極虔，齋時絶不言語，一日僅食菽一握，飲水一杯而已。凡將與人攻戰者，或將漁獵耕獲者，或將喜樂宴飲者，或忽遇仇家者，輒持齋，各有日數。耕者祀兔與鹿，求不傷稼；獵者祭大鹿角，以求多獲。鹿角大者長五六尺，徑五六寸也。有大鷙鳥，西國所謂鳥王者，巫藏其乾臘一具，數百年矣，亦以爲神，獵者祭之。巫覡甚多，凡祈晴雨，則於衆石中尋取一石彷彿似物形者，即以爲神而祭之，一日不驗即棄去，別求一石，偶值晴雨，輒歸功焉。歲獲新穀，亦必先以供巫，其矯誣如此。近歐邏巴行教士人至彼，勸令敬事天主，戒勿相殺，勿食人，遂翕然一變。又强毅，有恒心，既改之後，永不犯也”的一段文字，《地緯》原書中悉予略去。
③ “俗既富足，又好施予。人家每作熟食，置於門首，往來者任意取之。”《職方外紀校釋》，頁138。《地緯》原書中“俟往來者恣取之”的“取之”二字刻作小字，或因文句已至頁末，不擬多續一頁，故作小字刻之，非夾注也。
④ 本篇名稱在《叙傳》所列目錄中爲“亞墨利加諸島志第七十六”，版心刻有“亞墨利加諸島”、本篇頁碼及在全書中的頁碼。内容主要出自《職方外紀》卷四《亞墨利加諸島》。

古巴之島，爲牙賣加之島。① 氣候多熱，華實終歲不絶。有草焉，含其汁而食之，殺人，去其汁爲糧，甚美。有毒樹，人過其影即死，守持其枝葉亦死，中若毒，亟沉水中即解。有鳥夜張其翼，其光自炤。野彘猛獸，縱橫原野。②

土人善走，疾及奔駟，又能負，足力頗倦，則以鍼刺股，出黑血少許，即負重疾行如初。③

取黃金有嘗期，行齋戒而後取之。④

又有一島，女子善射，甚勇，生數歲，即割其右乳，以便操弓矢。昔有商人行近此島，值一女子盪小舟來，射殺商舶二人，去如飛。⑤

更有一島，島中人言其泉水甚異，於日未出時汲之，洗面百遍，老者復如童子。⑥

又有一島，曰百而謨達之島，無人居，或曰衆精之所藏也。島下恒不風而波，昔有一舶至島下，有怪登其舟，舟中人皆驚仆。獨一舵師不爲動，詰曰何物敢爾。其怪曰："若第無恐，念舟中勞苦

---

① "南亞墨利加之島不可勝數。其大者爲小以西把尼亞，爲古巴，爲牙賣加等。"《職方外紀校釋》，頁138-139。小以西把尼亞：即今加勒比海（Caribbean Sea）第二大島伊斯帕尼奧拉島（La Española）。古巴：即今加勒比海第一大島國古巴（Cuba）。牙賣加：即今加勒比海島國牙買加（Jamaica）。

② "氣候大抵多熱，草木開花結實，終歲不斷。産一異草，食之殺人，去其汁則甚美，亦可爲糧。有毒木，人過其影即死，手持其枝葉亦死；覺中其毒，亟沉水中可免。有鳥夜張其翼，則發大光，可自照。野豬猛獸縱橫原野。"《職方外紀校釋》，頁139。

③ "土人善走，疾如奔馬，又能負重。若足力竭後，以鍼刺股，出黑血少許，則疾走如初。"《職方外紀校釋》，頁139。

④ "取黃金一歲限定幾日，先期齋戒，以祈神佑。"《職方外紀校釋》，頁139。

⑤ "又有一島，女人善射，又甚勇猛，生數歲即割其右乳，以便弓矢。昔有商舶行近此島，遇女子蕩小舟來，射殺商舶二人，去如飛，不可追逐。"《職方外紀校釋》，頁139。

⑥ "更有一島，土人言其泉水甚異，於日未出時往取其水，洗面百遍，老容可復如少。"《職方外紀校釋》，頁139。

日久,我當代若操作,使若曹且得休息耳。"舵師指授所爲,怪一一與言大謬,東也即西,舉也即置,行也即止。舵師忽悟紿之曰:"止也。"舟即疾行如飛鳥之影矣,日行萬里,三日抵家。言起程之期,人皆不信,視所寄書訊中月日良然,异矣。[①]

又有一島,墨瓦蘭嘗過此島,不見人物,謂之曰無何之島。[②] 又有島多珊瑚,謂之珊瑚之島。[③] 又有大島,島形如利未亞之爲匿,謂之新爲匿之島,亦曰入匿之島。[④]

西人向未週遶此地,疑其與墨瓦蠟尼相連。十餘年前,乃有海舶過其南,知其别一島也。經度起赤道以南一度至十二度,緯度起一百六十五度至一百九十度。[⑤]

---

① "又有一島,名百而謨達,無人居,魔叢其上,其側近海無風恒起大浪,海船至此甚險,四十年間,曾有一船至彼,魔驀登其舟,舟中人皆驚怖。獨一舵師不爲動,且詰問何物。魔即應言:'舟中有何工作,我當代汝。'舵師指授所爲,魔一一無言相反,如命東即西,命行則止。舵師恍悟一法,旋復顛倒之,舟即疾行,甚如飛鳥,海道三萬里,三日而至,抵家言起程之期,人皆不信,視所寄書中日月,果然。其怪異如此。"《職方外紀校釋》,頁139。百而謨達:即今加勒比海北部大西洋中百慕大(Bermuda)。

② "又有一島,墨瓦蘭嘗過此島,不見人物,謂之曰無福島。"《職方外紀校釋》,頁139。墨瓦蘭:即葡萄牙籍航海家麥哲倫(Ferdinand Magellan, 1480—1521)。《地緯》將《職方外紀》的"無福島"改作"無何之島"。

③ "又有珊瑚島,以多生珊瑚樹,故名之。"《職方外紀校釋》,頁139。

④ "有新爲匿島,甚大,其勢貌似利未亞之爲匿,故以爲名,亦曰入匿。"《職方外紀校釋》,頁139-140。新爲匿島:即今澳洲北端的新幾内亞島(New Guinea),爲太平洋最大島,世界第二大島(僅次於格陵蘭島)。

⑤ "向未週繞此地,意其與墨瓦蠟尼相連,十餘年前乃知,有海舶過其南,見爲一島。經度起赤道以南一度,至十二度止,緯度起一百六十五至一百九十止。其土風未詳。"《職方外紀校釋》,頁140。墨瓦蠟尼:參見本書後篇《墨瓦蠟尼加總志》。原書無"加"字,應屬脱誤。

## 【77】墨瓦蠟尼加總志①

先是閣龍諸人，鑽精依神，尋求地形，既得兩亞墨利加矣，西土以西把尼亞之君，復念地爲圜體，征西自可達東，向至亞墨利加而海道遂阻，必有西行入海之處。於是治樓船，選舟師，裹餱糧，裝重寶，繕甲兵，命其臣墨瓦蘭往訪。② 墨瓦蘭既受命，懼功用弗

---

① 本篇名稱在《叙傳》所列目録中爲"墨瓦蠟尼加總志第七十七"，版心刻有"墨瓦蠟尼加總誌"、本篇頁碼及在全書中的頁碼。内容主要出自《職方外紀》卷四《墨瓦蠟尼加總説》。墨瓦蠟尼加：當時泛指西方人士未知的或想象的南方大陸，今南半球澳大利亞（Australia）即在此範圍内。公元二世紀，希臘化時期學者托勒密（Claudius Ptolemy，約90—168）在《地理指南》（Guide to Geography）的世界地圖上所標明的 Terra Australis Incognita，即指這塊"未知的南方大陸"。見鄭寅達、費佩君：《澳大利亞史》，頁13-14。在1570年歐洲地圖學者奧代理（Abraham Ortelius，1527—1598）所著地圖集 Theatrum Orbis Terrarum 的世界地圖上，亦標有拉丁文題詞 Terra Avstralis Nondvm Cognita（未知的南方地域）。十五、十六世紀，葡、西籍航海家積極探尋這塊南方大陸，以拓展其海外殖民地及商貿據點。據方豪所考，利瑪竇在《坤輿萬國全圖》中，將這片南方區域譯爲墨瓦蠟泥加（包含今澳洲大陸），係源自拉丁文 Magellanica 的譯音，以紀念葡萄牙籍航海家麥哲倫（Ferdinand Magellan，1480—1521）船隊的環球航行壯舉。方豪：《十六、七世紀中國人對澳大利亞地區的認識》，頁24-26。利瑪竇於圖中解説"若墨瓦蠟泥加者，盡在南方"，"其界未審何如，故未敢訂之"，並於墨瓦蠟泥加洲上注稱"此南方地，人至者少，故未審其人物何如"。此外，由傅汎際譯義、李之藻達辭的《寰有詮》作"墨曷蠟尼加"，其《輕重篇·大地分界》云："古者分地為三大州，曰亞細亞，曰歐邏巴，曰利未亞也。近又增之為四，曰亞墨利加。此地甚廣，謂之新世界。一百三十四年前，迤西把尼亞之人，浮海至彼，始知有此。厥後，又知墨曷蠟加之地。墨曷蠟地在於南方，故亦謂之南地；所見之色如火，故亦謂之火地。"《寰有詮》卷六，頁179。

② "先是閣龍諸人既已覓得兩亞墨利加矣，西土以西把尼亞之君復念地爲圜體，徂西自可達東，向至亞墨利加而海道遂阻，必有西行入海之處。於是治海舶，選舟師，裹餱糧，裝金寶，繕甲兵，命一强有力之臣名墨瓦蘭者載而往訪。"《職方外紀校釋》，頁141。

成,按劍令舟中曰:"敢有言歸國者斬!"於是舟人震慴賈勇而前。已盡亞墨利加之界,忽得海峽,[①]亘千餘里,海南大地別一境界。墨瓦蘭率衆間關前進,第見平原潊蕩,杳無人居,夜則陰火燃,漫山彌谷而已,因命爲火地。[②]

或曰泊舟時,見數人皆長二三丈,遂不敢近。[③]

墨瓦蘭既踰此峽,遂入太平大海,自西復東,抵亞細亞馬路古界,度小西洋,越利未亞大浪山,而北折遵海以還。墨瓦蘭渾行大地一周,四過赤道之下,歷地三十萬餘里,從古航海之績,未有若斯盛者也。因名其舶爲勝舶,[④]而即以其名名州,曰墨瓦蠟尼加之州,州五矣。東西俱南極出地七十度,[⑤]其東即墨瓦蘭所從登,其

———————

① 即今南美洲南端麥哲倫海峽(Strait of Magellan)。

② "墨瓦蘭既承國命,沿亞墨利加之東偏紆迴數萬里,展轉經年歲,亦茫然未識津涯。人情厭敦,輒思返國。墨瓦蘭懼功用弗成,無以復命,拔劍下令舟中曰:'有言歸國者斬!'於是舟人震慴,賈勇而前。已盡亞墨利加之界,忽得海峽,亘千餘里,海南大地又復恍一乾坤。墨瓦蘭率衆巡行,間關前進,祇見平原潊蕩,杳無涯際,入夜則燐火星流,瀰漫山谷而已,因命爲火地。"《職方外紀校釋》,頁141,143。火地:即今南美洲南端火地島(Tierra del Fuego),相傳麥哲倫船隊經過時目睹其南岸有許多印第安人燃燒的篝火,故名。亦爲下文所稱之鸚鵡州。

③ 此段未見於《職方外紀》卷四《墨瓦蠟尼加總説》,未知何據。

④ "墨瓦蘭既踰此峽,還入太平大海,自西復東,業知大地已週其半,竟直抵亞細亞馬路古界,度小西洋,越利未亞大浪山,而北折遵海以還報本國。遍繞大地一週,四過赤道之下,歷地三十萬餘里,從古航海之績,未有若斯盛者。因名其舟爲勝舶。"《職方外紀校釋》,頁141-142。此段主要陳述十六世紀前期航海家麥哲倫船隊通過南美洲南端麥哲倫海峽,橫渡太平洋抵達關島與菲律賓以東摩鹿加群島的遠航壯舉。太平大海:即今太平洋(Pacific Ocean)。馬路古:即今印尼馬魯古群島(Maluku, Moluccas),或稱香料群島。大浪山:即今非洲南端好望角(Cape of Good Hope)附近。勝舶:即麥哲倫船隊中於1522年9月返抵西班牙的維多利亞號(Victoria),意爲"勝利"。

⑤ 《職方外紀》卷四《墨瓦蠟尼加總説》中云:"即南極度數、道里,遠近幾何,皆推步未周,不漫述,後或有詳之者。"《職方外紀校釋》,頁142。《地緯》此處所云"東西俱南極出地七十度",未知何據。

西有地多鸚鵡,曰鸚鵡州。

## 【78】海名[1]

凡海在國之中,國包乎海者,地中海;國在海之中,海包乎國者,寰海。隨地異名,或以州稱,或以其州之方隅稱。[2] 近亞細亞者,謂亞細亞海;[3]近歐邏巴者,謂歐邏巴海;[4]他如利未亞,如亞墨利加,如墨瓦蠟尼加,及其他小國,皆可隨本地所稱,又或隨其本地方隅命之。

---

[1] 本篇名稱在《叙傳》所列目録中為"海名志第七十八",版心刻有"海名"、本篇頁碼及在全書中的頁碼。内容主要出自《職方外紀》卷五《四海總説》與《海名》,將《四海總説》部分内容納入《海名》中。《職方外紀》卷五《四海總説》開宗明義:"造物主之化成天地也,四行包裹,以漸而堅凝,故火最居上,而火包氣,氣包水,土則居於下焉,是環地面皆水也。然玄黄始判,本爲生人,水土未分,從何立命。造物主於是别地爲高深,而水盡行于地中,與平土各得什五。所瀦曰川,曰湖,曰海。川則流,湖則聚,海則潮。川與湖不過水之支派,而海則衆流所鍾,稱百谷王焉,故説水必詳於海。"此段論述主要以天主造物的自然神學見解為基礎,結合亞里士多德(Aristotle,前384—前322)的自然哲學所論月亮以下地域(terrestrial sphere)之土、水、氣、火四元素的自然位置,來解釋地球表面為水環抱與别分川、湖、海域的緣故。《地緯》原書或因宗教信仰因素的考量,悉予略去。以四行説來解説天地俱圓而水亦圓的論述,亦可見於傅汎際譯義、李之藻達辭的《寰有詮·渾圜篇》中云:"繇最上一天之形之圜,推證凡在以下諸天,與夫四行,其形悉圜。……水象意圜,以包厥地,氣又包水,是諸上體,形勢悉然,皆互接故。……水行之形,必為渾圜,推而四行也,各重之天也,體皆相包,則其象,定皆渾圜。不然,則重重相接,其體悉容空隙處矣。"《寰有詮》卷四,頁100。另參見該書卷六《輕重篇·四行皆圜》,頁171–173。

[2] "海在國之中,國包乎海者,曰地中海;國在海之中,海包乎國者,曰寰海。川與湖佔度無多,不具論。寰海極廣,隨處異名,或以州域稱。"《職方外紀校釋》,頁146。

[3] "則近亞細亞者,謂亞細亞海。"《職方外紀校釋》,頁146。亞細亞海:泛指今亞洲東部及南部一帶海域。

[4] "近歐邏巴者,謂歐邏巴海。"《職方外紀校釋》,頁146。歐邏巴海:泛指今歐洲西部一帶海域。

在南者,南海;在北者,北海;在東者,東海;在西者,西海。[1] 内中國而外及之,則從大東洋至小東洋者,東海;從小西洋至大西洋者,西海;近墨瓦蠟尼者,[2]南海;近北極下者,北海。[3] 騶子之所謂大瀛也。[4] 海雖分而爲四,然中各異名。如大明海、太平海、東紅海、孛露海、新以西把尼亞海、百西兒海,皆東海也。[5] 如榜葛蠟海、百爾西海、亞剌北海、西紅海、利未亞海、何摺亞諾滄海、亞大蠟海、以西把尼亞海,皆西海也。[6] 而南海則人跡罕至,不聞異名。[7] 北海則冰海、新增蠟海、

---

[1] “他如利未亞,如亞墨利加,如墨瓦蠟尼加,及其它葜爾小國,皆可隨本地所稱。又或隨其本地方隅命之,則在南者謂南海,在北者謂北海,東西亦然,隨方易向,都無定準也。”《職方外紀校釋》,頁146。

[2] 墨瓦蠟尼:原書無“加”字,應屬脱誤。

[3] “兹將中國列中央,則從大東洋至小東洋爲東海,從小西洋至大西洋爲西海,近墨瓦蠟尼加一帶爲南海,近北極下爲北海,而地中海附焉。天下之水盡於此。”《職方外紀校釋》,頁146－147。大東洋:泛指今北美洲東岸西大西洋。小東洋:泛指今北美西岸東太平洋。小西洋:泛指今印度洋。大西洋:泛指今歐洲西岸東大西洋。

[4] 騶子之所謂大瀛也:《職方外紀》卷五《四海總説》文末稱:“裨海大瀛,屬近荒唐,無可証據。”則與熊人霖之持論有所出入。

[5] “海雖分爲四,然中各異名。如大明海、太平海、東紅海、孛露海、新以西把尼亞海、百西兒海,皆東海也。”《職方外紀校釋》,頁147。大明海:指中國東部沿海,亦即太平洋西海域,利瑪竇《坤輿萬國全圖》與《兩儀玄覽圖》《職方外紀》即作“大明海”,《格致草》作“華夏海”。太平海:即南太平洋。《地緯》原書所附《輿地全圖》與《職方外紀》作“平浪海”,利瑪竇二圖作“寧海”,《方輿勝略》作“太平海”。東海:泛指中國以東的海域。其中,東紅海指加利福尼亞灣(Golfo de California),孛露海指秘魯西部之外的海域,新以西把尼亞海指墨西哥灣(Gulf of Mexico)與加勒比海(Caribbean Sea),百西兒海指巴西沿岸海域。

[6] “如榜葛蠟海、百爾西海、亞剌比海、西紅海、利未亞海、何摺亞諾滄海、亞大蠟海、以西把尼亞海,皆西海也。”《職方外紀校釋》,頁147－148。西海:泛指中國以西的海域。榜葛蠟海:指孟加拉灣(Bay of Bengal)。百爾西海:指波斯灣(Persian Gulf)。亞剌北海:指阿拉伯半島南部海域。西紅海:指紅海(Red Sea)。利未亞海:指非洲幾内亞灣(Gulf of Guinea)以南海域。何摺亞諾滄海:指幾内亞灣西北一帶大西洋海域。亞大蠟海:指非洲西北部外海海域。以西把尼亞海:指西班牙、葡萄牙兩國西部海域。

伯爾昨客海，皆是。<sup>①</sup> 至地中海之外，有波的海、窩窩所德海、入爾馬泥海、太海、北高海，皆在地中，可附地中海。<sup>②</sup>

## 【79】海族<sup>③</sup>

　　海中之物，魚之族，一曰把勒亞之魚，身長數十丈，首有大孔，孔噴水上出，勢若懸河，值海舶，昂首注水舶中，水滿，舶沉。制之以大木酒罌，投數罌，令吞之，則俛首逝矣，得之其膏數千斤。<sup>④</sup>

　　一月斯得白之魚，長二十五丈，性最良善，能保護人。或漁人爲惡魚所困，此魚輒往鬥，解漁人之困，故法禁人不得捕。<sup>⑤</sup>

---

⑦ “而南海則人跡罕至，不聞異名。”《職方外紀校釋》，頁 147－148。南海：泛指南極附近海域。

① “北海則冰海、新增蠟海、伯爾昨客海皆是。”《職方外紀校釋》，頁 147－148。北海：泛指歐洲北部海域。冰海：指挪威與俄羅斯北方的巴倫支海（Barents Sea）。新增蠟海：指西伯利亞以北的喀拉海（Kara Sea）。

② “至地中海之外，有波的海、窩窩所德海、入爾馬泥海、太海、北高海，皆在地中，可附地中海。”《職方外紀校釋》，頁 147－148。波的海：即今北歐芬蘭、瑞典之間的波的尼亞灣（Gulf of Bothnia），位於波羅的海（Baltic Sea）北側。窩窩所德海：即今東北歐波羅的海。入爾馬泥海：即今丹麥以東波羅的海西南部海域，入爾馬泥係 Germany（日耳曼）的譯音，以此海域位於日耳曼東北方之故。太海：即今歐亞大陸之間的黑海（Black Sea）。北高海：即今歐亞大陸交界處的内陸湖泊裏海（Caspian Sea）。

③ 本篇名稱在《叙傳》所列目録中爲“海族志第七十九”，版心刻有“海族”、本篇頁碼及在全書中的頁碼。内容主要出自《職方外紀》卷五《海族》。

④ “魚之族；一名把勒亞，身長數十丈，首有二大孔，噴水上出，勢若懸河，每遇海船，則昂首注水舶中，頃刻水滿舶沉。遇之者亟以盛酒鉅木罌投之，連吞數罌，則俯首而逝。淺處得之，熬油可數千斤。”《職方外紀校釋》，頁 149，152。把勒亞：即鯨（whale），係拉丁語 balae 或葡萄牙語 baleia 的譯音。另參閲金國平：《〈職方外紀〉補考》，頁 118。

⑤ “一魚名斯得白，長二十五丈，其性最良善，能保護人。或漁人爲惡魚所困，此魚輒往鬥，解漁人之困焉。故彼國法禁人捕之。”《職方外紀校釋》，頁 149。

一曰薄里波之魚，其色能隨物而變，附污則垢色，附潔則布色，附於青則青，附於黑則黑。[①]

一曰仁魚，西志曰此魚嘗負一小兒登岸，髻觸兒，兒創甚，死，魚亦悲□觸石死。取海豚者，嘗以此魚爲招，頓網呼仁魚曰入，即入，海豚亦與魚入。豚入，既復呼仁魚曰出，魚即出，而海豚悉登矣。[②]

一曰劍魚，其啄長丈餘，有齬，絶有力，能與把勒亞之魚戰，戰則海水盡赤，以啄觸船，船破。[③]

一魚甚大，長十餘丈，闊丈餘，目大二尺，頭高八尺，其口在腹下，有三十二齒，齒徑尺，頤骨亦長五六尺，迅風起則衝至海涯。[④]

一魚大，且有力，值海舶，則以首尾夾舟兩頭，魚動則舟必覆，舟人跽而訴之於帝，須臾解去。[⑤]

一魚如鱷，名曰刺尾而多之魚，修尾堅鱗，刀箭不能入，瓦石不能害，利爪鋸牙，水食大魚，陸食百物，魚遠近皆避之，然其行甚遲，小魚數百種，常媵行，以避他魚之吞噬也。其生子初如鵝卵，

---

① "一名薄里波，其色能隨物而變，如附土則如土色，附石則如石色。"《職方外紀校釋》，頁149。

② "一名仁魚，西書記此魚嘗負一小兒登岸，偶以髻觸傷兒，兒死，魚不勝悲痛，亦觸石死。西國取海豚，嘗藉仁魚爲招，每呼仁魚入網，即入，海豚亦與之俱；俟海豚入盡；復呼仁魚出網，而海豚悉羅矣。"《職方外紀校釋》，頁149。仁魚：金國平疑即"人魚"，爲傳説中雄性的美人魚。《〈職方外紀〉補考》，頁118。

③ "一名劍魚，其嘴長丈許，有齬刻如鋸，猛而多力，能與把勒亞魚戰，海水皆紅，此魚輒勝，以嘴觸船則破，海船甚畏之。"《職方外紀校釋》，頁149。劍魚：即鋸鯊（saw shark）。

④ "一魚甚大，長十餘丈，闊丈餘，目大二尺，頭高八尺，其口在腹下，有三十二齒，齒皆徑尺，頤骨亦長五六尺，迅風起，嘗沖至海涯。"《職方外紀校釋》，頁149。

⑤ "一魚甚大，且有力，海舶嘗遇之，其魚竟以頭尾抱船兩頭。舟人欲擊之，恐一動則舟必覆，惟跪祈天主，須臾解去。"《職方外紀校釋》，頁149。《地緯》將其中的"跪祈天主"改作"訴之於帝"。

後漸長至二丈,吐沫於地,踐之即仆,因以取物食之。口中無舌,開口獨動上齶,冬月則不食食。人見之却走,則逐人,人返逐之,則却走。其目入水則鈍,出水極明。見人遠則哭,人近則噬之。①而其腹下鱗甲獨脆軟,畏仁魚以鬐刺殺之。復畏乙苟滿之獸。乙苟滿者,鼠屬也,其大如貓,以塗澤身,俟此魚張啄,輒入腹,嚙其五臟而出,又能破壞其卵。復畏雜腹蘭,魚每竊蜜,養蜂家,種雜腹蘭藩之,即弗敢入。雜腹蘭者,芳草也。②

有落斯馬者,四丈許,短足,居海水底,間出游水上,皮甚堅,刃不能入。額有二角如鉤,睡則以角掛石,盡一日不醒。③

有魚大如島,嘗有賈舶就一島,纜舟,登岸而炊,就舟解維,不幾里,忽聞海中大聲起,回視向所登之島已沒,蓋魚背也。④

---

① "一如鱷魚,名曰剌瓦而多,長尾堅鱗甲,刃箭不能入,足有利爪,鋸牙滿口,性甚獰惡,入水食魚,登陸,人畜無所擇,百魚遠近皆避,第其行甚遲,小魚百種常隨之,以避他魚之吞啖也。其生子初如鵝卵,後漸長以至二丈,每吐涎於地,人畜踐之即仆,因就食之。凡物開口皆動下頦,此魚獨動上齶,口中亦無舌,冬月則不食物。人見之却走,必逐而食之;人返逐之,彼亦却走。其目入水則鈍,出水極明。見人遠則哭之,近則噬之,故西國稱假慈悲者爲剌瓦而多哭。"《職方外紀校釋》,頁149－150。剌尾而多:《職方外紀》原作"剌瓦而多"。據金國平所考,應係葡萄牙語 lagarto 的譯音,古代泛稱鱷魚,今作蜥蜴。《〈職方外紀〉補考》,頁119。

② "獨有三物能制之:一爲仁魚,蓋此魚通身鱗甲,惟腹下有頓處,仁魚鬐甚利,能刺殺之。一爲乙苟滿,鼠屬也,其大如貓,善以泥塗身令滑,俟此魚開口,輒入腹嚙其五臟而出,又能破壞其卵。一為雜腹蘭,香草也。"《職方外紀校釋》,頁150。雜腹蘭:據金國平所考,應係葡萄牙語 azafrão 或西班牙語 azfarán 的譯音,爲 azafrão-da-Índia 的略稱,學名 *Curcuma longa L.*,即薑黃。《〈職方外紀〉補考》,頁119。

③ "有名落斯馬,長四丈許,足短,居海底,罕出水面,皮甚堅,用力刺之,不可入。額有二角如鉤,寐時則以角掛石,盡一日不醒。"《職方外紀校釋》,頁150。落斯馬:即河馬(hippopotamus)。

④ "有海魚、海獸大如海島者,嘗有西舶就一海島纜舟,登岸行游,半晌,又復在岸造作火食,漸次登舟解維,不幾里,忽聞海中起大聲,回視向所登之島已沒,方知是一魚背也。"《職方外紀校釋》,頁150。

有獸方身，翼能鼓大風以覆舟，其形亦大如島，而骨脆。①

有獸二手二足，絕有力，值海舶輒顛倒之。②

其小者有飛魚，僅尺許，掠水而飛。③ 有白角兒魚，善窺飛魚之影，伺其所向，輒先至，張口吞之，恒相追數十里，飛魚急，輒上人舟。舟人以雞羽，或白練，飄水上，置鈎焉，白角兒以爲飛魚也，遂至吞鈎。④

有航魚，介屬也，大僅尺許，六足，足跗有皮，將徙則豎半甲爲舟，張足跗之皮爲帆，乘風而行。⑤

有蟹大踰丈許，其螯若戈，其甲覆地，可臥如庫屋。⑥

有海馬，其齒牙茶白，而堅而理昔，可削爲珠以箄。⑦ 有女魚，半以上則女人身，半以下則魚身，是其骨以下血病，亦可爲珠。⑧

有鳥宿島中，時決起飛海水上，海舶值之，則知有島矣。有鳥生海中，不知登岸，舟人欲取之，則張皮措鈎餌而浮之，鳥就

---

① "有獸，形體稍方，其骨軟脆，有翼能鼓大風，以覆海舟，其形亦大如島。"《職方外紀校釋》，頁150。

② "又有一獸，二手二足，氣力猛甚，遇海舶輒顛倒播弄之，多遭沒溺，西舶稱爲海魔，惡之甚也。"《職方外紀校釋》，頁150。

③ "其小者有飛魚，僅尺許，能掠水面而飛。"《職方外紀校釋》，頁150。

④ "又有白角兒魚，善窺飛魚之影，伺其所向，先至其所，開口待唼，恒相追數十里，飛魚急，輒上人舟，為人得之，舟人以雞羽或白練飄揚水面，上着利鈎，白角兒認爲飛魚躍起，吞之，便爲舟人所獲。"《職方外紀校釋》，頁150-151。

⑤ "又有介屬之魚，僅尺許，有殼而六足，足有皮，如欲他徙，則豎半殼當舟，張足皮當帆，乘風而行，名曰航魚。"《職方外紀校釋》，頁151。

⑥ "有蟹大踰丈許，其螯以箝人首，人首立斷，箝人肱，人肱立斷。以其殼覆地，如矮屋然，可容人臥。"《職方外紀校釋》，頁151。

⑦ "又有海馬，其牙堅白而瑩净，文理細如絲髮，可爲念珠等物。"《職方外紀校釋》，頁151。

⑧ "復有海女，上體直是女人，下體則爲魚形，亦以其骨爲念珠等物，可止下血。"《職方外紀校釋》，頁151。《地緯》將其中的"海女"改作"女魚"，即傳說中的美人魚。

食輒吞鈎。有鳥身有皮，如囊如網，入水裹魚而出，人因取之。[1]

其最乖者，有一物，其形體耳目，人也，毛髮膚爪，人也，特指駢生如梟。西海漁者捕得之，而進之於其王，王與之言不應，與之食不食。王憐而從之於海，轉盼視人，鼓掌大笑而去。[2]

有一物如婦人，其身有皮，曳地如衣，終不可脫。二百年前，西洋喝蘭達之人得之，與之食輒食，亦肯爲人役使，見享祀耶蘇之符識，亦能起敬俯伏，但不能言，[3]數年而後死，非鱗非介，豈裸虫三百六十中故有此類耶？將若出入火石之般耶？

志怪之書，多言人有藏墓中而不死者，其以人非人身，形幽攡之化，固不可一端而測其噴也。《洽聞記》曰：東海有海人魚，皮肉白如玉，無鱗，有細毛，髮如馬尾。[4]

---

[1] "海鳥有二種，其一宿島中者，日常飛颺海面，海舶遇之，則可占海島遠近。其一本生長於海中，不知登岸，舶上欲取之，則以皮布水面，以鈎着餌置皮上，鳥就食之，輒可鈎至，若釣魚然。又有鳥能捕魚者，身生皮囊如網，入水裹魚而出，人固取之。"《職方外紀校釋》，頁151。

[2] "又有極異者爲海人，有二種，其一通體皆人，鬚眉畢具，特手指略相連如梟爪。西海曾捕之，進於國王，與之言不應，與之飲食不嘗。王以爲不可狎，復縱之海，轉盼視人，鼓掌大笑而去。"《職方外紀校釋》，頁151。

[3] "二百年前，西洋喝蘭達地曾於海中獲一女人，與之食輒食，亦肯爲人役使，且活多年，見十字聖架亦能起敬俯伏，但不能言。"《職方外紀校釋》，頁151。肯：書中刻作"肻"。喝蘭達：即荷蘭（Holland）。《地緯》將其中的"十字聖架"改作"耶蘇之符識"，即十字架。

[4] 語出（唐）鄭常《洽聞記》中云："海人魚，東海有之，大者長五六尺，狀如人，眉目、口鼻、手爪、頭皆爲美麗女子，無不具足。皮肉白如玉，無鱗，有細毛，五色輕軟，長一二寸。髮如馬尾，長五六尺。陰形與丈夫女子無異，臨海鰥寡多取得，養之於池沼。交合之際，與人無異，亦不傷人。"引見（宋）李昉等編：《太平廣記》卷四百六十四，頁3819。

# 【80】海產①

海中之寶明珠，以則意蘭者爲最上。取海中蚌，置之日中，曝之俟其口張，乃取口中珠，其色生生瑩瑩，大者光焰數里。剖蚌而出者，色黯無光。珊瑚出珊瑚島，初在海中眠之，色綠沉而質柔軟，樹上生白子，土人以鐵網取之，出水則堅，有赤黑白三種，色赤者其理紾而昔，白黑色者疏理而脆不可用。②

大浪山之東北，有水中礁，水涸礁出，悉是珊瑚寶石，此皆往往而有，小西洋尤多。③ 琥珀則歐邏巴波羅尼亞最多，西人言琥珀初出，從海島石隙流出，如沫入，水漸凝，嘗乘風潮湧泊，至淺水中，土人伺潮初退，以足探水底，得琥珀，即以足指拾取。④ 其黃白者，中國名爲蜜金，實即一類，然琥珀在漢賦已載其名，而《抱朴子》言松脂入地，千年作琥珀。⑤ 今滇人市珀者，皆言得自松根，姑兩存之。

龍涎香，黑人國與伯西兒兩海最多，大者望之如島，每爲風濤

---

① 本篇名稱在《叙傳》所列目錄中爲“海產志第八十”，版心刻有“海產”、本篇頁碼及在全書中的頁碼。内容主要出自《職方外紀》卷五《海產》。

② “海產以明珠爲貴，則意蘭最上。土人取海中蚌置日中晒之，俟其口自開，然後取珠，則珠色鮮白光瑩。有大如鷄子者，光照數里。南海皆剖蚌出珠，故珠色黯黯無光。有珊瑚島，其下多出珊瑚，初在海中色綠而質柔軟，上生白子。土人以鐵網取之，出水便堅，有紅黑白三色。紅色者堅而密，白黑色者鬆脆不堪用。”《職方外紀校釋》，頁 153 - 154。

③ “大浪山之東北有暗礁，水涸礁出，悉是珊瑚之屬。猫睛寶石各處不乏，小西洋更多。”《職方外紀校釋》，頁 154。

④ “琥珀則歐邏巴波羅尼亞有之，沿海三千里皆是，蓋爲風浪所湧，堆積此地，土人取爲器物。”《職方外紀校釋》，頁 154。

⑤ 語出（晉）葛洪（283—363）所著《抱朴子内篇》卷十一《仙藥》中云：“及夫木芝者，松柏脂淪入地千歲，化為茯苓。”引見王明撰：《抱朴子内篇校釋（增訂本）》，頁 199。

漂泊於岸，虫魚百獸，爭啖食之。西志或言有獸口中吐出，即爲龍涎。①

鹽皆煮海爲之，而亦有井中池中之鹽，近忽魯謨斯之地有山，純是五色鹽，鑿山石爲器，貯食物，則不復以鹽爲和。②

海草則太平海中，淺處徧生，一望如林，葱菁可愛。③

## 【81】海狀④

重濁下沉而爲地，水環附之，故地圓而水亦圓。隔數百里，水面穹如梁，遠望者不可見，登桅望之，乃見。⑤

其海中夷險，往往不同，惟太平海極淺，終古無大風波，大西洋極深，深十餘里。⑥

從大西洋至大明海，四十五度以南，其風有定候，可候，至四十

---

① “龍涎香，黑人國與伯西兒兩海最多，曾有大塊重千餘斤者，望之如島然，每爲風濤湧泊於岸，諸蟲魚獸並喜食之，他狀前已具論。”《職方外紀校釋》，頁154。另參閱《職方外紀》卷三《利未亞總説》中云：“又有一獸軀極大，狀極異，其長五丈許，口吐涎即龍涎香。”（頁106）

② “海水本皆鹽味，然亦有不假煎熬自凝爲鹽塊者，近忽魯謨斯處有山，五色相間，亦純是鹽。土人鑿山石，鏇以爲器，貯食物則不須和鹽。蓋其器已是鹽，自生鹹味也。”《職方外紀校釋》，頁154。

③ “又有海樹，太平海内淺處生草，一望如林，葱菁可愛。”《職方外紀校釋》，頁154。《地緯》將其中的“海樹”改作“海草”。

④ 本篇名稱在《叙傳》所列目録中爲“海形志第八十一”，版心刻有“海狀”、本篇頁碼及在全書中的頁碼。内容主要出自《職方外紀》卷五《海狀》。

⑤ “地心最爲重濁，水附於地，到處就其重心，故地形圓而水勢亦圓。隔數百里，水面便如橋樑，遠望者不可見，須登桅望之乃見。”《職方外紀校釋》，頁154。此段文字係依循亞里士多德自然哲學的觀點並配合實際的航海經驗，闡述大地圓體及其海狀俱圓的道理。

⑥ “其前或夷或險，而海中夷險各處不同，惟太平海極淺，亘古至今無大風浪。大西洋極深，深十餘里。”《職方外紀校釋》，頁154。

五度以北,無定候。其尤異者,大明海東南隅,常有異風,變亂凌雜,
儵忽庚二十四向,海舶惟任風而行。風與水又各異道,如風從南來,
水必北流,倏轉北風,而水勢相壓,未及趨南,舟莫適從,因至摧破。①

至小西洋,海潮汐甚大甚迅,平地頃刻,湧數百里,海中大舶
及蛟龍魚鼈之屬,嘗乘潮入山中不可出。②

歐邏巴新增蠟、利未亞大浪山亦時起風波,甚險急。至滿刺
加海,不風而波,又不竟海皆然,惟里許一處,以次第興,後浪山
立,前浪已夷矣。③

海上故多風,獨利未亞海,近爲匿亞之地,當赤道下者,恒苦
無風。天氣酷暑,舶至此,人易生病。海深不得揭,舶大不得楫,
波流潮湧,泊至淺處,舟敗多在於此。④

北海則半年無日,氣候極寒,爰有冰海,海舶爲堅冰所阻,必

---

① "從大西洋至大明海,四十五度以南,其風常有定候。至四十五度以北,風色便錯
亂不常。其尤異者,在大明東南一隅常有異風,變亂凌雜,倏忽更二十四向。海舶
惟任風而飄。風水又各異道,如前爲南風,水必北行,倏轉爲北風,而水勢尚未趨
南,舟莫適從,因至摧破。"《職方外紀校釋》,頁 154 - 155。《地緯》將其中的"倏忽
更二十四向"改作"儵忽庚二十四向",應係傳鈔訛誤。
② "至小西洋海潮極高大,又極迅速,平地頃刻湧數百里。海中大舶及蛟龍魚鼈之
屬,嘗乘潮勢湧入山中,不可出。"《職方外紀校釋》,頁 155。
③ "歐邏巴新曾蠟、利未亞大浪山亦時起風浪,甚險急。至滿刺加海,無風倏起波浪,
又不全海皆然,惟里許一處,以次第興,後浪將起,前浪已息矣。"《職方外紀校釋》,
頁 155,156。新增蠟:《職方外紀》作"新曾蠟",《萬國全圖》作"新曾白蠟",即歐洲
東北部北冰洋中的新地島,今屬俄羅斯,其俄語 Новая Земля、英語 Novaya
Zemlya,皆作"新地"解,增蠟爲其譯音。大浪山:即今非洲南端好望角(Cape of
Good Hope)。滿刺加:即馬六甲海峽(Strait of Malacca),位於南亞馬來半島及
蘇門答臘島之間。
④ "海上雖多有風,獨利未亞海近爲匿亞之地當赤道下者,常苦無風。又天氣酷熱,
舶如至此,食物俱壞,人易生疾。海深不得下碇,舶大不能用楫,海水暗流及潮湧
飄泊至淺處壞者,多在於此。"《職方外紀校釋》,頁 155,156。爲匿亞:即今非洲西
部幾内亞(Guiena)。深:原書多刻作"溇",似當爲"深"之訛。

伺東風解凍，乃得去。又苦海中冰塊，風擊成山，舟觸之立碎。赤道之下終歲常熱，食物水泉酒醪，至此色味皆變，過之即復如故。①

凡海中大率作綠沉色，惟東、西二紅海，其色淺紅，或曰海中珊瑚之屬，光景迸焰於外者，非水之正色也。而西域之小西洋，中國之會稽、閩中，入夜則海水熊熊有光，②汲之置暗室中，光焰一室，手濡之則光若自其手出，所謂陰火燔然者也。

## 【82】海舶③

浮海之舶約三等，其小者僅容數十人，以漁以郵；用以傳書信，不以載物。其舟腹空虛可容，自上達下，僅留一孔，四圍點水不漏，下鎮以石，使舟底常就下。一遇風濤，不習水者，盡入舟腹中，密閉其孔，復塗以瀝青，滴水不進。其操舟者，則綑縛其身於檣桅，任水飄蕩。因其腹中空虛，永不沉溺，船底又有鎮石，亦不翻覆。俟浪平，舟人自解縛，運舟，萬無一失，一日可行千里。中者可容數百人，自閩、粵以達小西洋，④戰艦賈舶皆然，然在中國，亦稱艨艟巨艦矣。

---

① "至北海則半年無日，氣候極寒而冰，故曰冰海。海舶爲冰堅所阻，直須守至冰解方得去。又苦冰山，海中冰塊爲風所擊，堆疊成山，海舶觸之，定爲齏粉矣。赤道之下，則終歲常熱，食物水酒至此色味皆變；過之，即復如常。"《職方外紀校釋》，頁155。

② "凡海中之色，大率都綠。惟東西二紅海其色淡紅，或云海底珊瑚所映而然，亦非本色也。又近小西洋一處，入夜則海水通明如火。"《職方外紀校釋》，頁155。

③ 本篇名稱在《叙傳》所列目錄中爲"海舶志第八十二"，版心刻有"海舶"，本篇頁碼及在全書中的頁碼。內容主要出自《職方外紀》卷五《海舶》與《海道》，將《海道》納入《海舶》中。

④ "海舶百種不止，約有三等。其小者僅容數十人，專用以傳書信，不以載物。其舟腹空虛，可容自上達下，僅留一孔，四圍點水不漏，下鎮以石，使舟底常就下。一遇風濤，不習水者，盡入舟腹中，密閉其孔，復塗以瀝青，使水不進。其操舟者則綑縛其身於檣桅，任水飄蕩。因其腹中空虛，永不沉溺，船底又有鎮石，亦不翻覆。俟浪平，舟人自解縛，運舟萬無一失，一日可行千里。中者可容數百人，自小西洋以達廣東則用此舶。"《職方外紀校釋》，頁156。

其大者上下八層，最下一層，鎮以沙石千餘石，二、三層載食貨淡水，其近地平板一層載人及重寶，地平板之外，則虛其中百步，以爲揚帆、講武之地。前後各蓋屋四層，以爲貴人之居，而有閣道以通之。長年三老，篙工楫師，將士官府，星曆醫藥，百工之事，畢備而後行，一舶常千餘人。[1] 舶中列大銃數十門，以備不虞。其鐵彈有三十餘斤重者，上下前後，有風帆十餘道。桅之大者長十四丈，帆闊八丈。水手二三百人，將卒銃士三四百人，客商數百。有舶總管一人，是西國貴官，王所命，以掌舶中之事，與其賞罰生殺之權。又有舶師三人，曆師二人。舶師專掌候使風帆，整理器用，吹掌號頭，指使人役，探試淺水礁石，以定趋〔趨〕避。曆師專掌窺測天文，晝則測日，夜則測星，用海圖量取度數，以識險易，以知道里。又有官醫，主一舶之疾病。亦有市肆，貿易食物。大舶不畏風浪，獨畏山礁淺沙，又畏火，舶上火禁極嚴。[2]

---

[1] “其大者上下八層，最下一層鎮以沙石千餘石，使舶不傾側震盪，全藉此沙石。二三層載貨與食用之物。海中最艱得水，須裝淡水千餘大𥯤，以足千人一年之用，他物稱是。其上近地平板一層則舶內中下人居之，或裝細軟切用等物。地平板之外則虛，其中百步以爲揚帆習武游戲作劇之地。前後各建屋四層，以爲尊貴者之居，中有甬道，可通頭尾。尾復建水閣，以爲納涼之處，以俟貴者之遊息。”《職方外紀校釋》，頁156。

[2] “舶兩旁列大銃數十門，以備不虞。其鐵彈有三十餘斤重者，上下前後有風帆十餘道。桅之大者長十四丈，帆闊八丈，水手二三百人，將卒銃士三四百人，客商數百。有舶總管一人，是西國貴官，國王所命，以掌一舶之事，與其賞罰生殺之權。又有舶師三人，曆師二人，舶師專掌候使風帆，整理器用，吹掌號頭，指使夫役，探試淺水礁石，以定趨避。曆師專掌窺測天文，晝則測日，夜則測星，用海圖量取度數，以識險易，以知道里。又有醫官，主一舶之疾病。亦有市肆，貿易食物。大舶不畏風浪，獨畏山礁淺沙。又畏火，舶上火禁極嚴。”《職方外紀校釋》，頁157。舶總管：據金國平所考，應係葡萄牙語 capitão 的意譯，爲 capitão-mor 的縮寫，即首領、船長，亦音譯作加比旦、加必旦、甲必丹。《國朝獻徵錄》及《殊域周咨錄》作“必加丹末”，《籌海圖編》作“加必丹”，《明史》作“加必丹末”。《〈職方外紀〉補考》，頁119。關於 capitão-mor 的詞源、相關譯名及其在漢文文獻中的流傳狀況，參閱金國平：《Capitão-mor 釋義與加必丹末釋疑》，頁344–348。

　　而西人來者，從歐邏巴各國起程，遠近不一，水陸各異。大都一年之內，皆聚於邊海波爾杜瓦爾國里西波亞都城，候西商官舶，春發入大洋。從福島之北，過夏至線，在赤道北二十三度半，踰赤道南二十三度半，越大浪山，見南極高三十餘度。又逆轉冬至線，過黑人國、老楞佐島夾界中。又踰赤道至小西洋南印度卧亞城，在赤道北十六度。風有順逆，大率亦一年之內，可抵小西洋，至此則海中多島，道險窄難行矣。乃換中舶，亦乘春月而行，抵則意蘭，經榜葛剌海，從蘇門答蠟、與滿剌加之中，又經新加步峽，迤北過占城、暹邏界。閱三年，方抵中國廣州府。此從西達中國之路也。①

　　若從東而來，自以西把尼亞地中海，過巴爾德峽，往亞墨利加之界有二道：或從墨瓦蠟尼加峽，出太平海；或從新以西把尼亞界泊舟，從陸路出孛露海，過馬路古、呂宋等島，至大明海，以達廣州。②

———————————

① "儒略董從歐邏巴各國起程，遠近不一，水陸各異。大都一年之內，皆聚于邊海波爾杜瓦爾國里西波亞都城，候西商官舶，春發入大洋。從福島之北過夏至線在赤道北二十三度半，踰赤道而南，此處北極已没，南極漸高。又過冬至線在赤道南二十三度半，越大浪山，見南極高三十餘度，又逆轉冬至線，過黑人國、老楞佐島夾界中。又踰赤道至小西洋南印度卧亞城，在赤道北十六度。風有順逆，大率亦一年之內可抵小西洋。至此則海中多島，道險窄難行矣。乃換中舶，亦乘春月而行，抵則意蘭，經榜葛剌海，從蘇門答蠟與滿剌加之中，又經新加步峽，迤北過占城、暹邏界。閱三年抵中國嶺南廣州府。此從西達中國之路也。"《職方外紀校釋》，頁157-158。波爾杜瓦爾國里西波亞都城，即葡萄牙里斯本(Lisboa)。黑人國：即今南非尚比亞(Zambia)一帶。老楞佐島：即今非洲東南岸外馬達加斯加島(Madagascar)。卧亞：即今印度西岸卧亞(Goa)。新加步峽：即今新加坡海峽(Singapore Strait)，位於新加坡以南與印尼廖內群島(Kepulauan Riau)之間，為馬六甲海峽的一部分。新加坡島(或新加坡海峽)：(元)汪大淵《島夷誌略》作"龍牙門"，馬來語 Negeri Selat，有海峽國之義，或音譯為昔里、息力、石叻。至於 Singapore 之譯音，係源於梵語 Simhapura，意為獅城。蘇繼廎校釋：《島夷誌略校釋》，頁215-217。

② "若從東而來，自以西把尼亞、地中海過巴爾德峽，往亞墨利加之界有二道：或從墨瓦蠟尼加峽去太平海；或從新以西把尼亞界泊舟，從陸路出孛露海過馬路古、呂宋等島至大明海，以達廣州。"《職方外紀校釋》，頁158，159。巴爾德峽：即今直布羅陀海峽(Strait of Gibraltar)，位於南歐西班牙與北非摩洛哥之間，為分隔地中海(the Mediterranean Sea)與大西洋之間的海峽。

然從西來者尤多，西來之路經九萬里。行海晝夜無停，有山島可記者，則指山島而行。至大洋中嘗萬里無山島，則用羅經以審方。其審方之法，全在海圖，量取度數，即知海舶行至某處，離某處若干里，瞭若指掌，百不失一。[①]

## 【83】輿地全圖[②]

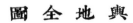

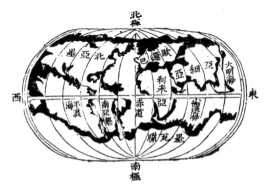

---

① "然某輩皆從西而來，不由東道，西來之路經九萬里也。行海晝夜無停，有山島可記者，則指山島而行。至大洋中，常萬里無山島，則用羅經以審方。其審方之法全在海圖，量取度數，即知海舶行至某處，離某處若干里，瞭若指掌，百不失一。"《職方外紀校釋》，頁158。

② 本篇名稱在《叙傳》所列目錄中為"地圖第八十三"，版心刻有"輿地全圖"、本篇頁碼及在全書中的頁碼。此"輿地全圖"形似熊明遇《格致草》中所附"坤輿萬國全圖"，二圖皆是以橢圓形投影法繪製而成，屬非幾何投影法。此法係運用數學方法轉繪，使所有緯線均為直線，經線除中央經線為直線外，餘者均為橢圓弧線，等比例截交於緯線上，並使橢圓形全圖的面積等於同比例地球儀的面積，是為等積圖法。方豪依據耶穌會士金尼閣（Nicolas Trigault, 1577—1628）的記載，認為此二圖源於比利時籍地圖學者奧代理（Abraham Ortelius, 1527—1598，或譯作奧特里烏斯）的地圖集《地球大觀》（*Theatrum Orbis Terrarum*）中的世界地圖。方豪：《中西交通史》，頁823。此外，海野一隆將《函宇通》中的兩幅世界圖與1587年後刊行的奧代理版世界地圖加以比對，顯示其在各洲及海域的形狀、輪廓與位置幾乎一致，應有直接的傳承關係。海野一隆：《明・清におけるマテオ・リッチ系世界（轉下頁）

　　輿地圖原是渾圓,①經線俱依南北極爲軸,東西衡貫者,則赤道緯線也。總以天頂爲上,隨人所戴履,處處是高,四面處處是下,所謂天地無處非中也。② 宋人言:"天旋如磨,磨下許多粉子,凝結爲地";又言:"海那一岸,與天相粘",③皆屬管中之窺。④ 行海者,測量於天,如行赤道南,見南極出地三十餘度;又進赤道北,見北極出地三十餘度,則二處正爲人足相對。其餘行度多寡,可類推矣。

## 【84】地緯繫⑤

　　立天之道,曰陰與陽;形地之緯,曰柔與剛。無柔則萬物之生

---

（接上頁)圖》,頁567‐572。龔纓晏、馬瓊認爲此二圖應非熊氏父子所直接譯出,可能是來自同時代的某位傳教士;再者,此二圖所據版本應爲《地球大觀》之1587年後的版本,並爲目前所知唯二的奧代理世界地圖的漢文直接摹本。龔纓晏、馬瓊:《〈函宇通〉及其中的兩幅世界地圖》,頁91‐94;黃時鑒、龔纓晏:《利瑪竇世界地圖研究》,頁53‐56;馬瓊:《熊人霖〈地緯〉研究》,頁94‐97。

① 《輿地全圖》下方的整段注解文字,應是脱胎自熊明遇《格致草》之《圓地總無罅礙》中的叙述:"地形既圓……若將山河、海陸渾作一丸而看,隨人所戴履,處處是高,四面處處是下,所謂天地無處非中也。……宋儒言:天旋如磨,下許多粉子,凝結爲地,可一大噱;又言:海那一岸,與天相粘,皆屬管中之窺。後《坤輿圖》,原是渾圓,經線俱依南北極爲軸,東西衡貫者,則赤道線也。行海者,其行雖在地上,其測量卻在天上,如行赤道南,見南極出地三十餘度;又進赤道北,見北極出地三十餘度,則二處正爲人足相對。總以天頂爲上,其餘行度多寡,可類推。"

② 此段叙述,頗得《職方外紀》卷首《五大州總圖界度解》中所言"地既圓形,則無處非中。所謂東南西北之分,不過就人所居立名,初無定準"之意。《職方外紀校釋》,頁27。

③ 語出(宋)朱熹(1120—1200),據(宋)黎靖德編《朱子語類》卷一《理氣上‧太極天地上》中云:"造化之運如磨,上面常轉而不止。萬物之生,似磨中撒出,有粗有細,自是不齊。"同書卷二《理氣下‧天地下》中云:"海那岸便與天接。"引見王星賢點校:《朱子語類》,頁8,28。另可見於(明)胡廣等:《性理大全》卷二十六《理氣一》,頁449;卷二十七《理氣二》,頁475。

④ 《地緯》在此承繼《格致草》的思維理路,根據西方地圓説及五大洲世界地理知識,批評宋儒關於天地宇宙觀念的謬誤。

⑤ 本篇名稱在《叙傳》所列目録中爲"緯繫第八十四",版心刻有"緯繫"、本篇頁碼及其在全書中的頁碼。

氣不達，無剛則萬物之埴模不堅。天父而地媼然乎。陽親天而陰親地也。施本乎上，形凝乎下。本乎上，故首天；凝乎下，故趾地。首天而天不功，趾地而地不倦，仁夫？斯父母之德矣。[1]

天圜地方，天玄地黃，天施地藏，愛嚴相劘，樂哀相將。一陰一陽，萬物乃行。故陰之中，不得不相爲陰；陽之中，不得不相爲陽。獨陽不生，獨陰不成。故星維化施，故土維天潤，雨露之澤仁，天地之交氣也；雰霧之澤戕，天地之偏氣也。雹者，陽之專；曀者，陰之積，故皆不爲功。[2]

陽用以文，陰撝以武。凡可見者，謂之陽，日月、星辰、河漢、雲霓、山川、陵谷、木石，凡可見者，皆天地之文也，萬物戴焉履焉、生焉成焉。易首文言，書首文思，文也者，其天地帝王之心乎？甲兵俻而不試，刑措而不用，王者法天之德，常直陰於空處、於虖仁哉！[3]

生陰莫如水，生陽莫如火，唅陰噓陽，以生萬物，莫如土。

---

[1] "是以立天之道，曰陰與陽；立地之道，曰柔與剛；立人之道，曰仁與義。……分陰分陽，迭用柔剛……乾，天也，故稱乎父；坤，地也，故稱乎母。"引見南懷瑾、徐芹庭注譯：《周易今注今譯》，頁443-450。熊人霖於此傳承了《周易·説卦傳》中的觀念，將天道、地緯的觀念對應陰陽、柔剛的性質，來解釋天地形成的緣由及其循環變化過程中的原創動力，將之比擬為父母生育之德，進而以天地形體與自然現象連貫人們的情緒及感受。

[2] 熊人霖秉持陰陽之氣化育自然現象的觀念，以陰陽類比天地之中萬物萬事的載履生成關係。在其所撰《易辰叙》中也提到類似的見解："君子因氣以溯先天之天，則知易之三百八十四爻，人人出入其中矣！……夫陽用莫如日，陰用莫如月，星維辰無施，而二曜五緯歷之以為施。"《鶴臺先生熊山文選》卷四。

[3] 熊人霖在此援用類比聯想的方法，陳述其對外在世界及人際社會規律性的認知。因象以指事，言以寓理，因而進入人文政治秩序中關於王者法天之德的思考。在其所撰《禮記易簡録叙》中亦謂："乾以易知，坤以簡能，易簡而天下之理得矣！……天上地下，而萬物遂矣！首天趾地，而萬化行矣！行天德於天下之謂仁。"《鶴臺先生熊山文選》卷四。

日者,火之精也;月者,水之精也;辰者,土之精也。水、火、土之精氣奉於上,萬物仰焉;施於下,則爲雲、雷、風、雨、霜、露、雪,以澹萬物。故土之用,茂矣、美矣。水、火之所徵兆,厥施大矣。[1]

五行者,其猶五倫之行與。木、火、土、金、水,木相生,慈父之道也。春之所陳,夏長生焉,夏之所生,盛夏成焉,盛夏所成,秋斂凝焉,秋之所斂,冬收精焉,冬之所藏,春發陳焉,孝子之事也;相制相奉,君臣之義也;相配成功,夫婦之紀也;春少陽以作,夏老陽以訛,秋少陰以成,冬老陰以易,長幼之序也;將來者進,成功者退,用事者不怠,並作者不爭,朋友之志也。君子法之,則爲有行人矣。[2] 木之副在仁,君子以立喜而作肅;火之副在禮,君子以達樂而作哲;土之副在信,君子以致懼而作聖;金之副在義,君子以餙怒而作乂;水之副在知,君子以立哀而作謀。故曰五行者,五行

---

[1] 熊人霖以傳統氣化論配合陰陽生息消長,推演五行之行、五行之變與五行之用。藉由火、水、土來比附日、月、星辰的特質,以氣居於水火土之上,上行下施,形成大氣變化現象,進而化育萬物。其所撰《懸象說》中亦有類似的觀念:"天地之內,純是陰陽;陰陽之間,必有中氣。土爲中,五其成,在地而生之","地所以能載物生人,爲皇王聖哲之所經營不盡。而天地之間,上際下蟠,摩盪變化,無非陰陽。"《鶴臺先生熊山文選》卷十一。

[2] 熊人霖藉由金、木、水、火、土的五行生剋理論,闡釋五倫之德,將儒家理想中父子、君臣、夫婦、長幼、朋友的人際倫常關係,納入整體和諧且秩序井然的概念架構中。季節的變化、作物的生成以及倫常的道理息息相應且通體相關;同處於自然界與人倫社會的有德人士,若能效法此種整體和諧的化育關係,堪爲儒家理想人格的典範。此種五行配五的推論系統,有如隋代蕭吉在《五行大義》中秉持"自羲皇以來迄於周漢,莫不以五行爲政治之本"的見解,嘗試以五行觀念爲中心,推闡之於天象、地物與人倫的源始、變易及其感通關係:"夫五行者,蓋造化之根源,人倫之資始。萬品稟其變易,百靈因其感通。本乎陰陽,散乎精像,周竟天地,布極幽明。……故天有五度以垂象,地有五材以資用,人有五常以表德,萬有森羅,以五爲度……實資五氣,均和四序,孕育百品,陶鑄萬物。"蕭吉:《五行大義》自序,頁1a-2a。

也,五行之行于天下,猶五行之不可偏廢於人也。①

　　釋曰:地、水、火、風,西志曰:水、火、土、氣,《經世書》②亦置金、木不言,其說曰金、木不能有磅礴變化之權,固也。然風生於氣,氣本於水、火土,春風至則萬物達,秋風至則萬物堅,非金、木之氣之徵乎? 蓋陰陽之道,少者不敢明其功,故仁義之德大,而金、木之用藏。③

---

① 熊人霖於此說明天、地、人皆統攝於陰陽五行整體相應的宇宙論與自然觀中,五行之"行"的意涵,除了是自然界五種基本變化過程或特殊性質之外,也可以理解為身處人際社會的儒者君子,所應具備的五種基本"德行"。"五行者,五行也"一句,典出漢·董仲舒:《春秋繁露》卷十《五行對》,頁8a。熊人霖於《五行說》中指出:"董子《繁露》,以儒者推言五行,其書近醇,後儒多宗之。"《鶴臺先生熊山文選》卷十一。

② 《經世書》:即北宋邵雍(1011—1077)所著《皇極經世書》,主要藉由河洛數術之學以探討天地萬物之理。

③ 此段文句隱約帶有西方四行說的思路,對於熊人霖而言,不論是佛教經籍中所言地、水、土、風,耶穌會士譯著中所提水、火、土、氣,或是《皇極經世書》中所云水、火、土、石,蓋緣於金、木本身不能有磅礴變化的情形,而將之排除在各自的物質變化理論系統之外。換句話說,如果能克服這個問題,或許可以在五行、氣論與四行說之間,尋獲一彼此互通的可能。中國五行論與西方四行說之間,水、火、土是共同的,歧異在於五行的金、木與四行的氣;為此,熊人霖技巧性地安排以"風"為中介,藉由"風生於氣,氣本於水火土"以及春風、秋風作為"金木之氣之徵"的比擬,嘗試將四行說納入傳統陰陽五行、氣論的關聯性式思考架構中。熊人霖於《五行說》中也有類似的見解:"至西漢之末,異域竺氏之書入,乃曰:地、水、火、風。唐之盛也,異域景氏之書入,乃曰:水、火、土、氣。至宋,而儒者經世之書,亦疑木、金不足配水、火、土也,遂增之以石,而牽合迂疏,世謂邵學至精,吾敢信哉! 夫石者,土之骨,兼得金氣。其體能靜而不能行,豈若水、火、土之氣之磅礴哉! 風特氣之動耳,噓也,木,而唅也,金,故風特盛於春秋。外金、木而言風,失其本矣。且地也者,兼水、火、土以為質者也,指地曰土,是以元體為元行,可乎? ……或曰:西極四行之圖,火南水北,土與氣對……強為錯綜,可乎? 總之,陰陽相摩,剛柔相盪,萬古不可易之氣,即萬古不可易之理。"《鶴臺先生熊山文選》卷十一。又其《評樵吹·巽》亦云:"五行,只水、火、土有體有用,金、木之體渺鮮矣。特以其氣之用,配於四象。故邵子舉水、火、土、石,釋氏舉地、水、火、風,大西氏舉水、火、土、氣。石者,土氣之凝;風者,木氣之散,皆氣也。風動四方,亦是志一動氣。"《鶴臺先生熊山文選》卷十四。

　　凡天下生麥之地五，生稻之地四，生黍稷菽蔬葹之地一，生金之山一，生木之山九，中國之州九，寰海之州五，此人類之所生也，飲食衣服之所出也，利害之所起也。聖人因其理而爲之紀，萬類安焉，神明出焉。古之得此道以臨天下者，庖犧氏、神農氏、有熊氏、陶唐氏、虞氏。①

　　凡地緯，地物之號從中國，天而天之，地而地之，宅其宅，田其田，人其人，大鹵之爲太原，失台之爲瀆泉之例也。邑人名從主人，雖然聲萬不同，孰重九譯而辨之。所傳聞者，其不無異辭矣。何聞？聞之西土之人，西土之人信乎？信，何信乎西土之人？曰：以其人信之，其人達心篤行，其言源源而本本，然則無疑乎？邑人名，吾無所疑乎爾？怪物之若《山海經》也，奇事之非常所見，疑則傳疑，左氏之録鬼神變怪，太史公之好奇，此蘇子《古史》②之所瑩矣。

　　山書曰：地東西爲緯，南北爲經。獨名緯者何？曰：天之道，經者主緯；地之道，緯者主經，剛柔之義云爾。

　　中國之地脈，北方宗於華，南方宗於衡。子思之言地也，獨稱

① 此段論述，可比對《易傳·繫辭下》中有關庖犧氏、神農氏、黃帝、堯、舜氏等事蹟行誼的説明。參閲南懷瑾、徐芹庭注譯：《周易今注今譯》，頁414-416。熊人霖於此援用中國傳統思維建構《地緯》的宇宙論與自然觀，從天地人合一聯結陰陽五行的觀點，解釋自然或人文地理現象，也進而推闡中國與世界各地風土物産及民俗習尚的情形。在他的心目中，古往今來人們生長的自然環境與人文地理世界裏，不論中國本土九州，或是寰海五大洲域，歷代聖人本諸天地人之間整體和諧、秩序井然與利害與共的道理，造就天下萬物各安其所且各居其位的現實。尤其推崇中國古聖帝王庖犧氏、神農氏、有熊氏（黃帝）、陶唐氏（唐堯）、虞氏（虞舜）皆以此正道，治理天下，通變達通，神而化之，故能無往不利。

② 蘇子《古史》："蘇子"即北宋蘇轍（1039—1112），與其父蘇洵（1009—1066）、兄蘇軾（1037—1101）同列"唐宋八大家"。《古史》，計六十卷，主要以《古文尚書》《毛詩》《左傳》等古籍校補司馬遷《史記》的內容。

載華嶽而不重,豈不以其爲嵩岱常山之宗哉。水經以霍山爲南嶽,蓋本漢武帝封禪,憚衡遠而霍山在廬江,頗近長安,乃益封爲南嶽耳。夫衡嶽者,帝俊之所南巡也,霍豈衡匹哉! 韓愈曰:南方之山,巍然高且大者以百數,獨衡爲宗,[①]韙矣。一曰:九嶷之山,南幹之宗也。

在以極,則地之廣輪測矣;在以日,則地之寒暑測矣。

革者,盡其詞也;已者,盡其詞也。《易》曰:小人革面,[②]《詩》曰:亂庶遄已,[③]變而之善,故盡其詞也;變而之不善,則不盡其詞也。稍者,迎其將來也。一曰:稍者,抑其將來也。變而之善則迎之,之不善則抑之,君子之於妬也慎其詞,於復也慎其詞。

内其國而外諸夏,内諸夏而外四裔,其春秋之義哉! 春秋之事也,記事則詳内而略外,若云義也,王者無外。古者五服爲王臣,四裔爲王守,島夷流沙,瀘人濮人,尚書所載,豈有外哉! 戎狄而中國,斯孔子中國之矣。故曰:詳内而略外者,春秋之事也,内陽而外陰者,易之幾也。

封箕子於朝鮮,不曰封箕子於裔也。封太伯於吳,奈何棄其懿親,以爲蠻裔君長乎! 故春秋之外吳也,爲僭王也。黃池之會,[④]吳子纍纍致小國以尊天王,《春秋》書曰:"會晉侯及吳子於黃池,吳子子乎哉! 吳進矣。"穀梁子曰:吳子進乎哉! 遂子矣。[⑤]

---

① 語出(唐)韓愈(768—824)撰《送廖道士序》云:"南方之山,巍然高而大者以百數,獨衡為宗。最遠而獨為宗,其神必靈。衡之南八九百里,地益高,山益峻,水清而益駃。"

② 語出《易·革卦》云:"君子豹變,小人革面。"

③ 語出《詩經·小雅·巧言》云:"君子如祉,亂庶遄已。"

④ 公元前 482 年(周敬王 38 年),吳王夫差率軍北上,於黃池(今河南省封丘縣南)大會諸侯,與晉國爭作霸主,史稱黃池之會。

⑤ 《地緯》原書中,"子矣"二字刻作小字,或因語句已至頁末,不欲續至下頁,遂作刻以小字,非夾注也,故改作大字正文。

《傳》曰:山川爲祐,秀氣爲人。① 夫秀氣之行於天地也,非得剛悁之氣,以凝斂之,則其秀不聚。故良珠胎蛤,良玉隱璞,聖人生剝,華夏表裔。

井巴者,利未亞之戎也;紅毛者,歐邏巴之戎也;羌戎者,中國之戎也。其山川風氣以取之,雖然不知非是,不知思慮,曷不可雎雎于于。野鹿而標枝,其剽悍禍賊者,習也,非天之賦然也。②

經於外大惡書,小惡不書;緯於外大惡不書,小惡書,異乎哉! 春秋之外,其國之外也。所見也,所聞也,大惡必書,所以傳信,昭王者之憲,不可失也。中國之外也,所傳聞之詞也,齋服以爲哀,墓樹以爲掩,而君子猶有終天之憾;犧牲以爲祀,衡生以爲養,而君子猶有庖廚之遠,吾怪乎所傳聞者之有異詞焉。君子聞人善則信之,聞人惡則疑之,而況其大者乎? 竊附於子不語怪之義。

《辨宗論》曰:"華民易於見理,難於受教;裔人易於受教,難於見理。"③誠哉是言也! 回回之多行貪狠,遷乎其地而不敢爲革;西洋之獨行廉貞,守乎其説而不能爲通。

孟子曰:《春秋》,天子之事也;④西土曰:耶穌,上天之宰也。

---

① 《禮記·禮運》云:"故人者,其天地之德,陰陽之交,鬼神之會,五行之秀氣也。故天秉陽,垂日星;地秉陰,竅於山川。"王夢鷗注釋:《禮記今注今譯》,頁 377。

② 熊人霖以非洲的井巴(見本書《井巴》篇)、歐洲的紅毛番(見本書《紅毛番》篇)與鄰近中國的羌戎相類比,説明五大洲各地山川風氣影響及文化俗尚,導致該處人民在習性上的相對特徵。在他的意識中,井巴、紅毛、羌戎的"剽悍禍賊",極可能是自然界發展規律的衍生,配合上後天教育和學習的結果。也就是説,此種性格特質主要緣自於地理上相對差異的因素,而非天生絶對性的秉賦使然。

③ 語出(南朝宋)謝靈運(385—433)《答法勖問》云:"華民易於見理,難於受教,夷人易於受教,難於見理。"又《與諸道人辨宗論》云:"華民易於見理,難於受教,故閉其累學,而開其一極;夷人易於受教,難於見理,故閉其頓了,而開其漸悟。"

④ 語出《孟子·滕文公下》云:"《春秋》,天子之事也。是故孔子曰:'知我者,其惟《春秋》乎! 罪我者,其惟《春秋》乎!'"

噫！非達人，其勿輕語於斯。

中國之政教，合者也，然以政行教；西國之政教，分者也，然以教爲政，天爲之乎？人爲之乎？抑地執然也，天因地，人因天。①

儒之道，其盛矣乎！士者、農者、工者、商者，皆儒之人也；君臣、父子、兄弟、夫婦、朋友，皆儒之事也。夷夏之無此疆爾界，皆儒之境也。耶蘇之學，儒之分藩也；老氏之術，儒之權教也。②

謂三代以後，道統在下也，則我太祖之功之德，巍巍乎其幾無間然矣。謂孟軻没至宋而莫得其傳也，則董仲舒、韓愈之卓然獨立，吾必以爲聖人之徒之功首矣；謂從祀止於講論之儒也，則諸葛亮之忠貞，宋璟③、韓琦④之方正，文天祥之從容成仁，徐達之寬明輔運，在聖門十哲⑤之流亞矣。

千古幅員之大，其惟我明乎！荆、揚當九州之半，而《禹貢》裔土視之。三代要服荒服，來去靡常。漢取閩、越、朱崖，不能用其民，至舉江淮之民實閩越，而終棄朱崖。⑥ 張騫之奉使絶域，亦卒不能外盡地界。隋唐號稱强盛，然朱寬有不譯之都，⑦颜師古有未

① 熊人霖於此强調地理環境對於人類活動的重要影響，認爲中國政教合一而西國政治分離的原因，極可能是根源於"地勢然也"的相對差異，是以"天因地，人因天"，其間帶有一種"世界地理環境決定論"的思維色彩。
② 熊人霖於此秉持儒學本位的立場，强調士農工商皆爲儒學傳統的一份子，五倫名份也是儒家向來對於人際社會基本倫常的主張，即使如耶穌會士所宣揚的宗教神學，也不過是"儒之分藩"。如將其推展到中國與邊裔的關係上，則王者無外、華夷一家，"皆儒之境"，普天之下盡入大明一統的政治文化版圖中。
③ 宋璟(663—737)：爲唐玄宗時期著名丞相。
④ 韓琦(1008—1075)：爲北宋仁宗期間著名大臣。
⑤ 聖門十哲：即孔門四科十哲。據《論語·先進篇》云："德行：顔淵、閔子騫、冉伯牛、仲弓。言語：宰我、子貢。政事：冉有、季路。文學：子游、子夏。"
⑥ 朱崖：位於今海南島，西漢武帝、三國孫吳曾設郡。
⑦ 朱寬：爲隋煬帝時期派赴流求的將領。

圖之國。① 宋微甚。元雖統一，而倭奴諸國，終元世不貢，且冠帶之民，淪矣。我明太祖不階尺土，乃克復燕雲於日月，闢越裳以西南，東漸於海，履及河源。洪武、永樂以來，梯高山，航大海，朝貢者無慮數百國，而歐邏巴人絕九萬里來闕下，大地圓體，始入版圖，於都盛哉！夫幅員者，盡地之圓以爲幅也，非今日而孰能當此大名者哉！②

古者，天子之均天下也，邦畿之外，爲侯甸男采衛要，九州之外爲蕃國，以定四民，以同貫利，敷天下之民，各安其業，美其食，無歎息愁恨之聲，然猶戰戰兢兢，動色於忘遠之戒。即不貴異物，不勤遠略，乃職方、懷方之制，委曲繁至，備哉燦爛，豈不爲神明之式者哉！説者猶以旄人縣四夷之樂，司隸帥四翟之兵，疑於長耳目之眩，伏肘腋之虞。噫！是乃先王之所爲深長思矣。夫聞見不入者，思慮不出。深宮之中，未知稼穡，爲之籍田三推，以勤其體；天極之居，未知柔遠，爲之旄人司隸，以儆其心。備其勸戒，制其限數，豈可與漢安帝之西南夷樂，漢宣帝之金城處降夷，同日論哉！

明興置十三館凡四夷之館，十有三，朝鮮、琉求、日本、暹羅、安南、

---

① 颜師古(581—645)：為隋唐之際著名學者。貞觀十九年(645)，随從唐太宗東征遼東途中病逝。

② 在這段文句中，"來闕下"乃傳統朝貢制度的見解，"版圖"係代表國家整體的統治疆域。由此可見，熊人霖藉由版圖一詞的運用，來定位歐洲耶穌會士間闕"九萬里"入華朝貢的行為，此舉象徵着先前在中國職貢之外，同位於地圓之上的五大洲域各國，終究納入明代中國的管轄範圍內。緊接着，他以"盡地之圓以為幅也"的詮釋，賦予"幅員"(廣狹為幅，周圍稱員，疆域有廣狹與四至，故名)嶄新的内涵，意即大明帝國的統治疆域，自此不再僅限於地平方，而是大地圓體。在他的心目中，入華耶穌會士介紹地圓、五大洲諸國各地的情況，不但助長中國人士認識所處的大千世界，更具有拓展大明帝國勢力範圍的實質意義。五大洲世界各國的地理分佈及其政經發展，最終還是統整於大明一統的天下秩序中。中國至此不僅為"大瞻納"的宗主，更是五大洲世界的共主，是以有引文末句"非今日而孰能當此大名者哉"的喜悦及嘆服。

滿刺、百夷、韃靼、女直、委兀兒、西番、回回、占城，①以處貢夷，厚往薄來，海外慕義，且令各邊修守戰之備，崇勿追之訓。而香山市舶貫利，同於遐方，豈不亦八荒爲門閶，萬國謳歌者乎！余故溯之古始，稽之實録，以周知其爵賞之事，用兵之利害；徵之十三館之籍，以紀其方貢；考之象胥之傳，詢之重譯之語，以在其地域廣輪，人民財用，穀畜物產數要，與其土風之漸漬，聲教之被服，具而論之，以張明德之盛。世之覽者，理經比緯，於以股肱郅隆，尚亦有攸濟焉。②

---

① 明帝國與邊裔民族的往來過程中，於永樂五年(1407)三月因四夷朝貢，言語文字不通，命禮部選國子監生蔣禮等三十八人，隸翰林院，習譯書；復以遐陬裔壤，聲教隔閡，始設四夷館，內分韃靼(蒙古)、女直(女真)、西番(青康藏高原諸地)、西天(印度)、回回(新疆及中亞、西亞各地)、百夷(雲貴一帶)、高昌(新疆伊黎、哈密及青海、甘肅一帶)、緬甸八館，隸屬於翰林院，為專職翻譯"四方番夷文字"的機構，以妥理四裔各國的外交政務，連帶具有掌握"夷情"的效用。正德六年(1511)，增設八百館(緬甸撣邦)。萬曆七年(1579)，又增暹羅館(泰國)，凡十館。見申時行等修：《明會典》卷二《吏部》，頁12；《明史》卷七十四《職官志三·提督四夷館》，頁1797-1798。至萬曆八年(1580)，王宗載根據其提督四夷館期間的親歷見聞，徵考相關文獻資料，撰著《四夷館考》二卷，卷上分為韃靼館、回回館、西番館，卷下列高昌館、百夷館、緬甸館、西天館、八百館、暹羅館，記載邊疆諸地歷史沿革、地理物產暨風俗民情。錢曾：《讀書敏求記》卷二《王宗載四夷館考二卷》，頁58a-b。另參閱向達：《瀛涯瑣志——記巴黎本王宗載〈四夷館考〉》，頁181-186；方豪：《中西交通史》，頁687。按：熊人霖此處的十三館之說，應係誤記。又其中的"女直"，據李賢等修《大明一統志》卷八十九《外夷·女直》云："初號女真，後避遼興宗諱，改曰女直。"(頁5476-5477)

② 熊人霖於全書結語中透露其嘗試藉由地理沿革知識的介紹，作為治國施政的參考，以實現傳統儒學經世致用的抱負。

# 附録

## 一、(明)吳之器《婺書·紀實一則》①

　　熊先生人霖,字伯甘,別字鶴臺,江西進賢人,大司馬壇石翁子。世載清德,家學淳深,弱冠以能文章名天下。以爲經學比玄成,束脩比元方,文章比平原,皆父子繼踵,稱國華云。當是時,所撰著,已有《操縵》《笙南》《練絲》諸草,《地緯》《詩品》《詩諧》《孝經小學頌》諸書,盛行於時矣。歲丁丑(1637),成進士。戊寅(1638),令義烏。下車,即奉築城檄。邑人相告,有大役,其室於野者,慮加賦,且殫;室於城者,慮析其廬,聲洶洶。先生曰:"毋動。"廼爲七樓,而垣其闕,城成矣,民弗知役,大驩。於是有《七門城記》暨詩。保伍法行,多鳥集鳥散。先生曰:"是一旦有變,奈何?"廼立賦井法,以軍令月再肄之。始作金城、講武兩營,而除戎器,正伍兩寓焉。於是有《兩營志》《簡賦程序》。自丙午(1606)來,邑多祲,賢書相望如晨星。僉曰:"咎在南橋。"先生曰:"害於令,即咎什,毋徙也;害於邑,即利什,徙也。"竟徙之,風氣遂完。於是有《西江橋記》暨詩。邑士樸,多閉戶而呻呫嗶。先生曰:"獨學而無

---

① 吳之器:《婺書》(臺北:"中央圖書館"藏明崇禎十四年刊本)卷六,頁 41a - 43a。又收於國家圖書館古籍館編:《中國古代地方人物傳記匯編》第 68 冊,卷六,頁 369 - 373。

友,即何以昌其志。"於是有《學門記序》《鎪課序》。胥史多弗恪,往往坐累繫奚官。先生曰:"吾今必躬,若輩毋得預,則事省,亦以全若。"於是有《吏箴》。邑土田隘苦瘠,民易去其鄉,又多氣決,一語不售,立鏁胸矣。先生曰:"是當教之,教之自親遜始,親之無轉徙,遜之無相怨,一方矣。"迺單騎循行,申六諭繼以雅歌,一唱三嘆,聞者皆感慨悱惻,動容易志。於是有《親民繹序》。邑道縮轂四通,行者無所得息。先生曰:"是宜亭。"於是有《十二亭記》暨詩。秦漢來,邑多賢有文者。先生曰:"是皆文武之道,忠孝之言也。"於是有《駱丞祠坊》暨集若序、《宗忠簡坊》暨集若序、《華川徵》《重修邑志序》。先生之治,爰書盈庭,咄嗟散去,見者以爲神。然天性克勤,戴星視事,夜分而息,不敢賈卧治名也。於是有《旦颺》《星言》諸草。其治兩稅,若諸司餉,率先期爲條教,未嘗追呼,民樂之,往往先期輸。其輸畿省者,課常爲一郡先。歲大饑,他邑晝而掠,境內業業,惟烏人晏然,罔敢不共。先生又出俸餘爲倡賑,積於社,糜於里。凡生於烏、出於烏之塗者,無一人莩。其他治行甚衆,見之薦剡者無虛月。顧先生默然無一言曰:"曩者,吾不得已,有所論著,皆邑利害也,是可以永。若奉宣一詔書,以救一時,職耳,何言?"邑人聞之曰:"是長者之言也。"壬午(1642),遷爲工部主事,故謹志之,以告後之爲良史氏者。

## 二、《太常寺少卿熊公鶴臺墓誌銘》①

六星熊子,以尊甫鶴臺公之事狀,徵文隧石,謂余所最習而服焉者,公也。誠哉! 余所最習而服焉者,公也。雖不敏,何敢遜辭? 公諱人霖,字伯甘,鶴臺其別號,籍進賢北山爲郡望,遠不論,

---

① 黎元寬:《進賢堂稿》卷二十二,頁 486 - 488。

而親宮保大司馬壇石公之子。自曾祖簡夫公、若祖右源公尚書，三世鼎貴矣。宮保公更大有表見於當時，後之人資以起身，易能著美，不受掩抑為難。公則獨子也，而蚤智，母夫人朱產公長興，適宮保作邑浮屠合尖時。已而宮保在垣中，公隨侍學於京邸，此皆非余所習，而余獨竊聞。養微喻公掌南垣，公時猶未成為壻，輒能舉汲黯傳奏記之，斯其卓識何等！歲戊午（1618），公補弟子員，為寓庸黃師所首選，則余習公始此矣。其後，或杯酒論文，或旗鼓相遇，余無不斂手公，而公於余亦多溢美。宮保於余，亦多因公而為延譽也。宮保嘗分司福寧，大興文治，則公內贊之。瑠禍且起，某氏有以他事下石宮保者，公極力周旋得輕。比及宮保之任南司寇，誠病以請，公代為之奏草，一如宮保自言，子職也，又多乎哉！於是文譽遠馳，四方歸之尊宿，然後乃以癸酉（1633）舉鄉。越丁丑（1637），始成進士，猶是蚤服，而距宮保之罷大司馬者五年；遲於宮保登庸之年者，殆一紀。既筮得義烏，則又與宮保之長興東西相望，而廉明之治，長者之稱，與夫文武之互為，而尊親之並致者，亦復前後相副。烈皇帝著令以修練儲備四事課吏，則公為之冠焉。而要其表章駱臨海、宗忠簡、王忠文諸公《嚴祠序集》，尤可謂之知當務。所師事，若大司空金公世俊；所友事，若總河尚書朱公之錫、掌垣金公漢鼎等輩，亦既盡兩代之人材。而於杭州督造內臣，能抗衡不拜，挾持奇節，一如宮保之於魏逆。然比奏最僅，得平進水部郎，尋為媚者中之計典，蓋求金之風生矣。當公擢水部未行，有菁賊起溫、處，連廣信、建寧，浙撫按奉三省會剿之旨，既調發沿海汛卒，而題公以部司監軍，以紹興推官陳公子龍、建陽知縣黃公國琦副之。公為誓師於遂昌，即多設間以攜賊，交宥其脇，纔四十日而賊平。大車之載入，於軍容馬力，既竭輈，猶能取一焉，此非常之原也。而先是宮保公起南樞參贊，道瀫江，亦與公議下荊帥。公於軍旅，實有廷聞。其後，或以功推轂，題準考選，竟格不行，蓋求才之路梗矣。甲申(1644)大故，敷天痛心東南事，復有不忍聞見者，覆舟之下，無伯夷，矧其且即此而為躋跰。是時，乃補公水部，以調銓曹，無救於亡國。既間關入閩，更立東朝，歷銓司如舊，累至今官。而宮保自陟，崇階母夫人，實用公推，恩晉一品，雖金紫銀青，與儵忽之帝俱往，要不可謂之非正，且是公造次顛沛之於仁也。迨戊子(1648)歸里，而己丑(1649)即有宮保公之喪，公自銘之。辛丑(1661)，有太夫人之喪，公再營高廠，然後知公之純孝。初，鄉里期會，有抑公官者，止稱水部。余嘗為之固爭，以得正名。既而請蠲浮額，發之自公，余從而後，事雖不成，要不可謂庚桑之無恩於畏壘。臘月三十日且至，公固怡然。而先是總河朱公死，無嗣，公遣人弔之，囑金公為區畫喪葬，甚悉。易簀之前日，忽而曰：朱公艤舟候我；又曰：遣者二，某未歸，某已返，果然，遂索書，不及覽而瞑。嗚呼！一何其篤於友誼，且心通之，若斯哉！綜公之才德無慮，不愧為宮保公內紹，而名位小遜，時則使然。顧當其盛，而不藉於膴榮；歷其衰，而能相為終始。高門達宦中，無與公等倫者矣！公所著有《四書繹》《詩約箋》《名臣錄繹》《相臣繹》《忠孝經繹》《地緯》《南榮》《熊山》《尋雲》等集，亦正與《綠雪樓》及《文直行書》媲美。公配喻封恭人，養微公女也；副室五所，產男五人。喻出孟啓，戶部主事，喪公而哀毀，後公四月卒。王出孟台，由祖廕任都察院都事，即字六星，而狀公者。任出孟咸，太學生，蚤卒。羅出孟超，邑庠生。萬出孟尚。女九人，文學萬象維、明經饒植、太學饒宇榳，其三壻也，餘女幼。孫男五人，重喬，郡庠生。重泉，俱啓出。重昱，咸出。重杲、重晏，俱台出。曾孫一人，既方，泉出。公歿康熙丙午十二月廿九日寅時(1667)，距生萬曆甲辰(1604)七月十二日申時，享年六十有三歲。以丁未

(1667)八月，葬於洪源烏嵐之麓，蓋公所自卜宅。而五十年之友，且廿餘年共為遺民者，銘之。銘曰："南榮畸人，北山故土，學則問源，官惟閱譜。蓋文章出乎平奇，品行衷乎通介，而利祿隨其薄臕。亦有鼎鐘，言莫予侮，豈無衣冠，載之帝所。地可愁埋，天非石補，云何能傳，長於上古。"

### 三、清康熙《進賢縣志·熊人霖傳》[①]

熊人霖，字伯甘，宮保大司馬明遇之子。聰敏絕異，九歲能解唐詩大意，十一即尋究《性理》《皇極經世》諸書。十五，童子試，為文宗黃公汝亨所首拔，自是輒冠軍。己巳(1629)，宮保任南司寇，病甚，代為請告章疏暨閣部省寺諸奏記。未幾，良已，見其草大驚，曰："而少年能如吾意所欲，若此耶！"癸酉(1633)，舉於鄉；越丁丑(1637)，成進士，就選義烏知縣。平生留心吏治戎政、古今沿革典制，尤兢兢宮保手訓，揭諸堂柱，出入顧之。始為烏傷，創建城堞，復表章駱臨海、宗忠簡、王忠文諸集，立祠祀焉。葺學課士，日為講說經義。己卯(1639)，登賢書者三人，咸以作人稱之。他如平糴賑粥，代完丁粮，免(派)[派]燈夫，善政甚具。兩臺高其能，屬視浦江篆。浦故多逋，開誠勸諭，士民鼓舞，五日輸其半，旬月足額，當時比之(兒)[倪]寬。中貴人以督造抵杭，獨與抗禮，投一空刺，奄黨亦為心折云。烈皇帝嘗著令，以修練儲偹四事課長吏，霖治行第一，擢水部。會菁賊鷗張溫、處間，江、閩震動，撫按奉三省會剿之旨。師既集，而慮統紀不一，以越人服霖威信，遂特疏題留以部司監軍，調度軍事。因誓師於遂昌，多設間購，開示生路，賊皇怖乞降，一時諭遣。功成，甫四十日。題准考選，部覆擬

---

銓，而忌者中以計典，後復補銓部，歷任大常少卿。己丑（1649）、戊戌（1658），丁內外艱，哀毀過禮，撫軍夏公、蔡公重其行誼，咸式廬致敬焉，每為商畫利弊，條議精當。而郡糧浮額，流害尤烈，首以為請。適奉新詔求言計臣，疏上，竟得俞旨，未果行。丙午（1666），感疾卒。霖天資醇厚，賓禮賢士，汲引殷殷，博學深思，造次紙筆不去手。詩文溫厚爾雅，一本宮保家法。所著《四書繹》《詩約箋》《名臣錄繹》《相臣繹》《忠孝經繹》《地緯》《南榮》《熊山》《尋雲》諸集行世。別修邑乘，藏於家。

### 四、清道光《進賢縣志·熊人霖傳》①

熊人霖，字伯甘，明遇子。聰敏絶異，九歲解唐詩大意，十一即尋究《性理》《皇極經世》諸書。十五，赴童子試，為學政黃汝亨所首拔，自是試輒冠軍。崇正丁丑（1637），成進士，任義烏知縣。平生留心吏治戎政、古今沿革典制，尤兢兢宮保手訓，揭諸堂楹，出入顧之。創建城堞，復表章駱臨海、宗忠簡、王宗文諸集，立祠祀焉。葺學課士，日為講說經義。平糴賑粥，代完丁糧，免派燈夫，善政甚具。兩臺高其能，屬視浦江篆。浦故多逋，開誠勸諭，士民鼓舞，五日輸其半，旬月足額，當時比之倪寬。中貴人督造杭州，勢張甚，人霖獨與抗禮，投一空刺，奄黨為之心折。詔以修練儲備四事課長吏，人霖治行第一，擢工部郎。會菁賊起溫、處間，江、閩震動，撫院奉旨會剿，以人霖威信素著，奏令以部司監軍，調度軍事。人霖多設間牒，開示生路，賊惶怖乞降。功成，甫四十日。補吏部，歷任太常少卿。丁內外艱，哀毀過禮，尋感疾卒。人霖天資醇厚，賓禮賢士，汲引殷殷，博學深思，造次紙筆不去手。

---

① 朱湄、賀熙齡等：《進賢縣志》卷十八《人物·良臣》，頁1125-1126。

著有《四書繹》《詩約箋》《名臣録繹》《相臣繹》《忠孝經繹》、進賢邑乘,藏於家。

### 五、清光緒《進賢縣志·熊人霖傳》[①]

熊人霖,字伯甘,明遇子。聰敏絶異,九歲解唐詩大意,十一即尋究《性理》《皇極經世》諸書。十五,赴童子試,為學政黄汝亨所首拔,自是試輒冠軍。崇禎丁丑(1637),成進士,任義烏知縣。平生留心吏治戎政、古今沿革典制,尤兢兢宮保手訓,揭諸堂楣,出入顧之。創建城堞,復表章駱臨海、宗忠簡、王宗文諸集,立祠祀焉。葺學課士,日為講説經義。平糶賑粥,代完丁糧,免派燈夫,善政甚具。两臺高其能,屬視浦江篆。浦故多逋,開誠勸諭,士民鼓舞,五日輸其半,旬月足額,當時比之倪寬。中貴人督造杭州,勢張甚,人霖獨與抗禮,投一空刺,奄黨為之心折。詔以修練儲備四事課長吏,人霖治行第一,擢工部郎。會菁賊起温、處間,江、閩震動,撫院奉旨會剿,以人霖威信素著,奏令以部司監軍,調度軍事。人霖多設間牒,開示生路,賊惶怖乞降。功成,甫四十日。補吏部,歷任太常少卿。丁内外艱,哀毀過禮,尋感疾卒。人霖天資醇厚,賓禮賢士,汲引殷殷,博學深思,造次紙筆不去手。著有《四書繹》《詩約箋》《名臣録繹》《相臣繹》《忠孝經繹》、進賢邑乘,藏於家。

### 六、清康熙《義烏縣志·熊人霖傳》[②]

熊人霖,字伯甘,別字鶴臺,江西進賢人,兵部尚書熊明遇子。

---

① 江壁、胡景辰等:《進賢縣志》卷十八《人物·良臣》,頁1241 - 1242。
② 王廷曾纂修:《義烏縣志》卷十《官師志·宦蹟》,頁42 - 45。

崇禎丁丑(1637)進士，十一年(1638)涖任。烏故無城，下車，即奉築城檄。邑人相告，有大役，其室於野者，慮加賦，且殫；室於城者，慮析其廬，聲洶洶。公曰："毋動。"迺為七樓，而垣其闕，城成矣，民弗知役。有《七門城記》暨詩。保伍法行，多烏集鳥散。公曰："是一旦有變，奈何？"迺立賦井法，以軍令月再肄之。始作金城、講武兩營，而除戎器，正伍兩寓焉。有《兩營志》《簡賦程序》。自丙午(1606)來，邑多祲，賢書相望如晨星。僉曰："咎在南橋。"公曰："害於令，即咎什，(母)[毋]徙也；害於邑，即利什，徙也。"竟徙之，風氣遂完。有《西江橋記》暨詩。邑士樸，多閉戶而呻呫嗶。公曰："獨學而無友，即何以昌其志。"有《學門記序》《鍬課序》。胥史多弗恪，往往坐累繫奚官。公曰："吾今必躬，若輩毋得預，則事省，亦以全若。"有《吏箴》。邑土田隘苦瘠，民易去其鄉，又多氣決，一語不售，立鋩胸矣。公曰："是當教之，教之自親遜始，親之無轉徙，遜之無相怨，一方矣。"迺單騎循行，申六諭，繼以雅歌，一唱三歎，聞者皆感慨悱惻，動容易志。有《親民繹序》。邑道縮轂四通，行者無所得息。公曰："是宜亭。"有《十二亭記》暨詩。秦漢來，邑多賢有文者。公曰："是皆文武之道，忠孝之言也。"有《駱丞祠坊》暨集若序、《宗忠簡坊》暨集若序、《華川徵》《重修邑志序》。公之治，爰書盈庭，咄嗟散去，見者以為神。然天性克勤，戴星視事，夜分而息，不敢買臥治名。有《旦颺》《星言》諸草。其治兩稅，若諸司餉，率先期為條教，未嘗追呼，民樂之，往往先期輸。其輸畿省者，課常為一郡。先歲大饑，他邑晝而掠，境內業業，惟烏人晏然，罔敢不共。公又出俸餘為倡賑，積於社，糜於里。或十里一廠，二十里一廠。凡生於烏、出於烏之塗者，無一人莩。他治行甚眾，見之薦剡者無虛月。顧公默然無一言曰："曩者，吾不得已，有所論著，皆邑利害也。若奉宣詔書，以救一時，職耳，何言？"邑人曰:"是長者之言也。"壬午(1642),遷工部主事,祀名宦。本婺書。

## 七、清嘉慶《義烏縣志·熊人霖傳》[1]

熊人霖,字伯甘,別字鶴臺,江西進賢人,兵部尚書熊明遇子。崇禎丁丑(1637)進士,十一年(1638)涖任。烏故無城,下車,即奉築城檄。邑人相告,有大役,其室於野者,慮加賦,且殫;室於城者,慮析其廬,聲洶洶。公曰:"毋動。"迺為七樓,而垣其闕,城(城)[成]矣,民弗知役。有《七門城記》暨詩。保伍法行,多烏集烏散。公曰:"是一旦有變,奈何?"迺立賦井法,以軍令月再肄之。始作金城、講武兩營,而除戎器,正伍兩寓焉。有《兩營志》《簡賦程序》。自丙午(1606)來,邑多祲,賢書相望如晨星。僉曰:"咎在南橋。"公曰:"害於令,即咎什,毋徙也;害於邑,即利什,徙也。"竟徙之,風氣遂完。有《西江橋記》暨詩。邑士樸,多閉户而呻咕嘩。公曰:"獨學而無友,即何以昌其志。"有《學門記序》《鍬課序》。胥史多弗恪,往往坐累繫奚官。公曰:"吾今必躬,若輩毋得預,則事省,亦以全若。"有《吏箴》。邑土田隘苦瘠,民易去其鄉,又多氣決,一語不售,立鍖胸矣。公曰:"是當教之,教之自親遜始,親之無轉徙,遜之無相怨,一方矣。"迺單騎循行,申六諭,繼以雅歌,一唱三歎,聞者皆感慨悱惻,動容易志。有《親民繹序》。邑道縮縠四通,行者無所得息。公曰:"是宜亭。"有《十二亭記》暨詩。秦漢來,邑多賢有文者。公曰:"是皆文武之道,忠孝之言也。"有《駱丞祠坊》暨集若序、《宗忠簡坊》暨集若序、《華川徵》《重修邑志序》。公之治,爰書盈庭,咄嗟散去,見者以為神。然天性克勤,戴星視事,夜分而息,不敢賈卧治名。有《旦颺》《星言》諸草。其治兩稅,若諸司餉,率先期為條

---

[1] 諸自毅、程瑜等:《義烏縣志》卷九《宦蹟》,頁225-226。

教,未嘗追呼,民樂之,往往先期輸。其輸幾省者,課常為一郡先。歲大饑,他邑晝而掠,境內業業,惟烏人晏然,罔敢不共。公又出俸餘為倡賑,積於社,糜於里,民無莩者。他治行甚衆,見之薦剡者無虛月。顧公默然無一言曰:"曩者,吾不得已,有所論著,皆邑利害也。若奉宣詔書,以救一時,職耳,何言?"邑人曰:"是長者之言也。"壬午(1642),遷工部主事,祀名宦。本《婺書》。

## 八、王重民《美國國會圖書館藏中國善本書録·地緯》[①]

《地緯》一卷　二冊　與《格致草》合裝一函　清順治間刻《函宇通》本　八行十八字

原題:"進賢熊人霖伯甘著"。按《進賢縣志》:"人霖字伯甘,明遇子。崇禎十年進士,官至太常寺少卿。"是書《禁書總目》《違碍書目》並著録。據《自序》,初刻於崇禎十一年,此是翻本,如紅夷砲改作紅彝砲。頁八十一。則疑為康熙間刷印時所改者矣。《凡例》後題:"天啓甲子歲著於竹里",李之藻校刻《職方外紀》之次年也。全書凡八十四篇,十之八鈔撮《外紀》,十之二採自《四夷館考》《東西洋考》等書。人霖不諳譯音,所删所補,未能盡確,其學識蓋在乃父下。如既據《外紀》撰《則意蘭志》,又於《荒服諸小國》載錫蘭山,不知則意蘭即錫蘭;《荒服諸小國》既載忽魯漠斯,又載忽魯母思。既依《外紀》在歐洲撰《拂郎察志》稱:"世所傳弗郎機,名從主人"云云,又依明季人著述,在亞洲撰《佛郎機志》。若斯之類,皆由未能豁然貫通。然因其所托者厚,較明季人此類著述,猶能較勝一等也。

---

① Wang Chung-min(王重民), comp. & T. L. Yuan(袁同禮), ed., *A Descriptive Catalog of Rare Chinese Books in the Library of Congress*(美國國會圖書館藏中國善本書録), pp. 565-566. 另見王重民:《中國善本書提要》,頁213。

# 徵引文獻

## 一、傳統文獻

(漢)司馬遷:《史記》,北京:中華書局 1959 年點校本。

(漢)班固等:《漢書》,北京:中華書局 1962 年點校本。

(漢)揚雄著,汪榮寶疏,陳仲夫點校:《法言義疏》,北京:中華書局 1987 年。

(漢)董仲舒:《春秋繁露》,臺北:臺灣"中華書局"1975 年據抱經堂本影印。

(晉)葛洪著,王明校釋:《抱朴子内篇校釋(增訂本)》,北京:中華書局 1986 年。

(南朝宋)范曄:《後漢書》,北京:中華書局 1962 年點校本。

(南朝梁)沈約:《宋書》,北京:中華書局 1997 年點校本。

(隋)蕭吉:《五行大義》,臺北:藝文印書館 1966 年據《知不足齋叢書》本影印。

(唐)玄奘、辯機原著,季羨林等校注:《大唐西域記校注》,北京:中華書局 1985 年。

(唐)杜佑著,王文錦等點校:《通典》,北京:中華書局 1988 年。

(唐)李延壽等:《北史》,北京:中華書局 1974 年點校本。

(唐)李延壽等:《南史》,北京:中華書局 1975 年點校本。

(唐)姚思廉等:《梁書》,北京:中華書局 1973 年點校本。

(唐)段成式著,方南生點校:《酉陽雜俎》,北京:中華書局 1981 年。

(唐)義淨著,王邦維校注:《大唐西域求法高僧傳校注》,北京:中華書局 1988 年。

(唐)魏徵等:《隋書》,北京:中華書局 1973 年點校本。

(唐)釋道世著,周叔迦、蘇晉仁校注:《法苑珠林校注》,北京:中華書局 2003 年。

(宋)王觀國撰,田瑞娟點校:《學林》,北京:中華書局 1988 年。

(宋)李昉等編:《太平廣記》,北京:中華書局 1961 年點校本。

(宋)黎靖德編,王星賢點校:《朱子語類》,北京:中華書局 1986 年。

(宋)樓鑰:《攻媿集》,北京:中華書局 1975 年。

(元)汪大淵著,蘇繼廎校釋:《島夷誌略校釋》,北京:中華書局 1981 年。

(元)周致中著,陸峻嶺校注:《異域志》,北京:中華書局 1981 年。

(元)周達觀著,夏鼐校注:《真臘風土記校注》,北京:中華書局 1981 年。

(元)耶律楚材著,向達校注:《西遊録》,北京:中華書局 2000 年。

(元)陳大震等纂,邱炫煜輯:《〈大德南海志〉大典輯本》,臺北:蘭臺出版社 1994 年。

(元)陶宗儀:《南村輟耕録》,北京:中華書局 1959 年。

(元)趙汝适著,楊博文校釋:《諸蕃志校釋》,北京:中華書局 1996 年。

(明)艾儒略原著,楊廷筠彙記,謝方校釋:《職方外紀校釋》,北京:中華書局 1996 年。

(明)方以智:《物理小識》,臺北:臺灣商務印書館 1968 年重印標點本。

(明)方以智:《浮山文集前編》,收於《續修四庫全書》第 1398 册,上海:上海古籍出版社 1995 年。

(明)王宗載:《四夷館考》,臺北:廣文書局 1972 年重印 1924 年東方學會印本。

(明)王紹徽:《東林點將録》,收於周駿富輯《明代傳記叢刊》第 6 册,臺北:明文書局 1991 年。

(明)申時行等修:《明會典》,北京:中華書局 1989 年。

(明)李之藻編:《天學初函》,臺北:臺灣學生書局 1965 年據金陵大學寄存梵蒂岡藏明崇禎元年(1628)刊本影印。

(明)何喬遠:《名山藏》,臺北:成文出版社 1971 年據明崇禎十三年(1640)刊本影印。

(明)余繼登著,顧思點校:《典故紀聞》,北京:中華書局 1981 年。

(明)吳之器:《婺書》,臺北:"中央圖書館"藏明崇禎十四年(1641)刊本。

(明)吳之器:《婺書》,收於國家圖書館古籍館編:《中國古代地方人物傳記匯編》第 68 册,北京:燕山出版社 2008 年。

(明)宋濂等:《元史》,北京:中華書局 1976 年點校本。

(明)李賢等:《大明一統志》,臺北:臺聯國風出版社 1977 年據"中央圖書館"珍藏善本影印。

(明)金幼孜:《北征録》,收於《豫章叢書·史部一》,南昌:江西教育出版社 2000 年。

(明)茅瑞徵:《皇明象胥録》,收於徐麗華主編:《中國少數民族古籍集成》第 1 册,成都:四川民族出版社 2002 年。

(明)胡廣等:《性理大全》,京都:中文出版社 1981 年據舊刊本影印。

(明)陳子龍等選輯:《明經世文編》,北京:中華書局 1962 年據明崇禎年間雲間平露堂刊本影印。

(明)馬歡著,馮承鈞校注:《瀛涯勝覽校注》,上海:商務印書館 1935 年。

(明)馬歡著,萬明校注:《明鈔本〈瀛涯勝覽〉校注》,北京:海洋出版社 2005 年。

(明)張燮著,謝方點校:《東西洋考》,北京:中華書局 2000 年。

(明)章潢:《圖書編》,收於《影印文淵閣四庫全書》第 969 册,臺北:臺灣商務印書館 1986 年。

(明)陳子龍:《陳子龍文集》,上海:華東師範大學出版社 1988 年。

(明)陳侃等:《使琉球録三種》,臺北:臺灣銀行 1970 年。

(明)陳第:《東番記》,收於(明)沈有容編,方豪校訂:《閩海贈言》,臺北:臺灣銀行 1959 年。

(明)陳誠著,周連寬校注:《西域行程記》,北京:中華書局 1991 年。

(明)陳誠著,周連寬校注:《西域番國志》,北京:中華書局 1991 年。

(明)費信著,馮承鈞校注:《星槎勝覽校注》,臺北:臺灣商務印書館 1970 年。

(明)黄省曾著,謝方校注:《西洋朝貢典録校注》,北京:中華書局 2000 年。

(明)慎懋賞:《四夷廣記》,臺北:廣文書局 1969 年據舊鈔本影印。

(明)葉向高:《四夷考》,北京:中華書局 1991 年據叢書集成初編本影印。

(明)熊人霖:《星言草》,臺北:"國家圖書館"藏明崇禎十二年(1639)豫章熊氏義烏刊本。

(明)熊人霖:《南榮集》,明崇禎十六年(1643)進賢熊氏兩錢山房序刊本,臺北"中央研究院"歷史語言研究所傅斯年圖書館藏景本。

(明)熊人霖:《鶴臺先生熊山文選》,臺北:"國家圖書館"藏清順治十六年(1659)刊本。

(明)熊人霖著,王賢淼點校:《尋雲草》,收於《豫章叢書·集部九》,南昌:江西教育出版社 2007 年。

(明)熊明遇著,熊人霖編:《文直行書》,臺北:"國家圖書館"藏清順治十七年(1660)刊本。

(明)熊明遇:《格致草》,華盛頓:美國國會圖書館藏清順治五年(1648)熊志學輯《函宇通》本,與熊人霖《地緯》合刻。

(明)談遷撰,張宗祥標點:《國榷》,北京:古籍出版社 1958 年。

(明)談遷撰,汪北平點校:《北遊録》,北京:中華書局 1960 年。

(明)鄭若曾:《鄭開陽雜著》,臺北:成文出版社 1971 年據清康熙三十一年(1692)版本影印。

(明)鄭若曾撰,李致忠點校:《籌海圖編》,北京:中華書局 2007 年。

(明)鄭曉:《皇明四夷考》,臺北:華文書局 1968 年據 1933 年重印《吾學編》萬曆刊本影印。

(明)羅曰褧撰,余思黎點校:《咸賓録》,北京:中華書局 2000 年。

(明)嚴從簡撰,余思黎點校:《殊域周咨録》,北京:中華書局 1993 年。

(明)顧起元撰,陳稼禾點校:《客座贅語》,北京:中華書局 1987 年。

(清)方中履:《古今釋疑》,臺北:臺灣學生書局 1971 年據清康熙二十一年(1682)
桐城方氏汗青閣刊本影印。

(清)王之春:《國朝柔遠記》,臺北:臺灣學生書局 1975 年據清光緒二十二年
(1896)重刊本影印。

(清)王廷曾纂修:《義烏縣志》,北京:國家圖書館出版社 2010 年據清康熙三十一
年(1692)刊本影印。

(清)王聘珍撰,王文錦點校:《大戴禮記解詁》,北京:中華書局 1983 年。

(清)皮錫瑞:《尚書大傳疏證》,光緒丙申(1896)師伏堂刊本。

(清)江峰青、顧福仁等:《嘉善縣志》,臺北:成文出版社 1970 年據清光緒十八年
(1892)刊本影印。

(清)江璧、胡景辰等:《進賢縣志》,臺北:成文出版社 1989 年據清同治十年
(1871)原刻、光緒二十四年(1898)補刊本影印。

(清)谷應泰:《明史紀事本末》,臺北:三民書局 1969 年標點本。

(清)朱湄、賀熙齡等:《進賢縣志》,臺北:成文出版社 1989 年據清道光三年
(1823)刊本影印。

(清)李桂、李拔等:《福寧府志》,臺北:成文出版社 1967 年據清乾隆二十七年
(1762)修、光緒六年(1880)重刊本影印。

(清)李調元:《南越筆記》,臺北:宏業書局 1972 年。

(清)邢澍、錢大昕等:《長興縣志》,臺北:成文出版社 1983 年據清嘉慶十年
(1805)刊本影印。

(清)吳山嘉:《復社姓氏傳略》,收於周駿富輯《明代傳記叢刊》第 7 冊,臺北:明文
書局 1991 年。

(清)姚覲元編:《清代禁燬書目(補遺)》,上海:商務印書館 1957 年。

(清)紀昀等:《四庫全書總目》,臺北:藝文印書館 1964 年據武英殿本影印。

(清)軍機處編:《禁書總目》,臺北:藝文印書館 1966 年據《咫進齋叢書》本影印。

(清)查繼佐:《罪惟錄》,杭州:浙江古籍出版社 1986 年點校本。

(清)徐鼒:《小腆紀傳》,收於周駿富輯《清代傳記叢刊》第 69 冊,臺北:明文書局
1985 年。

(清)孫詒讓撰,王文錦、陳玉霞點校:《周禮正義》,北京:中華書局 1987 年。

(清)陸世儀:《復社紀略》,臺北:臺灣銀行 1968 年。

(清)乾隆十二年敕撰:《皇朝文獻通考》,收於《景印文淵閣四庫全書》第 632 至
638 冊,臺北:臺灣商務印書館 1986 年。

(清)張廷玉等:《明史》,北京:中華書局 1974 年點校本。

(清)曹襲先:《句容縣志》,臺北:成文出版社 1974 年據清乾隆十五年(1750)修、
光緒二十六年(1900)重刊本影印。

(清)陳元龍:《格致鏡原》,臺北:新興書局 1971 年據清雍正十三年(1735)刻本影印。

(清)陳琮:《烟草譜》,收於《續修四庫全書》第 1117 冊,上海:上海古籍出版社 2002 年據浙江圖書館藏清嘉慶刻本影印。

(清)陳鼎:《東林列傳》,收於周駿富輯《明代傳記叢刊》第 5 冊,臺北:明文書局 1991 年。

(清)郭慶藩編,王孝魚點校:《莊子集釋》,北京:中華書局 1961 年。

(清)程岱葊:《野語》,收於《續修四庫全書》第 1180 冊,上海:上海古籍出版社 2002 年據天津圖書館藏清道光十二年(1832)刻二十五年(1845)廛隱廬增修本影印。

(清)榮柱:《違礙書目》,臺北:藝文印書館 1966 年據《咫進齋叢書》本影印。

(清)潘介祉:《明詩人小傳稿》,臺北:"中央圖書館"1986 年點校本。

(清)黎元寬:《進賢堂稿》,收於《四庫禁燬書叢刊》集部第 145—146 冊,北京:北京出版社 2000 年據復旦大學圖書館藏清康熙刻本影印。

(清)諸自穀、程瑜等:《義烏縣志》,臺北:成文出版社 1970 年據清嘉慶七年(1802)刊本影印。

(清)錢曾:《讀書敏求記》,臺北:藝文印書館 1966 年據《海山仙館叢書》本影印。

(清)謝清高口述、楊炳南筆錄:《海錄》,臺北:臺灣學生書局 1984 年據清道光年間刊本影印。

(清)鍾文烝撰,駢宇騫、郝淑慧點校:《春秋穀梁經傳補注》,北京:中華書局 1996 年。

(清)聶當世、謝興成等:《進賢縣志》,臺北:成文出版社 1989 年據清康熙十二年(1673)刊本影印。

王以鑄譯:《希羅多德歷史:希臘波斯戰爭史》,北京:商務印書館 1997 年。

王叔岷:《劉子集證》,臺北:臺聯國風出版社 1975 年。

王夢鷗注譯:《禮記今注今譯》,臺北:臺灣商務印書館 1984 年修訂二版。

趙模、王寶仁等:《建陽縣志》,臺北:成文出版社 1975 年據 1929 年鉛印本影印。

朱保炯、謝沛霖編:《明清歷科進士題名錄》,收於《近代中國史料叢刊續編》第 79 輯,臺北:文海出版社 1981 年。

利瑪竇、金尼閣撰,何高濟、王遵仲、李申譯:《利瑪竇中國札記》,北京:中華書局 1983 年。

利瑪竇:《坤輿萬國全圖》,京都:臨川書店 1996 年據宮城縣圖書館藏明萬曆三十年刊本影印。

何培夫主編:《臺灣地區現存碑碣圖誌  澎湖縣篇》,臺北:"中央圖書館"臺灣分館 1993 年。

何寧:《淮南子集釋》,北京:中華書局 1998 年。

馬可波羅(Marco Polo)撰,沙海昂(A. J. H. Charignon)注,馮承鈞譯:《馬可波羅行紀》(*Le Liroe de Marco Polo*),上海:商務印書館 1937 年。

屈萬里注譯:《尚書今注今譯》,臺北:臺灣商務印書館 1969 年。

南懷仁:《坤輿圖説》,臺北:藝文印書館 1967 年據清道光錢熙祚校刊《指海》本影印。

南懷瑾、徐芹庭注譯:《周易今注今譯》,臺北:臺灣商務印書館 1988 年修訂四版。

徐元誥撰,王樹民、沈長雲點校:《國語集解》,北京:中華書局 2002 年。

袁珂校注:《山海經校注》,成都:巴蜀書社 1993 年增補修訂本。

張星烺編:《中西交通史料匯編》,北平:輔仁大學圖書館 1930 年。

傅亞庶:《劉子校釋》,北京:中華書局 1998 年。

傅汎際譯義,李之藻達辭:《寰有詮》,收於《四庫全書存目叢書》子部第 94 册,濟南:齊魯書社 1996 年據華東師範大學圖書館藏明崇禎元年(1628)靈竺玄棲刻本影印。

曾運乾撰,谷湜整理:《尚書正讀》,北京:中華書局 1964 年。

費振剛、仇仲謙、劉南平校注:《全漢賦校注》,廣州:廣東教育出版社 2005 年。

鄂多立克(Odorico da Pordenone)撰,玉爾(Henry Yule)英譯編注,何高濟中譯:《鄂多立克東游録》,北京:中華書局 1981 年。

黃元焕譯:《馬來紀年》,吉隆坡:學林書局 2004 年。

楊伯峻:《春秋左傳注(修訂本)》,北京:中華書局 1990 年。

楊明照校注,陳應鸞增訂:《增訂劉子校注》,成都:巴蜀書社 2008 年。

劉俊餘、王玉川譯:《利瑪寶中國傳教史》,臺北:光啓出版社、輔仁大學出版社 1986 年。

## 二、近人論著

丁福保編:《佛學大辭典》,臺北:新文豐出版公司 1978 年。

方豪:《方豪六十自定稿》,臺北:臺灣學生書局 1969 年。

方豪:《十六、七世紀中國人對澳大利亞地區的認識》,《“國立”政治大學學報》第 23 期,1971 年 6 月,頁 23 - 40。

方豪:《中西交通史》,臺北:中國文化大學出版部 1983 年新一版。

孔恩(Thomas Kuhn)撰,程樹德、傅大為等譯:《科學革命的結構》,臺北:遠流出版公司 1989 年。

王刃餘:《犀牛和地圖的故事——關於《利瑪寶地圖學遺產》展覽》,《中外文化交流》第 1 期,2002 年 1 月,頁 44 - 45。

王重民:《中國善本書提要》,上海:上海古籍出版社 1983 年。

王家儉：《十九世紀西方史地知識的介紹及其影響,1807—1861》,《大陸雜誌》38
　　卷 6 期,1969 年 3 月,頁 188－198。

王國維：《鬼方昆夷玁狁考》,收於氏著《觀堂集林》卷 13,北京：中華書局 1959
　　年,頁 583－606。

王夢鷗：《鄒衍遺説考》,臺北：臺灣商務印書館 1966 年。

王爾敏：《明清時代庶民文化生活》,臺北："中央研究院"近代史研究所 1996 年。

王頲：《"角端"與成吉思汗西征班師》,《史林》2004 年第 6 期,頁 108－114。此文
　　又題為《語借唐占——"角端"與成吉思汗西征班師》,收於氏著《西域南海
　　史地研究》,上海：上海古籍出版社 2005 年,頁 203－220。

向達：《瀛涯瑣志——記巴黎本王宗載〈四夷館考〉》,《圖書季刊》新 2 卷 2 期,
　　1940 年 6 月,頁 181－186。另題為《記巴黎本王宗載四夷館考——瀛涯瑣
　　志之二》,收於氏著《唐代長安與西域文明》,北京：三聯書店 1957 年,頁
　　653－660。

朱士嘉：《明代四裔書目》,《禹貢》5 卷 3、4 合期,1936 年 4 月,頁 137－158。

朱文民：《〈劉子〉作者問題研究述論》,《學燈》6 卷 1 期,2012 年 1 月,網址
　　http://www.jianbo.org/showarticle.asp?articleid＝1937。

任復興主編：《徐繼畬與東西文化交流》,北京：中國社會科學出版社 1993 年。

李旭旦譯：《地理學思想史》,北京：商務印書館 1989 年二版。

李叔還編：《道教大辭典》,臺北：巨流圖書公司 1979 年。

克拉頓柏克(Juliet Clutton-Brock)編輯顧問,黃小萍譯：《哺乳動物圖鑑》,臺北：
　　貓頭鷹出版社 2003 年。

周婉窈：《陳第〈東番記〉——十七世紀初臺灣西南地區的實地調查報告》,《故宮
　　文物月刊》第 241 期,2003 年 4 月,頁 22－45。修訂版收於氏著《海洋與殖
　　民地臺灣論集》,臺北：聯經出版公司 2012 年,頁 107－150。

季羨林：《中國紙和造紙法輸入印度的時間和地點問題》,收於氏著《中印文化關
　　係史論文集》,北京：三聯書店 1982 年,頁 11－39。

林東陽：《利瑪竇的世界地圖及其對明末士人社會的影響》,收於《紀念利瑪竇來
　　華四百周年中西文化交流國際學術會議論文集》,臺北：輔仁大學出版社
　　1983 年,頁 311－378。

林美岑：《試探女兒國故事的兩個系統》,收於《臺北市高職國文科教學輔導團電
　　子報》第 34 期,2011 年 11 月 20 日,網址 http://203.71.210.5/tpchinese/
　　epaper/10011/index.htm。

林碩：《南洋華僑火者亞三的三重謎》,《東南亞南亞研究》2012 年第 1 期,頁 78－
　　81＋94。林碩：《南洋華僑火者亞三新考》,《華僑華人歷史研究》2012 年第 2
　　期,頁 67－74。

金國平:《〈職方外紀〉補考》,收於氏著《西力東漸——中葡早期接觸追昔》,澳門:澳門基金會 2000 年,頁 114 - 119。

金國平:《Capitão-mor 釋義與加必丹末釋疑》,收於氏著《中葡關係史地考證》,澳門:澳門基金會 2000 年,頁 344 - 348。

金國平、吳志良:《"火者亞三"生平考略:傳說與事實》,收於《明史研究論叢(第十輯)》,北京:紫禁城出版社 2012 年,頁 226 - 244。

金國平、吳志良:《"火者亞三"漢名及籍貫考》,《澳門日報》2012 年 1 月 30 日。

邱炫煜:《明代張燮及其〈東西洋考〉》,《"國立"編譯館館刊》22 卷 2 期,1993 年 12 月,頁 67 - 112。

邱炫煜:《明帝國與南海諸蕃國關係的演變》,臺北:蘭臺出版社 1995 年。

洪健榮:《明末西方地理新知與中國天下觀念的矛盾》,《"國立"編譯館館刊》29 卷 1 期,2000 年 6 月,頁 213 - 256。

洪健榮:《評介郭雙林著〈西潮激盪下的晚清地理學〉——兼述民國以來的相關研究成果》,《史耘》第 6 期,2000 年 9 月,頁 191 - 202。

洪健榮:《輾轉於實學與西學之間的選擇——以明末西方地理知識東漸史的經驗為例》,《"國立"編譯館館刊》30 卷 1、2 合期,2001 年 12 月,頁 227 - 276。

洪健榮:《明末艾儒略〈職方外紀〉中的宣教論述》,《輔仁歷史學報》第 24 期,2009 年 12 月,頁 159 - 192。

洪健榮:《西學與儒學的交融:晚明士紳熊人霖〈地緯〉中的世界地理書寫》,臺北:花木蘭文化出版社 2010 年。

洪煨蓮(洪業):《考利瑪竇的世界地圖》,《禹貢》5 卷 3、4 合期,1936 年 4 月,頁 1 - 50。

胡萍、方阿離、方任飛:《泉州"聖墓"成因探析》,《黃山學院學報》12 卷 6 期,2010 年 12 月,頁 24 - 27。

孫欲容:《從使錄到方志——明清使琉球之研究》,新竹:清華大學歷史研究所碩士論文,2013 年。

徐光台:《明末清初西方"格致學"的衝擊與反應:以熊明遇〈格致草〉為例》,收於《世變、群體與個人:第一屆"全國"歷史學學術討論會論文集》,臺北:臺灣大學歷史學系 1996 年,頁 235 - 258。

徐光台:《明末西方四元素說的傳入》,《清華學報》新 27 卷 3 期,1997 年 9 月,頁 347 - 380。

徐光台:《明末清初中國士人對四行說的反應——以熊明遇〈格致草〉為例》,《漢學研究》17 卷 2 期,1999 年 12 月,頁 1 - 30。

徐光台:《西學傳入與明末自然知識考據學:以熊明遇論冰雹生成為例》,《清華學報》新 37 卷 1 期,2007 年 6 月,頁 117 - 157。

徐光台:《西方基督神學對東林人士熊明遇的衝激及其反應》,《漢學研究》26 卷 3 期,2008 年 9 月,頁 191－224。

徐宗澤:《明清間耶穌會士譯著提要》,北京:中華書局 1989 年據上海中華書局 1949 年版重印。

祝平一:《跨文化知識傳播的個案研究——明末清初關於地圓説的爭議,1600—1800》,《"中央研究院"歷史語言研究所集刊》69 本 3 分,1998 年 9 月,頁 589－670。

脊椎動物百科全書編審委員會編:《脊椎動物百科全書(第五册):哺乳動物類》,臺北:"國立"編譯館 2004 年。

馬建春:《波斯錦·越諾布·納石失·撒達剌欺》,收於氏著《大食·西域與古代中國》,上海:上海古籍出版社 2008 年,頁 399－413。

馬瓊:《熊人霖〈地緯〉研究》,杭州:浙江大學人文學院博士論文,2008 年。

馬瓊:《〈地緯〉的成書、刊刻和流傳》,《江南大學學報(人文社會科學版)》2009 年第 4 期,頁 72－76。

郭志超:《鄭和聖墓行香與泉州伊斯蘭教的重興》,《南方文物》2005 年第 3 期,頁 35－40。

郭雙林:《西潮激盪下的晚清地理學》,北京:北京大學出版社 2000 年。

張文德:《王宗載及其〈四夷館考〉》,《中國邊疆史地研究》10 卷 3 期,2000 年 9 月,頁 89－100。

張永堂:《明末方氏學派研究初編——明末理學與科學關係試論》,臺北:文鏡出版公司 1987 年。

張永堂:《明末清初理學與科學關係再論》,臺北:臺灣學生書局 1994 年。

張彬村:《美洲白銀與婦女貞節:1603 年馬尼拉大屠殺的前因與後果》,收於朱德蘭主編:《中國海洋發展史論文集(第八輯)》,臺北:"中央研究院"中山人文社會科學研究所 2002 年,頁 295－326。

張維華:《明史佛郎機呂宋和蘭意大里亞四傳注釋》,北平:哈佛燕京學社 1934 年。

陳元朋:《傳統博物知識裏的"真實"與"想像":以犀角與犀牛為主體的個案研究》,《"國立"政治大學歷史學報》第 33 期,2010 年 5 月,頁 1－82。

陳佳榮:《〈大德南海志〉中的東南亞地名考釋》,收於氏著《南溟集》,香港:麒麟書業 2003 年,頁 303－320。

陳佳榮、謝方、陸峻嶺編:《古代南海地名匯釋》,北京:中華書局 1986 年。

陳垣:《回回教入中國考略》,收於氏著《陳垣學術論文集(第一集)》,北京:中華書局 1980 年,頁 542－561。

陳學霖:《"大金"國號之起源及其釋義》,收於氏著《金宋史論叢》,香港:中文大學出版社 2003 年,頁 1 - 32。

陳衛平:《從"會通以求超勝"到"西學東源"說——論明末至清中葉的科學家對中西科學關係的認識》,《自然辯證法通訊》1989 年第 2 期,頁 47 - 54。

陳衛平:《第一頁與胚胎——明清之際的中西文化比較》,上海:上海人民出版社 1992 年。

陳觀勝:《利瑪竇對中國地理學之貢獻及其影響》,《禹貢》5 卷 3、4 合期,1936 年 4 月,頁 58 - 61。

陳觀勝:《方輿勝略中各國度分表之校訂》,《禹貢》5 卷 3、4 合期,1936 年 4 月,頁 165 - 194。

曹婉如、薄樹人等:《中國現存利瑪竇世界地圖的研究》,《文物》1983 年第 12 期,頁 57 - 70。

曹婉如等:《中國與歐洲地圖交流的開始》,收於杜石然主編:《第三屆國際中國科學史討論會論文集》,北京:科學出版社 1990 年,頁 120 - 134。

馮錦榮:《明末清初方氏學派之成立及其主張》,收於山田慶兒編:《中國古代科學史論》,京都:京都大學人文科學研究所 1989 年,頁 139 - 219。

馮錦榮:《明末熊明遇父子與西學》,收於羅炳綿、劉健明主編:《明末清初華南地區歷史人物功業研討會論文集》,香港:香港中文大學歷史學系 1993 年,頁 117 - 135。

馮錦榮:《明末熊明遇〈格致草〉内容探析》,《自然科學史研究》1997 年第 4 期,頁 304 - 328。

黃時鑒、龔纓晏:《利瑪竇世界地圖研究》,上海:上海古籍出版社 2004 年。

董少新:《〈印度香藥談〉與中西醫藥文化交流》,《文化雜誌》第 49 期,2003 年冬季號,頁 97 - 110。

詹素娟:《舊文獻　新發現:臺灣原住民歷史文獻解讀》,臺北:日創社文化 2007 年。

鄒振環:《明末清初輸入中國的海洋動物知識——以西方耶穌會士的地理學漢文西書為中心》,《安徽大學學報(哲學社會科學版)》,2014 年第 5 期,頁 78 - 87。

鄒振環:《晚清西方地理學在中國——以 1815 至 1911 年西方地理學譯著的傳播與影響為中心》,上海:上海古籍出版社 2000 年。

楊吾揚、懷博(Kempton E. Webb):《古代中西地理學思想源流新論》,《自然科學史研究》1983 年第 4 期,頁 322 - 329。

楊絳:《〈堂吉訶德〉譯餘瑣掇》,收氏著《雜憶與雜寫》,北京:生活·讀書·新知三聯書店 1999 年 2 版,頁 218 - 223。

熊月之:《西學東漸與晚清社會》,上海:上海人民出版社 1994 年。

趙茜:《〈職方外紀〉新詞初探》,《現代語文》2012 年第 5 期,頁 23 - 25。

劉衍鋼：《古典學視野中的"匈"與"匈奴"》，《古代文明》4 卷 1 期，2010 年 1 月，頁 63－80。

劉浦江：《遼朝國號考釋》，《歷史研究》2001 年第 6 期，頁 30－44、189－190。

鄧廣銘：《有關"拐子馬"的諸問題的考釋》，收於氏著《鄧廣銘治史叢稿》，北京：北京大學出版社 1998 年，頁 594－612。

謝方：《艾儒略及其〈職方外紀〉》，《中國歷史博物館館刊》，第 15、16 期，1991 年 5 月，頁 132－139。

鄭寅達、費佩君：《澳大利亞史》，上海：華東師範大學出版社 1991 年。

霍有光：《〈職方外紀〉的地理學地位與中西對比》，《自然辯證法通訊》1995 年第 1 期，頁 58－64。

蕭啓慶：《説"大朝"：元朝建號前蒙古的漢文國號——兼論蒙元國號的演變》，《漢學研究》3 卷 1 期，1985 年 6 月，頁 23－40。又收於氏著《蒙元史新研》，臺北：允晨文化實業公司 1994 年，頁 23－47。

賴毓芝：《從杜勒到清宮——以犀牛為中心的全球史觀察》，《故宮文物月刊》第 344 期，2011 年 11 月，頁 68－80。

關雪玲：《康熙時期西洋醫學在清宮中傳播問題的再考察》，台北"故宮博物院"、北京故宮博物院主辦，"兩岸故宮第三屆學術研討會：十七、十八世紀 (1662—1722)中西文化交流"會議論文集，臺北："故宮博物院"2011 年 11 月 15—17 日，頁 461－478。

龔纓晏、馬瓊：《〈函宇通〉及其中的兩幅世界地圖》，《文史知識》2003 年第 4 期，頁 87－94。

海野一隆：《明・清におけるマテオ・リッチ系世界圖》，收於山田慶兒主編：《新發現中國科學史資料の研究・論考篇》，京都：京都大學人文科學研究所 1985 年，頁 507－580。

船越昭生：《〈坤輿萬國全圖〉と鎖國日本——世界的視圈の成立》，《東方學報》第 41 册，京都：京都大學人文科學研究所 1970 年，頁 595－710。

Drake, Fred. *China Charts the World*: *Hsu Chi-yu and His Geography of 1848*. Cambridge, Mass: Harvard University Press, 1975.

Gernet, Jacques. "Christian and Chinese Visions of the World in the Seventeenth Century." *Chinese Science*. 1980, 4:1－17.

*China and the Christian Impact*: *A Conflict of Culture*. Translated by Janet Lloyd. Cambridge: Cambridge University Press, 1985. Originally published in French as *Chine et Christianisme* by Editions Gallimard, Paris, 1982.

Kuhn, Thomas S. *The Structure of Scientific Revolutions*. 2nd and enlarged ed. Chicago: The University of Chicago Press, 1970.

Leonard, Jane K. *Wei Yuan and China's Rediscovery of the Maritime World*. Cambridge, Mass: Harvard University Press, 1984.

Luk, Bernard Hun-Kay. "A Study of Giulio Aleni's Chih-fang wai-chi." *Bulletin of the School of Oriental and African Studies*. 1977, 4:58 – 84.

Needham, Joseph. *Science and Civilisation in China*, Vol. 3: *Mathematics and the Sciences of the Heavens and the Earth*. Cambridge: Cambridge University Press, 1959.

Peterson, Willard J. "Fang I-Chih's Response to Western Knowledge." Ph. D. thesis, Harvard University, 1970.

Wang, Chung-min(王重民), comp. & T. L. Yuan(袁同禮), ed. *A Descriptive Catalog of Rare Chinese Books in the Library of Congress*（美國國會圖書館藏中國善本書録). Washington, D. C.: Library of Congress Photoduplication Service, 1957.